可见光通信关键技术系列

水下可见光通信关键技术

Key Technologies of Underwater Visible Light Communication

迟 楠 贺锋涛 段作梁 著

人民邮电出版社

北 京

图书在版编目（CIP）数据

水下可见光通信关键技术 / 迟楠，贺锋涛，段作梁
著. -- 北京：人民邮电出版社，2020.10（2023.1重印）
（可见光通信关键技术系列）
国之重器出版工程
ISBN 978-7-115-53856-7

Ⅰ. ①水… Ⅱ. ①迟… ②贺… ③段… Ⅲ. ①水下通
信—光通信系统—研究 Ⅳ. ①TN929.3

中国版本图书馆CIP数据核字（2020）第075286号

内 容 提 要

本书主要介绍了基于 LED 的水下可见光通信的技术原理。全书共分为 8 章，第 1 章给出了水下可见光通信的基本概念，追溯其发展历史，同时展望了其未来研究趋势；第 2～8 章分别从水下信道建模、水下可见光通信的系统结构、调制方式、均衡技术、水下 MIMO 光通信技术以及水下可见光通信系统中的机器学习算法等方面介绍了实现水下可见光通信所采用的先进技术和关键算法，同时给出了作者所在研究团队基于本书介绍的技术理论取得的实验成果。

本书适合从事通信领域研究尤其是水下可见光通信研究的工程技术人员，以及高等院校通信工程等相关专业的研究生和教师阅读。

◆ 著　　　　迟　楠　贺锋涛　段作梁
　　责任编辑　代晓丽
　　责任印制　杨林杰

◆ 人民邮电出版社出版发行　　北京市丰台区成寿寺路 11 号
　　邮编　100164　　电子邮件　315@ptpress.com.cn
　　网址　https://www.ptpress.com.cn
　　固安县铭成印刷有限公司印刷

◆ 开本：720×1000　1/16
　　印张：17.5　　　　　　　　　　2020 年 10 月第 1 版
　　字数：324 千字　　　　　　　　2023 年 1 月河北第 2 次印刷

定价：158.00 元

读者服务热线：(010)81055493　印装质量热线：(010)81055316
反盗版热线：(010)81055315

专家委员会委员（按姓氏笔画排列）：

于　全　中国工程院院士

王　越　中国科学院院士、中国工程院院士

王小谟　中国工程院院士

王少萍　"长江学者奖励计划"特聘教授

王建民　清华大学软件学院院长

王哲荣　中国工程院院士

尤肖虎　"长江学者奖励计划"特聘教授

邓玉林　国际宇航科学院院士

邓宗全　中国工程院院士

甘晓华　中国工程院院士

叶培建　人民科学家、中国科学院院士

朱英富　中国工程院院士

朵英贤　中国工程院院士

邬贺铨　中国工程院院士

刘大响　中国工程院院士

刘辛军　"长江学者奖励计划"特聘教授

刘怡昕　中国工程院院士

刘韵洁　中国工程院院士

孙逢春　中国工程院院士

苏东林　中国工程院院士

苏彦庆　"长江学者奖励计划"特聘教授

苏哲子　中国工程院院士

李寿平　国际宇航科学院院士

李伯虎	中国工程院院士
李应红	中国科学院院士
李春明	中国兵器工业集团首席专家
李莹辉	国际宇航科学院院士
李得天	国际宇航科学院院士
李新亚	国家制造强国建设战略咨询委员会委员、 中国机械工业联合会副会长
杨绍卿	中国工程院院士
杨德森	中国工程院院士
吴伟仁	中国工程院院士
宋爱国	国家杰出青年科学基金获得者
张　彦	电气电子工程师学会会士、英国工程技术 学会会士
张宏科	北京交通大学下一代互联网互联设备国家 工程实验室主任
陆　军	中国工程院院士
陆建勋	中国工程院院士
陆燕荪	国家制造强国建设战略咨询委员会委员、 原机械工业部副部长
陈　谋	国家杰出青年科学基金获得者
陈一坚	中国工程院院士
陈懋章	中国工程院院士
金东寒	中国工程院院士
周立伟	中国工程院院士

郑纬民	中国工程院院士
郑建华	中国科学院院士
屈贤明	国家制造强国建设战略咨询委员会委员、工业和信息化部智能制造专家咨询委员会副主任
项昌乐	中国工程院院士
赵沁平	中国工程院院士
郝　跃	中国科学院院士
柳百成	中国工程院院士
段海滨	"长江学者奖励计划"特聘教授
侯增广	国家杰出青年科学基金获得者
闻雪友	中国工程院院士
姜会林	中国工程院院士
徐德民	中国工程院院士
唐长红	中国工程院院士
黄　维	中国科学院院士
黄卫东	"长江学者奖励计划"特聘教授
黄先祥	中国工程院院士
康　锐	"长江学者奖励计划"特聘教授
董景辰	工业和信息化部智能制造专家咨询委员会委员
焦宗夏	"长江学者奖励计划"特聘教授
谭春林	航天系统开发总师

前　言

　　广袤的海洋作为生命的发源地，覆盖了地球三分之二的表面积，其丰富的矿物、生物资源激励着人们不懈地探索。随着社会的发展，人们开展的水下活动日益增多，对于高速远距离的水下无线通信的需求逐渐增加，水下无线通信在科研、商业和军事中起到越来越重要的作用。

　　目前国际上主要基于声波和射频的水下通信技术来实现水下无线通信，然而水下声波通信传输速率低，水下射频通信由于趋肤效应传输距离极短，传输质量不甚理想。而由于蓝绿波段的可见光在水下的损耗系数小，光载波的容量与速率很大，与水下声波通信和水下射频通信相比，水下可见光通信具有传输速率高、带宽大、保密性好、成本低等优势，引起了国际研究组织的关注，具有广阔的应用前景。

　　可见光通信的概念在 2000 年提出之后，受到了世界各国的广泛关注，从诞生至今的短短十几年间，可见光通信技术得到了迅猛发展，取得了一个又一个突破性的进展。世界范围内，人们对于水下可见光通信的研究在如火如荼地进行中，水下可见光通信取得了越来越高的传输速率。作为水下无线通信中极具竞争力的候选，从国家战略层面和市场潜力方面来看，水下可见光通信技术已成为国际竞争的制高点。

　　本书详细阐述了基于 LED 的水下可见光通信的技术原理。首先介绍了可见光通信的基本概念，追溯了其发展历史，并对其研究趋势进行了展望；接着分别从水下信道建模、水下可见光通信的系统结构、调制方式、均衡技术、水下 MIMO 光通信技术和水下可见光通信系统中的机器学习算法等方面介绍了实现水下可见光通信所采用的先进技术和关键算法，同时给出了本研究团队基于本书介绍的技术理论取得的实验成果。

此书的撰写得到了科学技术部、国家自然科学基金委员会、上海市科学技术委员会和广东省科学技术厅项目组相关老师和课题组学生的大力帮助。感谢胡昉辰、陈慧、邹鹏、牛文清、哈依那尔、李国强、石蒙、王哲、吴兴邦和于伟翔同学在本书撰写过程中给予的支持与帮助。本书成稿时间较短，不足之处在所难免，诚恳希望广大读者多提宝贵意见，以利于今后改进和提高。

目 录

第 1 章

概　述

随着人类对海洋的开发和探索，传统的基于声波、射频的水下无线通信方式已难以满足日益增长的信息传输需求，高速、远距离的无线水下可见光通信技术应运而生。本章将首先介绍水下可见光通信系统的定义，其次，对可见光通信领域国际国内研究的历程和发展现状进行分析，最后对水下可见光通信系统的基本结构进行详细讲解。

|1.1 引言 |

海洋覆盖着地球三分之二的表面积，如此广袤的海洋不仅是生命的发源地，而且蕴藏了丰富的矿产和生物等资源。人类从未停止过对海洋的探索，明朝的《天工开物》中，就记载了有关海洋探索的技术。随着人类与海洋的联系愈发紧密，高速远距离的水下通信技术占据着越来越重要的作用。

与陆上通信方式类似，水下通信也分为有线通信和无线通信两大类。水下有线通信主要是在海底铺设使用光纤作为介质的电缆进行通信。由于光纤具有传输容量大、传输损耗小、中继距离长、抗电磁干扰等优点，是目前大部分越洋数据的主要传输方式。然而，有线通信需要物理媒介传输信息，这严重制约了水下潜航器、传感器等动态通信网络的灵活性。水下无线通信则不需要借助光纤等传输介质，目前主要基于声波和射频进行水下通信。其中，声波通信是应用最广泛的水下无线通信技术，能够实现低速率、长距离的水下传输。Stojanovic 等[1]的实验已经证明，超声传输可以以 10 kbit/s 的速率传输 1 km。然而，声波通信的最高传输速率只有 20 kbit/s 左右，且易受干扰、保密性差，不能满足水下通信对高速安全的需求[2]。此外，声波在水中传输有很大的时延，这是因为声波在水中的传输损耗系数与其频率有关，当声波的频率达到 10 MHz 时，损耗就已经达到了 30 dB/m[3]，导致传输质量不理想，这也使得声波的传输带宽被限制在了几百 kHz。水下射频传输适用于短距离、高速率的通信。Sendra 等[2]证实了射频信号可以在水中以 11 Mbit/s / 2.4 GHz 的速率传输 17 cm。射频信号是频率为 300 kHz～300 GHz 的电磁波,虽然它能以最高 100 Mbit/s 的速率传输,并且在短距离内几乎不受反射和散射的影响,但是由于自然界中的水大多具有很强的电导性,导致电磁波出现趋肤效应,穿透深度有限,传输损耗较大,因此只能传输非常短的距离。因此,研制新型水下无线通信技术成为迫切需求。

1963 年,Duntley 等[4]在研究中发现海水对 450～550 nm 波段内蓝绿光的衰减比其他光波段的衰减要小很多,证实了在海洋中存在一个类似于大气中存在的透光窗口。这一物理现象的发现为水下可见光通信(Underwater Visible Light Communication,UVLC)的发展奠定了理论基础。具体来说,光波信号具有以下特性:频率高,传输速率快,信道可容纳大量数据信息;穿透性强,可应用于远距离通信传输;安全性高,如被阻挡或监听会导致数据传输对的中断,接收端能够及时发现数据丢失;成本较低,光波的波长短,可有效减小收发天线尺寸,减轻通信系统质量,节省系统开支。

相比于水下声波通信和水下射频通信,水下可见光通信具有传输速率高、带宽大、保密性好、成本低等优势,已成为国际竞争的焦点之一。水下可见光通信可应用于海洋观测传感器物联网的互联互通及信息回传、水下运动装备与水面舰艇、通信浮标及飞机等目标的超高速非接触数据通信,以及水下航行器集群、编队组网通信、海底光缆网与水下无线光通信的有线无线融合组网等。随着 5G 和 6G 的发展,水下与陆上的通信网络将不再孤立存在,它们会形成一个智能通信网络。水下光通信应用场景模拟如图 1-1 所示。

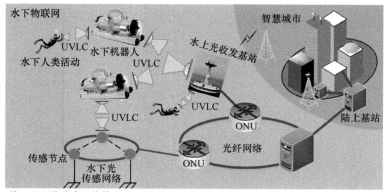

注:ONU代表光网络单元(Optical Network Unit)。

图 1-1　水下光通信应用场景模拟

然而,水下环境错综复杂,混合着各种悬浮颗粒、化学溶剂以及各种水溶性分

子等非生物和浮游微生物等。由于水中的非生物物质分布的不均匀性和各种微生物的游动，光信号会因为水的吸收和散射等产生严重衰减损耗。光信号在水中传播的过程中，光子会与水分子或其他粒子碰撞导致传输方向发生改变，使得光信号随着传输距离的增加而逐渐偏离中心光柱，产生光柱扩散的现象，造成光功率衰减。随着水深的变化，不同的水下信道对光信号的衰减特性随之变化，而光信号在水中衰减程度的大小影响通信系统的传输速率和传输距离。目前长距离高速水下无线光通信大部分还停留在研究阶段，如何在实际环境中实现更长距离、更高速率的水下无线光通信，是未来水下可见光通信面临的最大挑战。

综上所述，尽管水下可见光通信充满很多困难与挑战，但我们有理由相信，经过科研人员的不断努力，水下可见光通信将成为未来万物互联的智能时代中一种不可或缺的通信方式，与其他通信方式合作互补，共同造福人类社会。

| 1.2　国际国内研究现状 |

光通信的起源最早可追溯到 19 世纪 70 年代，当时学术界提出采用可见光为媒介进行通信，然而当时既不能产生一个有用的光载波，也不能将光从一个地方传到另外一个地方。因此直到 1960 年激光器的出现[5]，光通信才有了突破性的发展。蓝绿光在水中具有较小衰减这一物理现象的发现（如图 1-2 所示[6]），解决了长期困扰水下可见光通信科研人员的难题，为水下光通信的发展提供了理论支撑，水下可见光通信领域开始得到更多的关注。

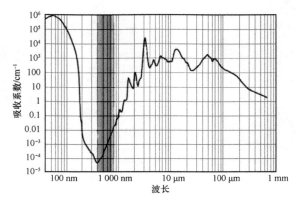

图 1-2　光的水下吸收系数谱

　　水下可见光通信技术在研究前期被迅速应用于军事领域，在水下潜艇间、潜艇与水面舰艇间等方面得到了初步的应用。1976 年，Karp 等[7]提出通过卫星与潜艇间进行数据互通的可行性研究。美国军方在随后几年里成功进行了多次蓝绿激光对潜通信和激光卫星通信的试验[8]。在水下光通信商用领域，BlueComm[9]实现了水下传输距离 200 m，传输速度 20 Mbit/s 的商用水下光传输系统。

　　近年来，随着学者对光源器件、信道编码方式、处理芯片等研究的不断深入，水下光通信领域研究成果众多，不断朝着更高速、更长距离的目标迈进。目前水下可见光通信主要包括基于激光二极管（Laser Diode，LD）的通信和基于发光二极管（Light Emitting Diode，LED）的通信。图 1-3 展示了最近几年水下可见光通信的部分研究成果。基于 LD 的水下通信通常采用蓝光激光器，山梨大学在 2015 年利用 64-QAM-OFDM（正交调制–正交频分复用）的调制方式，实现了 1.45 Gbit/s 的传输速率和 4.8 m 的传输距离[10]。同年，阿卜杜拉国王科技大学实现了 4.8 Gbit/s 的传输速率和 5.4 m 的传输距离[11]。2017 年，台北科技大学利用波长为 405 nm 的蓝光 LD 和 16-QAM-OFDM 的调制方式，在 10 m 传输距离的情况下，实现了 10 Gbit/s 的传输速率[12]，有效提升了 LD 通信的传输效果。台湾大学在传输距离为 1.7 m 时获得了 14.8 Gbit/s 的传输速率[13]。基于 LED 的水下通信通常采用五色 RGBYC LED 作为信号发射端，复旦大学在 2018 年采用硅衬底绿光 LED，其峰值发光波长为 521 nm，采用 64-QAM-DMT（正交调幅–离散多音频）的调制方式，通过多 PIN 接收机实现最大比合并（Maximum Ratio Combination，MRC）接收，在 1.2 m 传输距离的水下实现了 2.175 Gbit/s 的传输速率[14]。在此基础上，复旦大学采用新型硬件预均衡的方式，将传输速率提升至 3.075 Gbit/s[15]。在文献[16]中，作者提出了一种利用方形几何整形（Square Geometric Shaping，SGS）调制 128-QAM 信号的方法，采用硅衬底蓝光 LED，实现了 2.534 Gbit/s 的传输速率和 1.2 m 的传输距离。文献[17]实现了 15.17 Gbit/s 比特加载水下通信，是目前水下可见光通信的最高速率。

　　在科研人员不断的探索中，水下可见光通信取得了越来越高的传输速率。然而，由于水下环境恶劣，水中悬浮物、颗粒物对不同波段可见光的遮挡、衰减、散射影响规律，以及水下湍流等干扰对可见光通信信道的影响还没有出现相关理论模型，这增加了水下可见光通信系统性能的不确定性。更准确的信道模型、更高的通信速率、更远的通信距离以及更高的编码效率，还需要科研人员的进一步探索。

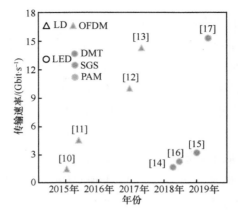

图 1-3　水下可见光通信部分研究成果

|1.3　水下可见光通信系统结构 |

水下可见光通信系统的基本架构是点对点系统[18]，近些年随着通信容量的需求增大，可见光多输入多输出（Multiple-Input Multiple-Output，MIMO）系统[19]在逐步发展中。目前的点对点可见光通信系统主要由发射和接收两部分构成[20]，如图 1-4 所示。

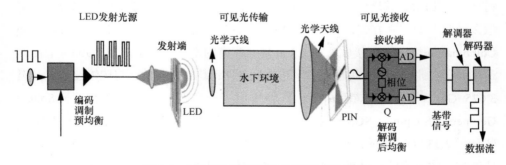

图 1-4　水下点对点可见光通信系统的基本结构

发射部分分为电学部分与光学部分。电学部分主要包括信号处理电路与发射机驱动电路，光学部分则包括发射机光学芯片以及光学天线。两部分之间的光电子器件就是可见光通信系统的发射机，目前主要是 LED 与 LD[21-22]。首先，信号经过处理电路完成编码和调制之后，再通过电子放大器进行信号放大，驱动 LED/LD

实现对 LED/LD 的强度调制，从而将电信号转换为光信号。光学天线主要实现对发射光的光束整形，使光线能精确地向接收系统发射。

接收部分同样包括光学部分和电学部分。光学部分主要包括接收光学天线和探测器芯片。目前主流探测器芯片为 PIN 光电二极管、雪崩光电二极管（Avalanche Photodiode，APD）以及光电倍增管（Photomultiplier Tube，PMT）。PIN 光电二极管带来的主要噪声是热噪声。APD 能带来很高的电流增益，限制它性能的主要是散粒噪声和其复杂的驱动电路。对于某些复杂的水下环境，需要用到灵敏度极高的 PMT，但是驱动 PMT 工作需要高达上百伏的电压，这对于 PMT 的运用环境有很苛刻的要求。另外，PMT 非常容易受到冲击与震动的影响，如果 PMT 暴露在室外背景光中工作，极易受到损坏。接收光学天线把尽可能多的光学信息聚焦到探测器芯片表面。电学部分主要是信号处理模块，光电探测器将接收到的光信号转换为电信号，对信号进行解调制、解码等处理之后，恢复出原始的发送信号。

虽然可见光理论上有超大的通信容量，但是受限于现有发射接收机的材料器件、光学系统、数字信号处理算法等，进一步提升可见光通信系统的传输速率依旧充满挑战。

1.4　本章小结

本章围绕水下可见光通信系统的定义、国内外研究现状以及系统架构做了详细的讲解，介绍了目前国内外水下通信技术与它们各自的优缺点。相对于传统的水下声波通信与射频通信，目前水下可见光通信已经在器件和算法上有了一定的突破，但大部分的长距离、高速率水下无线光通信还停留在研究阶段。如何在实际环境中实现长距离、高速率水下无线光通信，是未来水下可见光通信进一步发展的方向。

参考文献

[1] STOJANOVIC M. On the relationship between capacity and distance in an underwater acoustic communication channel[C]//The Workshop on Underwater Networks. New York: ACM Press, 2006: 41-47.

[2] SENDRA S, LLORET J, JIMENEZ J M, et al. Underwater communications for video

surveillance systems at 2.4 GHz[J]. Sensors, 2016, 16(10): 1769.

[3] HANSON F, RADIC S. High bandwidth underwater optical communication[J]. Applied Optics, 2008, 47(2): 277.

[4] DUNTLEY S Q. Light in the sea[J]. Journal of The Optical Society of America A, 1963, 53:214-233.

[5] LENGYEL B A. Lasers: generation of light by stimulated emission[M]. New York: Wiley, 1962.

[6] CHAPLIN M. Water absorption spectrum[EB]. 2016.

[7] KARP S. Optical communications between underwater and above surface (satellite) terminals[J]. IEEE Transactions on Communications, 1976, 24(1): 66-81.

[8] PUSCHELL J J, GIANNARIS R J, STOTTS L. The autonomous data optical relay experiment: First two way laser communication between an aircraft and submarine[C]//NTC-92: National Telesytems Conference. Piscataway: IEEE Press, 1992: 27-30.

[9] Sonardyne BlueComm underwater optical modem[EB]. 2016.

[10] NAKAMURA K, MIZUKOSHI I, HANAWA M. Optical wireless transmission of 405 nm, 1.45 Gbit/s optical IM/DD-OFDM signals through a 4.8 m underwater channel[J]. Optics Express, 2015, 23(2): 1558-1566.

[11] OUBEI H M, DURAN J R, BILAL J, et al. 4.8 Gbit/s 16-QAM-OFDM transmission based on compact 450 nm laser for underwater wireless optical communication[J]. Optics Express, 2015, 23(18): 23302-9.

[12] HO C M, LU C K, LU H H, et al. A 10 m/10 Gbit/s underwater wireless laser transmission system[C]//Optical Fiber Communications Conference & Exhibition. Piscataway: IEEE Press, 2017.

[13] HUANG Y F, TSAI C T, KAO H Y, et al. 17.6-Gbit/s Universal filtered multi-carrier encoding of GaN blue LD for visible light communication[C]//CLEO: Science and Innovations. Piscataway: IEEE Press, 2017.

[14] ZHAO Y, SHI M, CHI N. Application of multilayer perceptron in under water visible light communication system[C]//8th International Multidisciplinary Conference on Optofluidics. Shanghai: IMCO, 2018.

[15] WANG F, LIU Y, SHI M, et al. 3.075 Gbit/s underwater visible light communication utilizing hardware pre-equalizer with multiple feature points[J]. Optics Communications, 2019, 58(5): 056117.

[16] ZOU P, LIU Y, WANG F, et al. Enhanced performance of odd order square geometrical shaping QAM constellation in underwater and free space VLC system[J]. Optics Communications, 2018.

[17] ZHOU Y, ZHU X, HU F, et al. Common-anode LED on a Si substrate for beyond 15 Gbit/s underwater visible light communication[J]. Photonics Research, 2019, 7(9): 1019-1029.

[18] WANG Y, TAO L, HUANG X, et al. 8 Gbit/s RGBY LED-based WDM VLC system

employing high-order CAP modulation and hybrid post equalizer[J]. IEEE Photonics Journal, 2015, 7(6): 1-7.

[19] QIAO L, LU X, LIANG S, et al. Performance analysis of space multiplexing by superposed signal in multi-dimensional VLC system[J]. Optics Express 2018, 26(16): 19762-19772.

[20] CHI N. LED-based visible light communications[M]. Heidelberg: Springer, 2018: 13-38.

[21] WANG F, LIU Y, SHI M, et al. 3.075 Gbit/s underwater visible light communication utilizing hardware pre-equalizer with multiple feature points[J]. Optical Engineering, 2019, 58(5): 1-9.

[22] FUJIEDA I, KOSUGI T, INABA Y. Speckle noise evaluation and reduction of an edge-lit backlight system utilizing laser diodes and an optical fiber[J]. Journal of Display Technology, 2009, 5(11): 414-417.

第 2 章

水下信道建模

将蓝绿光水下无线光通信系统作为未来水下高速信息传输组网的核心，已成为当前的研究热点，但目前来说，其信道链路模型还未确定，对各种与之相关的器件和系统的研究还在摸索阶段。本章对水下（主要应用于海洋中）蓝绿光信道进行了初步的建模分析。首先对蓝绿光在海水中传输的物理特性进行了阐述；其次对光信号的时域和空域扩展进行建模分析；最后针对不同海域的环境，初步建立了水下蓝绿光通信链路的功率衰减模型，利用此模型可估算不同传输距离下光功率的各种参数要求，为通信链路的建立提供理论指导。

| 2.1　海水的吸收和散射特性 |

海水所含的成分比较复杂，包括叶绿素、溶解物、悬浮颗粒和许多各式各样的有机体[1]，一般将海水成分分为悬浮颗粒和溶解的有机物两大类。其中通常将海水中所含的悬浮颗粒分为浮游植物和非色素悬浮粒子。海水中各个成分的光学特性主要表现为对光的吸收特性和散射特性。

海水含有的溶解矿物质、无机盐、气泡等对光的吸收作用和散射作用非常小，一般可以忽略。所以，通常将对海水光学特性有重要影响的物质[2-3]划分为 4 类，分别为海水水分子、浮游植物、非色素悬浮粒子和黄色物质。其中海水水分子对光既有吸收特性，又有散射特性，但是对蓝绿光具有较好的透过性。浮游植物主要是海洋中的浮游藻类，对光具有吸收与散射的双重光学特性，浮游植物基本上都含叶绿素 a，通常认为的浮游植物对光的吸收作用大都是通过其自身含有的叶绿素完成的。同浮游植物类似，非色素悬浮粒子对光既有吸收作用又有散射作用，其主要包括悬浮泥沙、浮游植物死后的碎屑以及淤泥经过二次悬浮而产生的颗粒。黄色物质对海水衰减特性的影响最大，其主要包括藻类和碎屑产生的物质，因为这些物质使海水带有颜色，所以称为"黄色物质"。黄色物质对光只有单一的吸收作用，而没有散射作用。

综上所述，对光吸收起主要作用的是海水中含有的 4 类物质，分别是海水水分子、浮游植物、非色素悬浮粒子和黄色物质；对光散射有重要影响的是其中的海水水分子、浮游植物和非色素悬浮粒子这 3 种物质，这是因为海水中的黄色物质对光只有单一的吸收作用。

2.1.1　海水的固有光学特性

海水固有的光学特性只与海水介质有关，而与光场几何性质无关[4]。通常情况下可见光在海水中传输时，海水对光场有衰减作用。从光学角度来看，光束在海水传输过程中造成的衰减，除了受到纯海水的影响外，还受到浮游植物（叶绿素 a）、非色素悬浮粒子和黄色物质等对光束的吸收和散射作用的影响。

因此，海水中所含的各种成分主要有两个重要的光学特性，即光的吸收作用和散射作用[5]。这两个光学特性会造成海水中光传输的功率衰减，因此海水的总衰减系数用式（2-1）来表示。

$$c(\lambda) = a(\lambda) + \beta(\lambda) \tag{2-1}$$

其中，$a(\lambda)$ 表示海水总吸收系数，$\beta(\lambda)$ 表示海水总散射系数，$c(\lambda)$ 表示海水总衰减系数，三者单位都是 m^{-1}；λ 表示波长，单位是 nm。

2.1.2　海水信道的光学吸收特性

海水对光的吸收作用指的是光能量转化为其他形式能量的过程中产生的衰减。分析发现，海水对光的吸收是一个不可逆的过程，光被海水吸收会导致光子的消失。因此，海水的光吸收过程其实是指海水中光能量损失的过程。

海水的吸收特性与海水的成分有着密切的关系，而且其所含成分的吸收作用决定着海水的吸收特性[1]。光束在海水中传输时，设其路程为 d_r，由于吸收而产生的光能量损失为 d_w，且 $d_w = -a(\lambda)d_r$，其中，$a(\lambda)$ 为海水总吸收系数，即海水中所含的各种物质成分的吸收系数之和，表达式如式（2-2）所示。

$$a(\lambda) = a_s(\lambda) + a_f(\lambda) + a_l(\lambda) + a_h(\lambda) \tag{2-2}$$

其中，$a_s(\lambda)$ 为纯海水的吸收系数，$a_f(\lambda)$ 为海水中浮游植物（叶绿素 a）的吸收系数，$a_l(\lambda)$ 指海水中非色素悬浮粒子的吸收系数，$a_h(\lambda)$ 是海水中的黄色物质（可溶性有机物）的吸收系数。

1. 纯海水的吸收特性

纯水是不含任何杂质的水，研究表明，35‰的溶解盐和纯水混合而成的液体就是纯海水。但是相比于其他成分来说，溶解盐对光的吸收作用可以忽略，所以对于可见光来说，纯海水的吸收系数与纯水的吸收系数非常接近。所以本书研究的纯海水对光的吸收系数是用纯水的吸收系数来近似表示的。纯水对光有吸收和散射的双重作用，广泛使用的纯水的吸收和散射系数的数值[6]见表 2-1。

表 2-1　纯水的吸收和散射系数

波长 λ/nm	纯水的吸收系数 $a_s(\lambda)/m^{-1}$	纯水的散射系数 $\beta_s(\lambda)/m^{-1}$	波长 λ/nm	纯水的吸收系数 $a_s(\lambda)/m^{-1}$	纯水的散射系数 $\beta_s(\lambda)/m^{-1}$
350	0.020 4	0.010 3	530	0.050 5	0.001 7
360	0.015 6	0.009 1	540	0.044 1	0.001 6
370	0.011 4	0.007 3	550	0.065 4	0.001 5
380	0.010 0	0.007 1	560	0.071 5	0.001 4
390	0.008 8	0.006 5	570	0.080 4	0.001 3
400	0.007 0	0.005 8	580	0.106 0	0.001 2
410	0.005 6	0.005 2	590	0.148 7	0.001 1
420	0.005 4	0.004 7	600	0.241 7	0.001 1
430	0.006 4	0.004 2	610	0.287 6	0.001 0
440	0.008 3	0.003 8	620	0.307 4	0.000 9
450	0.011 0	0.003 5	630	0.318 4	0.000 9
460	0.012 2	0.003 1	640	0.338 2	0.000 8
470	0.013 0	0.002 9	650	0.359 4	0.000 7
480	0.015 7	0.002 6	660	0.421 2	0.000 7
490	0.015 8	0.002 4	670	0.434 6	0.000 6
500	0.024 2	0.002 2	680	0.452 4	0.000 6
510	0.038 2	0.002 0	690	0.492 9	0.000 6
520	0.047 4	0.001 9	700	0.622 9	0.000 5

表 2-1 为波长从 350～700 nm 的纯水的吸收和散射系数。根据表 2-1 绘制出纯水的吸收系数和波长的关系（即纯海水的吸收系数与波长的关系）如图 2-1 所示。

从图 2-1 中可以看出，纯海水的吸收系数随波长的增大而增大，且纯海水对蓝绿光波段的吸收系数较小。波长在 350～550 nm 之间变化时，纯海水的吸收系数随波长的变化而变化的趋势较为平稳；波长从 550～700 nm 之间变化时，纯海水的吸收系数随波长的增大而急剧增大。由图 2-1 中可得出，波长为 530 nm 的光吸收系数 $a_s(530)=0.050\ 5\ m^{-1}$。

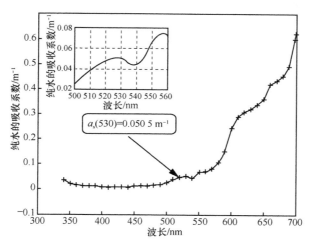

图 2-1 纯水的吸收系数与波长的关系

2. 浮游植物（叶绿素 a）的吸收特性

浮游植物对光既有吸收作用，又有散射作用。其中浮游植物所含有的叶绿素 a 对光的吸收作用来说非常重要，因此用叶绿素 a 对光的吸收作用来表示浮游植物的吸收作用。

浮游植物对光的吸收作用可以用式（2-3）来表示[1]。

$$a_{\mathrm{f}}(\lambda) = a_{\mathrm{f}}^{*}(\lambda)\mathrm{chl} \tag{2-3}$$

其中，$a_{\mathrm{f}}^{*}(\lambda)$ 代表叶绿素 a 的单位吸收系数，chl 是叶绿素 a 的浓度，单位是 $\mathrm{mg/m^3}$。Morel[7]通过研究叶绿素 a 的单位吸收系数 $a_{\mathrm{f}}^{*}(\lambda)$ 随浓度变化的关系，分析总结出式（2-4），即浮游植物对光的吸收系数。

$$a_{\mathrm{f}}(\lambda) = 0.06A(\lambda)\mathrm{chl}^{0.65} \tag{2-4}$$

其中，$A(\lambda)$ 是参考波长在 $\lambda = 440 \mathrm{~nm}$ 时的某一波长进行归一化的单位吸收系数[6]。其中 $A(\lambda)$ 的波形如图 2-2 所示。

根据海水水质参数的不同，通常将海水分为 3 类：第 1 类是远洋海水，第 2 类是近海海水，第 3 类是海湾海水。这 3 类海水的光学特性参数是 Petzold 在 1972 年测出的[8]，见表 2-2。其中 a 是海水的总吸收系数，β 是海水的总散射系数，c 是海水的总衰减系数，三者的单位都是 $\mathrm{m^{-1}}$。

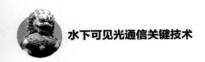

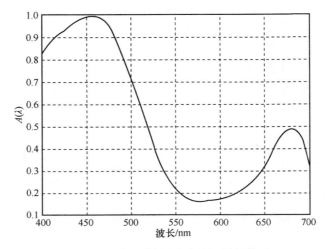

图 2-2　归一化的单位吸收系数与波长的关系

表 2-2　3 类海水的水质参数

海水类型	a/m^{-1}	β/m^{-1}	c/m^{-1}
远洋海水	0.114	0.037 4	0.151 4
近海海水	0.179	0.220	0.399
海湾海水	0.366	1.182 9	2.159

　　参照表 2-2 中的 3 类海域的水质参数，选取远洋海水中的浮游植物所含叶绿素 a 的浓度 chl = 0.03 mg/m³，非色素悬浮粒子的浓度 D = 0.01 mg/L，近海海水中的浮游植物所含叶绿素 a 的浓度 chl = 0.3 mg/m³，非色素悬浮粒子的浓度 D = 0.8 mg/L 作为研究对象。

　　利用图 2-2 中 $A(\lambda)$ 与波长 λ 的关系，并参照表 2-2 中的水质参数，选取叶绿素 a 的浓度分别为 chl = 0.03 mg/m³、chl = 0.3 mg/m³ 和 chl = 5 mg/m³ 时，画出浮游植物的吸收系数与波长的关系如图 2-3 所示。

　　由图 2-3 可看出，当叶绿素 a 浓度不同时，浮游植物的吸收系数随波长的变化趋势与归一化吸收系数随波长的变化趋势一致；并且在同一波长下，叶绿素 a 浓度增大时，浮游植物吸收系数随着增大。当叶绿素 a 浓度相同时，浮游植物波长在 460 nm 和 680 nm 附近具有两个峰值，波长在 550～630 nm 范围内吸收作用较小。

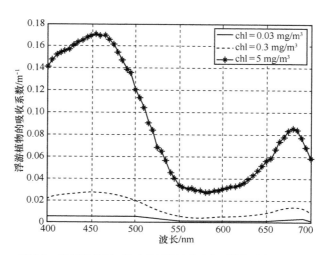

图 2-3　不同叶绿素 a 浓度的浮游植物吸收系数与波长的关系

3. 非色素悬浮粒子的吸收特性

非色素悬浮粒子对光有吸收和散射的双重光学特性，其吸收系数随波长的变化呈指数衰减的关系，其吸收系数如式（2-5）所示[1]。

$$a_1(\lambda) = a_1(\lambda_0) \exp[S(\lambda_0 - \lambda)] \tag{2-5}$$

其中，$a_1(\lambda_0)$ 是非色素悬浮粒子在参考波长 $\lambda_0 = 440$ nm 时的光吸收系数，选取 $a_1(440) = 0.198$ m^{-1} [6]。S 为光吸收谱斜率，研究发现其平均值一般为 0.01 ± 0.002 [9]，一般选取 $S = 0.01$，则非色素悬浮粒子的吸收系数如式（2-6）所示。

$$a_1(\lambda) = 0.198 \exp[0.01(440 - \lambda)] \tag{2-6}$$

根据式（2-6），画出非色素悬浮粒子的吸收系数与波长的关系如图 2-4 所示。由图 2-4 可看出，非色素悬浮粒子的吸收系数随波长的增大呈指数衰减的趋势，其吸收作用主要体现在紫外光波段和可见光的短波波段，且随波长的增大而减小。从图 2-4 中可得，波长为 530 nm 的非色素悬浮粒子的光吸收系数 $a_1(530) = 0.080\,5$ m^{-1}。

4. 黄色物质的吸收特性

黄色物质对光只有单一的吸收作用。黄色物质的吸收系数随波长的变化趋势与非色素悬浮粒子的吸收系数随波长的变化趋势类似。根据张诸琴等[10]对海水中所含黄色物质的研究，得出黄色物质的吸收系数如式（2-7）所示。

$$a_{\rm h}(\lambda_0) = a_{\rm h}(\lambda_0) \exp[S(\lambda_0 - \lambda)] \tag{2-7}$$

其中，$a_{\rm h}(\lambda_0)$ 是参考波长 $\lambda_0 = 440$ nm 时黄色物质的吸收系数[11]，S 指光吸收谱斜率。

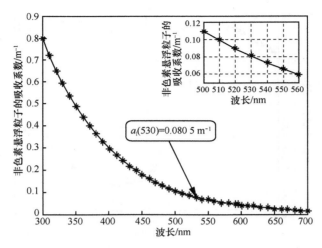

图 2-4 非色素悬浮粒子的吸收系数与波长的关系

荷兰科学家[12]对特塞尔岛 7 个观测点中黄色物质的吸收光谱线的分析研究表明：光吸收谱斜率 S 非常稳定，通常为 0.011～0.017 2[7]。表 2-3 给出了不同水体类型的光吸收谱斜率的 S 值[1]。从表 2-3 中可以看出，即使水体的类型差别很大，S 值也很相近，虽然从表层水到深层水的 S 值有变化，但是变化基本不大。

表 2-3 不同水体类型的光吸收谱斜率

水体类型		S 值
深度≤100 m	贫瘠水	0.014 6
	中等营养水	0.014 0
	富营养水	0.014 8
深度>100 m	印度洋	0.016 4
	太平洋	0.017 4

此处光吸收谱斜率 S 选的是吸收光谱线的平均值，即 $S = 0.014$。通常情况下 $a_h(440) = 0.243\ \mathrm{m}^{-1}$，代入式（2-7）中，得出黄色物质的吸收系数如式（2-8）所示。

$$a_h(\lambda) = 0.243 \exp[0.014(440 - \lambda)] \tag{2-8}$$

根据式（2-8），画出黄色物质的吸收系数与波长的关系如图 2-5 所示。

从图 2-5 发现，黄色物质的吸收系数随着波长的增大呈指数递减的趋势，它的吸收作用主要体现在可见光的短波波段，波长为 600 nm 左右时的吸收作用已变得非常小。

由图 2-5 可以看出，波长为 530 nm 时的黄色物质的吸收系数为 $a_h(530) = 0.068\ 9\ \mathrm{m}^{-1}$。

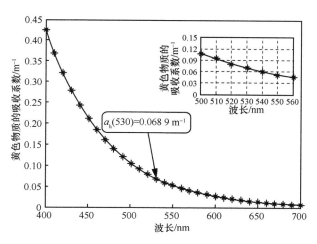

图 2-5　黄色物质的吸收系数与波长的关系

综上所述，海水的光学吸收特性主要是海水中各种物质的吸收作用共同决定的，这些物质分别为纯海水、浮游植物非色素悬浮粒子及黄色物质。从图 2-1～图 2-5 中可以看出，在波长为 450～550 nm 光波段，纯海水的吸收系数为 0.011～0.065 4 m^{-1}，浮游植物（叶绿素 a 浓度为 5 mg/m^3 情况下）的吸收系数约为 0.035～0.17 m^{-1}，非色素悬浮粒子的吸收系数约为 0.07～0.19 m^{-1}，黄色物质的吸收系数约为 0.05～0.2 m^{-1}。

波长为 530 nm 的绿光的海水各种成分的吸收系数见表 2-4。

表 2-4　波长为 530 nm 的绿光的海水各种成分的吸收系数

全年平均海水成分	纯海水 $a_s(530)$	浮游植物 $a_f(530)$（chl = 5 mg/m^3）	非色素悬浮粒子 $a_l(530)$	黄色物质 $a_h(530)$
吸收系数/m^{-1}	0.050 5	0.064 9	0.080 5	0.068 9
总吸收系数/m^{-1}	0.264 8			
近海海水成分	纯海水 $a_s(530)$	浮游植物 $a_f(530)$（chl = 0.3 mg/m^3）	非色素悬浮粒子 $a_l(530)$	黄色物质 $a_h(530)$
吸收系数/m^{-1}	0.050 5	0.010 4	0.080 5	0.068 9
总吸收系数/m^{-1}	0.210 4			
远洋海水成分	纯海水 $a_s(530)$	浮游植物 $a_f(530)$（chl = 0.03 mg/m^3）	非色素悬浮粒子 $a_l(530)$	黄色物质 $a_h(530)$
吸收系数/m^{-1}	0.050 5	0.002 3	0.080 5	0.068 9
总吸收系数/m^{-1}	0.202 3			

所以，海水各种成分的吸收系数相差不大，其中非色素悬浮粒子的吸收系数相比其他海水成分的吸收系数较大，纯海水的吸收系数相对较小。叶绿素 a 浓度的变化对海水吸收系数影响较大，并且海水的吸收系数随叶绿素 a 浓度的增大而增大。

2.1.3　海水信道的光学散射特性

海水的光学散射是指只有光子的传输方向发生了改变的一种随机过程。即发生散射时，光子并未消失，而只是偏离了准直方向。因此，海水中发生的散射作用并不会使光能量受到损失，只是使水下光场的能量分布发生了改变。

光在海水中传输时，海水对光的散射作用主要来自其中所含的纯海水、浮游植物以及非色素悬浮粒子的影响，由于黄色物质对光只有吸收作用，因此不考虑黄色物质对光散射作用的影响。光束通过海水介质，传输距离为 d_r 时，海水由于散射作用而造成的光束能量的衰减 d_w，此时 $d_w = -\beta(\lambda)d_r$，其中 $\beta(\lambda)$ 为总散射系数，指纯海水、浮游植物以及非色素悬浮粒子 3 种物质散射系数的总和，可用式（2-9）表示。

$$\beta(\lambda) = \beta_s(\lambda) + \beta_f(\lambda) + \beta_l(\lambda) \tag{2-9}$$

其中，$\beta_s(\lambda)$ 是纯海水的散射系数，$\beta_f(\lambda)$ 是浮游植物的散射系数，$\beta_l(\lambda)$ 是非色素悬浮粒子的散射系数。

1. 纯海水的散射特性

研究表明，对于短波来说，纯海水的散射系数相对于纯水的散射系数较大，但对于蓝绿光来说，纯海水的散射系数与纯水的散射系数非常接近[13]。所以可以将纯海水的散射系数近似用纯水的散射系数来表示。根据表 2-1 中纯水的散射系数[6]，波长从 350～700 nm 时纯水的散射系数与波长的关系如图 2-6 所示。

由图 2-6 可以看出，纯海水的散射系数随着波长的增大呈指数递减的趋势，波长为 350～500 nm 时，纯海水的散射系数随波长的增大而急剧减小，波长为 550～700 nm 时，变化趋于平稳。因此可以看出纯海水的散射作用主要体现在紫外光波段。此外，由图 2-6 可以看出，波长为 530 nm 时纯海水的散射系数为 $\beta_s(530) = 0.0017\ \mathrm{m}^{-1}$。

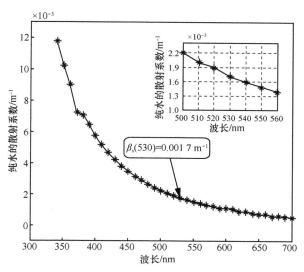

图 2-6　纯水的散射系数与波长的关系

2. 浮游植物（叶绿素 a）的散射特性

浮游植物（叶绿素 a）对于光波的散射作用有着重要的影响，海水中浮游植物的散射作用可以用式（2-10）表示[14]。

$$\beta_{\mathrm{f}}(\lambda) = \frac{550}{\lambda} \times B_{\mathrm{c}} \times \mathrm{chl}^{0.62} \qquad (2\text{-}10)$$

其中，chl 表示浮游植物中叶绿素 a 的浓度，B_{c} 通常表示的是一个常数，一般为 0.12～0.45，仿真计算时 B_{c} 常常选取平均值，即 $B_{\mathrm{c}} = 0.3$。

将参数代入式（2-10），可得到浮游植物的散射系数如式（2-11）所示。

$$\beta_{\mathrm{f}}(\lambda) = \frac{550}{\lambda} \times 0.3 \times \mathrm{chl}^{0.62} \qquad (2\text{-}11)$$

本书利用式（2-11）所示浮游植物的散射系数，并且参照表 2-2 的水质参数，画出不同浓度叶绿素 a（分别为 chl = 0.03 mg/m³、chl = 0.3 mg/m³ 和 chl = 5 mg/m³）时，浮游植物的散射系数与波长的关系如图 2-7 所示。

图 2-7 可以看出，同一波长下，浮游植物的散射系数随着叶绿素 a 浓度的增大而增大，当叶绿素 a 浓度相同时，浮游植物的散射系数随波长增大呈指数递减趋势。

3. 非色素悬浮粒子的散射特性

1992 年，Gordon[15]得出了非色素悬浮粒子的散射系数与波长和质量浓度的关系，如式（2-12）所示。

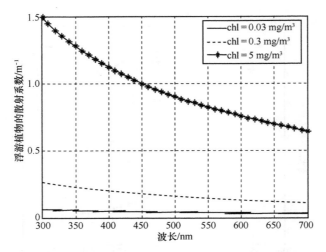

图 2-7   不同叶绿素 a 浓度的浮游植物的散射系数与波长的关系

$$\beta_1(\lambda) = \frac{550}{\lambda} \times 0.125 \times D \qquad (2\text{-}12)$$

其中，D 是非色素悬浮粒子的质量浓度，单位是 mg/L。研究发现，海水中非色素悬浮粒子的质量浓度一般为 0.01～3 mg/L[1]。

根据式（2-12）中非色素悬浮粒子散射系数的表达式，以及表 2-2 中不同海水水质的参数，得出不同质量浓度的非色素悬浮粒子的散射系数与波长的关系如图 2-8所示。

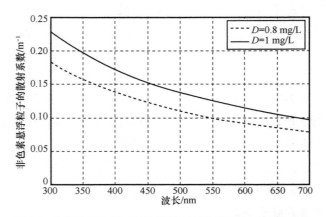

图 2-8   不同质量浓度非色素悬浮粒子的散射系数与波长的关系

由图 2-8 可看出，在同一波长下，非色素悬浮粒子的散射系数随质量浓度的增大而增大，质量浓度相同时，非色素悬浮粒子的散射系数随波长的增大而呈递减趋势。

综上所述，海水的光学散射特性是由海水中含有的纯海水、浮游植物和非色素悬浮粒子的散射系数共同决定的，从图 2-6~图 2-8 中可以看出，在 450~550 nm 的光波段，纯海水的散射系数在 0.001 5~0.003 5 m^{-1}，浮游植物的散射系数在 0.8~0.97 m^{-1}，非色素悬浮粒子的散射系数在 0.125~0.15 m^{-1}（$D=1$ mg/L）。

对于波长为 530 nm 的绿光，通过仿真计算得到其各种成分的散射系数（见表 2-5）。由表 2-5 可以看出，与浮游植物以及非色素悬浮粒子相比，纯海水的散射系数很小，在实际中可以忽略不计。而与纯海水和非色素悬浮粒子相比，浮游植物的散射系数较大，所以它对光信号的散射影响最大。

表 2-5　波长为 530 nm 的海水光学信道的散射系数

全年平均海水成分	纯海水 $\beta_s(530)$	浮游植物 $\beta_f(530)$（chl = 5 mg/m³）	非色素悬浮粒子 $\beta_l(530)$（$D = 1$ mg/L）
散射系数/m^{-1}	0.001 7	0.844 4	0.129 7
总散射系数/m^{-1}	0.975 8		
近海海水成分	纯海水 $\beta_s(530)$	浮游植物 $\beta_f(530)$（chl = 0.3 mg/m³）	非色素悬浮粒子 $\beta_l(530)$（$D = 0.8$ mg/L）
散射系数/m^{-1}	0.001 7	0.147 6	0.103 8
总散射系数/m^{-1}	0.253 1		
远洋海水成分	纯海水 $\beta_s(530)$	浮游植物 $\beta_f(530)$（chl = 0.03 mg/m³）	非色素悬浮粒子 $\beta_l(530)$（$D = 0.01$ mg/L）
散射系数/m^{-1}	0.001 7	0.035 4	0.001 3
总散射系数/m^{-1}	0.038 4		

2.1.4　海水信道的总衰减特性

根据前面所述的海水的吸收和散射作用，由海水水体引起的总的衰减作用为光吸收作用和散射作用之和，可表示为式（2-1）。

将海水中各个成分的衰减系数代入式（2-1），得到海水的总衰减系数，如式（2-13）所示。

$$c(\lambda) = c_s(\lambda) + c_f(\lambda, \text{chl}) + c_l(\lambda, D) + c_h(\lambda) \tag{2-13}$$

其中，$c_s(\lambda)$ 为纯海水的衰减系数。$c_f(\lambda, \text{chl})$ 为浮游植物的衰减系数，且其衰减系数与浮游植物中所含叶绿素 a 的浓度有关。$c_l(\lambda, D)$ 是非色素悬浮粒子的衰减系数，

其中，非色素悬浮粒子的散射系数与其浓度有关，而吸收系数与其浓度无关。$c_h(\lambda)$ 是黄色物质的衰减系数，其中只含有黄色物质的吸收系数，这是因为黄色物质对光只有吸收作用。

选取波长为 530 nm 的绿光，参照表 2-2 中海水的水质参数，选取海水成分中的叶绿素 a 浓度 chl = 5 mg/m³，非色素悬浮粒子浓度 D = 1 mg/L，根据以上参数，计算出海水总衰减系数与波长的关系如图 2-9 所示。

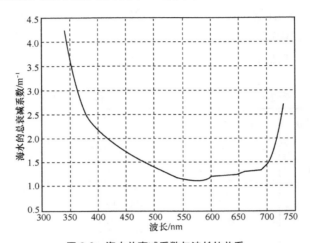

图 2-9　海水总衰减系数与波长的关系

由图 2-9 中可以看出，波长为 300～550 nm 时，海水的总衰减系数随波长的增大而呈指数递减的趋势，波长为 550～700 nm 时，海水的总衰减系数随波长的增大而缓慢增大，波长为 700～750 nm 时，海水的总衰减系数随波长的增大而急剧增大。而波长为 520～650 nm 时，海水的总衰减系数相对较小。

2.2　海水信道光传输散射特性的蒙特卡洛模拟

蒙特卡洛模拟法在分析和研究海水信道光传输特性中的应用最为广泛[16-18]。本节详细介绍光子在海水介质中随机传输的蒙特卡洛模拟法，并且对蒙特卡洛模拟法的散射相位函数进行分析，最后根据蒙特卡洛模拟过程对影响接收光功率的因素进行仿真，并对仿真结果进行分析。

蒙特卡洛模拟法对研究光在海水中的传输情况，以及对海水信道特性的分析与研究具有重要的意义。由于海洋环境是非常复杂的，所以光在水下进行传输时，所能涉及的不同海水水质参数具有非常大的随机性。光在海水传输的过程中会受到多次散射的影响，几乎不可能完全用解析法来描述光信号在水下的传输过程。在实验室的环境下，海水中所含的不同杂质成分和这些成分的衰减系数等因素的选择会受到实验条件的限制，因此要完全通过实验的方法得到所有数据几乎是不可能的。

光子在水下发生散射的过程，可看作是光子在水中的随机碰撞，这个随机运动过程可用蒙特卡洛模拟法来进行模拟。同时蒙特卡洛模拟法具有以下几个优点[19]。

① 算法设计简单，精度可控。

② 可以通过模拟不同发射机和接收机的特性，对海水不同介质的边界条件和散射条件进行模拟，并且将发散角、光子在碰撞过程中发生的散射等一系列影响因素全部加以考虑。

③ 容易确定光子散射的平均路径。

蒙特卡洛模拟法最大的不足之处就是计算时间太长，且单个光子的运动特性容易对其造成影响，从而在一定时间内发射的光子被接收机接收到的概率很小，所以为了得出比较准确的结果，通常需要模拟大量光子的运动轨迹。

根据光的粒子性，通常将光脉冲当成由很多个光子组成的光子包，所以光脉冲的传输问题就成了光子的运动问题[20-21]。由于海水中颗粒性质的不同，其在碰撞过程中将会被吸收或发生散射。若光子在传输过程中被吸收，则其传输过程就会终止；若光子发生散射，则其运动方向就会发生改变。

光子在海水运动的过程中，经常与粒子发生吸收性或者散射性的随机碰撞[22-24]。根据随机碰撞原理，构建蒙特卡洛模拟法的模型，并利用大量的光子进行模拟试验，则光束在海水介质中的传输规律就是对这些光子在运动过程中状态的统计。

海水中粒子的散射主要分为两类，第一类为瑞利散射，第二类为米氏散射。海水水分子的散射遵循的是瑞利散射规律，而其他颗粒的散射遵循的是米氏散射规律。

2.2.1　海水信道中的光传输散射效应

通常情况下，对海水介质中颗粒散射特性的分析，都是相对于单个粒子来说的。

为了简便起见，通常利用米氏散射理论，将粒子与光子间的碰撞转化为球形粒子间的随机碰撞。根据海水介质颗粒密度的不同，一般把散射效应归纳为 4 类，分别是单次散射、一级多次散射、多次散射和漫射。分析发现，多次散射综合了单次、二次、高次散射以及在散射路径上的衰减，适用于大多数海水介质，所以它是分析和研究光子在海水介质中传输时最典型的一类散射。多次散射的效应分布如图 2-10 所示。

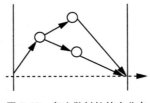

图 2-10　多次散射的效应分布

如图 2-10 所示，光子在海水介质中传输的过程中，会遇到很多颗粒而发生散射，因此对于非散射部分的直射光会变得很少。图 2-10 所示的多次散射光指的是传输过程的光发生散射后会偏离光轴，但是经过多次散射后部分光子又再次进入光轴中的光。

光子在海水介质中传输时，会发生多次散射，这会导致光能量发生衰减，如图 2-11 所示。

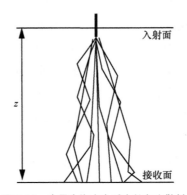

图 2-11　光子在海水介质中的多次散射

如图 2-11 所示，当光束入射到海水介质中时，会在各个方向上发生散射，由于海水具有强烈的前向散射特性，所以大部分的光会在光传输方向上发生散射。但是光束在海水中的传输距离增加时，直射的光束会变得越来越少，当光的传播路径非常长时，传播方向上未发生碰撞而直接到达接收面的光很少，所以海水中的光束基本上都是多次散射光。另一方面，即使散射光会发生散射，接近光轴中心处的光能量也仍然很大。因此，光束在传输过程中，会在时间和空间上发生扩展，而发生多次散射后，光束的能量在传输过程中也会发生衰减。

2.2.2　海水信道的光传输散射相位函数

散射相位函数能准确模拟出影响辐射传输的特性，同时被用来比较在不同介质中，散射角度的分布状况。

不含有任何杂质的海水为纯水，纯水水分子发生的散射服从的是瑞利散射，其散射相位函数如式（2-14）所示。

$$P_r(\theta) = \frac{3}{4}(1 + \cos^2\theta) \qquad (2\text{-}14)$$

其中，θ 表示散射角。

由于海水介质中含有大量悬浮颗粒，所以光束在海水中传输时一般都服从米氏散射。米氏散射相位函数 $P(\theta)$ 一般常用亨利－格林斯坦（Henyey-Greentein，H-G）相位函数[25-26]表示。H-G 相位函数的优势是表达式相对简便，求解非常方便，模拟近似结果也比较好，并且可以更好地体现米氏散射相位函数前向峰值的特点。H-G 相位函数是将散射角 θ 和散射因子 g 作为参数的函数表达式，如式（2-15）所示。

$$P(\theta) = \frac{1 - g^2}{(1 + g^2 - 2g\cos\theta)^{3/2}} \qquad (2\text{-}15)$$

其中，$g = \langle\cos\theta\rangle = \overline{\cos\theta}$ 表示非对称因子。$g = 0$ 时，H-G 相位函数表示的是散射各向同性；$g = 0.9$ 时，表示的是强前向散射。Mobley[8]的分析结果表明，当 θ 非常接近 $0°$ 和 $180°$ 时，该函数存在一定的误差，当选取合适的 g 时，拟合 H-G 相位函数的匹配度在 90% 以上。当 θ 接近 π 时，$P(\theta)$ 与介质实际的散射相位函数相比较小。这样光子发生后向散射的概率就会减小。这不但增加计算时间，而且还会降低精度。

因此可以发现，虽然 H-G 相位函数可以更好地体现出米氏散射前向峰值的主要特点，但是它却不能准确地模拟后向散射。1975 年，Kattawar 采用双 H-G 相位函数（TTHG）[27]来改善 H-G 相位函数的缺陷，如式（2-17）所示。

$$p(\theta,f,g_1,g_2) = (1-f)p(\theta,g_1) + fp(\theta,g_2) =$$

$$(1-f)\frac{1-g_1^2}{\left(1+g_1^2-2g_1\cos\theta\right)^{3/2}} + f\frac{1-g_2^2}{\left(1+g_2^2-2g_2\cos\theta\right)^{3/2}} \quad (2\text{-}16)$$

$$(g_1 > 0, \quad g_2 < 0)$$

当 g_1 的取值趋近 1，g_2 的取值为负数时，双 H-G 相位函数的变化较为尖锐。从式（2-16）中可以发现，虽然双 H-G 相位函数能够更好地表示出后向散射的峰值，但是由于它是由 f、g_1、g_2 这 3 个不同的参数确定的，所以它的计算过程相对来说比较复杂。

Riewe 与 Green[28]将 H-G 相位函数和勒让德（Legendre）多项式结合起来，用来近似表示散射相位函数，如式（2-17）所示。

$$p(\theta,f,g) = \frac{1-g^2}{4\pi}\left[\frac{1}{\left(1+g^2-2g\cos\theta\right)^{3/2}} + f\frac{1/2\left(3\cos^2\theta-1\right)}{\left(1+g^2\right)^{3/2}}\right] \quad (2\text{-}17)$$

当设定参数 $g = 0.72$、$f = 0.5$ 时，式（2-17）比较接近米氏散射相位函数。

Cornette 和 Shanks[29]定义了只含有一个参数的 H-G 相位函数，如式（2-18）所示。

$$p_{cs}(\theta,g) = \frac{3}{2}\frac{1-g^2}{2+g^2}\frac{1+\cos^2\theta}{\left(1+g^2-2g\cos\theta\right)^{3/2}} \quad (2\text{-}18)$$

此相位函数可以准确地表示海水的散射函数，但是该函数表达式相对比较复杂，而且利用该函数不能直接求解出散射角 θ 的解析式，因此很难应用在蒙特卡洛模拟中。

综上所述，由于本节只考虑前向散射，而且要选择能够应用在蒙特卡洛模拟中的函数，所以在仿真中选择的是式（2-15）所示的 H-G 相位函数。

2.2.3　海水信道中光传输散射特性的蒙特卡洛仿真

1. H-G 相位函数的散射角

由文献[25-26]可知信道散射角 θ 的解析表达式为

$$\theta = \arccos\left\{\frac{1}{2g}\left[\left(1+g^2\right) - \frac{\left(1-g^2\right)}{\left(1-g+2gr\right)^2}\right]\right\} \quad (2\text{-}19)$$

其中，g 表示非对称因子，r 表示在[0,1]上均匀分布的随机数。

2. H-G 相位函数的非对称因子

由于海水中含有的粒子直径大小不一致，所以一般用平均散射相位函数来表示特定的海水散射特性。Petzold 通过对海水中平均粒子的散射相位函数中的散射相位余弦 $\cos\theta$ 进行测量，测量的结果表明它的平均值为 0.924。则非对称因子 $g=\cos\theta=0.924$。

3. 海水中光信号蒙特卡洛模拟过程

蒙特卡洛模拟法被广泛应用于光束在海水介质的仿真研究中。在蒙特卡洛模拟法中，通常将光看成一系列的光子包，然后对这些光子包的状态进行追踪，最后统计出光子包的分布情况，以此来表示光的分布情况。

光子在海水中由于随机运动发生散射，利用蒙特卡洛模拟法来模拟光子的运动轨迹，通常可归纳为 4 步：第一步是光子的随机产生，第二步是光子的随机迁移，第三步是光子的吸收或散射，第四步是判定光子是否终止。判断光子终止的条件如下。

① 由光子权重决定。当光子的权重小于阈值时，可认为此光子已经消亡，从而不对其进行追踪。一般在模拟中，阈值主要由实验设备中探测器的灵敏度决定。

② 由介质几何限制决定。在随机碰撞过程中，如果光子被散射到介质外就不再对其进行追踪。

图 2-12 表示的是本节的蒙特卡洛模拟的仿真流程。在仿真中对光子的运动方向和传输距离进行判断。当光子运动方向 $U_z<0$ 时，就终止对这个光子的追踪，而开始对另一个光子进行追踪；当光子运动方向 $U_z\geqslant 0$ 时，再判断此光子是否已经到达接收面，即对此次光子的传输距离 z 进行判断。若光子未到达接收面，则让其继续碰撞后再判断，直到到达接收面。若光子到达接收面，则对光子的位置和权重进行统计。

光子在传输中的状态是由光子的坐标 $R(X,Y,Z)$、运动方向 Ω_0、运动路径长度 L 以及权值 W 等决定的，用式（2-20）表示。

$$S=(R,\Omega_0,L,W) \tag{2-20}$$

S_n 表示从发射端发射出的光子经过 n 次随机碰撞的状态。

$$S_n=(R_n,\Omega_n,L_n,W_n) \tag{2-21}$$

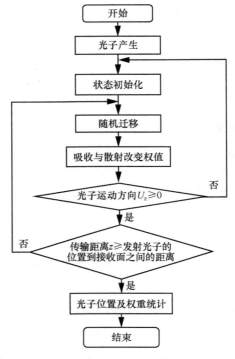

图 2-12　蒙特卡洛模拟的仿真流程

其中，R_n 是指光子在第 n 次随机碰撞后的位置坐标；Ω_n 表示的是光子在第 n 次碰撞后的运动方向；L_n 表示的是光子在第 n 次碰撞后已经传输的路径总长度；W_n 指的是光子在第 n 次碰撞后的权值，通常用它来表示由于散射而造成的能量损失。

　　光子在第 n 次散射发生前的位置坐标可由 $(X_{n-1}, Y_{n-1}, Z_{n-1})$ 来表示，图 2-13 所示为光子在海水介质中的传输模型。

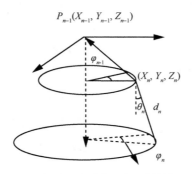

图 2-13　海水介质中的光子传输模型

对蒙特卡洛模拟法[30]模拟的过程进行分析后，总结的步骤如下。

（1）光子的产生

在蒙特卡洛模拟过程中，假定光束是一个垂直向下的准直极细的入射光束，光束在发散角范围内是呈高斯分布的。此次模拟仿真中光子的位置是用三维坐标 (X,Y,Z) 来表示，假设光子的起始坐标是 $(0,0,0)$，初始方向 $\Omega_0 = (0,0,1)$，本书中规定向下为正方向。

（2）确定光子坐标

光子在传输过程中发生碰撞时，它会用新的方向角 $(\theta_n, \varphi_n, d_n)$ 进行下一次的传输。其中，θ_n 指散射角，表示入射光与散射方向上的光在散射面上的夹角；φ_n 指方向角，表示光子的散射方向在水平面上投影的旋转角度；d_n 指光子的自由路径，表示在下一次散射发生之前光子的自由路径。

光子从第 n 次到第 $n+1$ 次散射之间的路径 d_n 的分布用概率密度函数 $p(d_n)$ 来表示，如式（2-22）所示。

$$p(d_n) = c \cdot \exp(-cd_n) \tag{2-22}$$

其中，c 表示介质的衰减系数，即海水的总衰减系数。

光子的自由路径 d_n 如式（2-23）所示。

$$d_n = -\frac{1}{c}\ln\left[\frac{p(d_n)}{c}\right] \tag{2-23}$$

通常情况下，蒙特卡洛模拟法模拟的自由路径用 d_n 表示，通常选择如式（2-24）所示的表达式。

$$d_n = -\frac{1}{c}\ln r_1 \tag{2-24}$$

其中，r_1 表示的是[0,1]上均匀分布的随机数。

假设已知光子当前位置为 (X_n, Y_n, Z_n)，它的传输方向为 $(\mu_{xn}, \mu_{yn}, \mu_{zn})$，预测达到下一个散射点的位置坐标为 $(X_{n+1}, Y_{n+1}, Z_{n+1})$，其如式（2-25）所示。

$$\begin{cases} X_{n+1} = X_n + d_n\mu_{xn} \\ Y_{n+1} = Y_n + d_n\mu_{yn} \\ Z_{n+1} = Z_n + d_n\mu_{zn} \end{cases} \tag{2-25}$$

（3）确定散射后光子的运动方向

当光子发生散射后，光子的散射方向 (φ_n, θ_n) 可由式（2-26）来表示。

$$\begin{cases} \theta_n = \arccos\left\{\dfrac{1}{2g}\left[\left(1+g^2\right) - \dfrac{\left(1-g^2\right)}{\left(1-g+2gr_3\right)}\right]\right\} \\ \varphi_n = 2\pi r_2 \end{cases} \qquad (2\text{-}26)$$

其中，光子发生第 n 次碰撞后的运动方向相对于碰撞前的运动方向的散射角用 θ_n 来表示，方位角用 φ_n 来表示，前者通过对 H-G 相位函数抽样来获得，后者则是 $(0,2\pi)$ 上均匀分布函数的一个抽样值，r_2、r_3 各是$[0,1]$上均匀分布的随机数。

对式（2-26）进行坐标变换，得到光子发生碰撞后新的方向矢量，用式（2-27）来表示。

$$\begin{cases} \mu_{xn+1} = \sin\theta_n\left(\mu_{xn}\mu_{zn}\cos\varphi_n + \mu_{xn}\sin\varphi_n\right)\Big/\sqrt{1-\mu_{zn}^2} + \mu_{xn}\cos\theta_n \\ \mu_{yn+1} = \sin\theta_n\left(\mu_{yn}\mu_{zn}\cos\varphi_n + \mu_{yn}\sin\varphi_n\right)\Big/\sqrt{1-\mu_{zn}^2} + \mu_{yn}\cos\theta_n \\ \mu_{yn+1} = -\sin\theta_n\cos\varphi_n\Big/\sqrt{1-\mu_{zn}^2} + \mu_{xn}\cos\theta_n \end{cases} \qquad (2\text{-}27)$$

若光子的运动方向非常靠近传输方向 z 轴，那么光子新的运动方向可用式（2-28）表示。

$$\begin{cases} \mu_{xn} = \sin\theta_n\sin\varphi_n \\ \mu_{yn} = \sin\theta_n\cos\varphi_n \\ \mu_{zn} = \text{SIGN}(\mu_{zn})\cos\theta_n \end{cases} \qquad (2\text{-}28)$$

其中，$\text{SIGN}(\mu_{zn}) = \begin{cases} +1, & \mu_{zn} > 0 \\ -1, & \mu_{zn} < 0 \end{cases}$。

（4）权值改变

假设所有光子碰撞前的初值都为 1，若光子在海水运动的过程中发生碰撞，那么其权值就会减少。因此，光子发生第 n 次碰撞之后的权值 W 可以由式（2-29）表示。

$$W_{n+1} = W_n\omega_0 \qquad (2\text{-}29)$$

其中，W_n 是光子在第 n 次碰撞发生前的权值，ω_0 是介质的单次散射率，其表示的是海水中所含杂质的散射系数与总衰减系数的比值。

（5）判决过程

在光子每一次发生散射之前，都必须比较光子当前权值和阈值的关系，若该光子当前权值比所确定的阈值小，则必须终止对该光子运动的模拟过程。若该光子当前的权值不小于所设定的阈值，就返回"确定光子坐标"的过程，此时继续进行蒙特卡洛模拟过程。如果经过判断，某个光子终止以后，则继续对下一个光子的模拟过程进行判断，直至全部光子都完成整个蒙特卡洛模拟过程。

| 2.3　基于蒙特卡洛统计方法的水下传输时域展宽特性 |

蒙特卡洛统计方法在分析和研究水下无线光信道传输特性中的应用最为广泛。本节利用蒙特卡洛统计方法，建立了水下无线光信道的时域展宽模型；分析波长为 530 nm 的脉冲信号在远洋海水、近海海水、全年平均海水中传输不同距离的时域展宽特性，以及不同脉宽的光信号在 3 种不同的水质中传输相同距离的时域展宽特性。然后，分析光信号在不同的吸收系数（$a \geq 0.24 \text{ m}^{-1}$）和散射系数 β 海水中传输不同距离的时域展宽值，建立光信号在吸收系数 $a \geq 0.24 \text{ m}^{-1}$ 的海水中传输不同距离时的时域展宽模型。

2.3.1　光信号在水下传输的时域特性分析

1. 时间延迟理论分析

由于海水中存在各种各样的物质，如叶绿素 a、非色素悬浮粒子、浮游植物等，光子在海水中传输时会与上述颗粒发生碰撞，其中有的物质吸收了一部分光子的能量，另一部分物质使光子发生散射。光子经过多次散射时，由于每个光子的散射路径不同，接收到的总路径以及时间也不尽相同，信号通常会经过一定时间的延迟，并且信号的能量会有一定的衰减。例如，光信号在吸收系数为 0.264 8 m⁻¹，散射系数为 0.975 9 m⁻¹ 的海水中传输 20 m 时，光脉冲的时域展宽波形如图 2-14 所示。

一般来说，时域扩展后的光脉冲波形可以用函数 $f(t)$ 来表示[31]，如式（2-30）所示。

$$f(t) = te^{-\frac{t}{t_m}}$$

（2-30）

从图 2-14 可以看出，在时间 $t = t_m$ 处出现峰值，说明在 t_m 时刻到达接收端的光子数最多，Δt 表示半功率点处的时间宽度，就是通常所说的脉冲时间展宽。

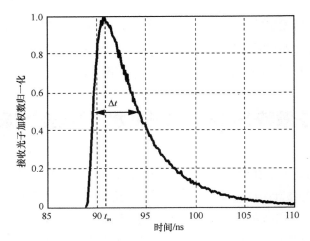

图 2-14　光脉冲时域展宽波形

2. 基于水下信道光信号时域特性的蒙特卡洛仿真[32]

由前面的分析可知，海水水质对光信号在水下的传输有很大的影响，为了分析光信号在水下传输的时域特性，参照 Petzold 水文站测量的海水水质参数[8]和国家海洋检测中心刘述锡等[33]通过对北黄海近岸海域测量的参数，本书选取了远洋海水、近海海水以及全年平均海水中的水质参数，见表 2-6。

表 2-6　不同海水的水质参数

海水类型	吸收系数/m^{-1}	散射系数/m^{-1}	总衰减系数/m^{-1}
远洋海水 chl = 0.03 mg/m^3，D = 0.01 mg/L	0.133 3	0.038 4	0.171 7
近海海水 chl = 0.3 mg/m^3，D = 0.8 mg/L	0.210 4	0.253 1	0.463 4
全年平均海水 chl = 5 mg/m^3，D = 1 mg/L	0.264 8	0.975 9	1.240 7

（1）相同水质、不同距离的仿真结果及分析

为了更清晰地显示光信号在相同水质中传输不同距离时的时域展宽关系，把蒙特卡洛仿真数据进行处理，得到光信号在相同水质中传输不同距离的时域展宽对比，如图 2-15 所示。

从图 2-15 可以很明显看出，光信号在同一种水质中传输时，随着传输距离的增加，时域展宽越来越宽，拖尾越来越长。因此，光信号在传输过程中容易发生码间串扰，从而提高了接收端的误码率（Bit Error Rate，BER）。

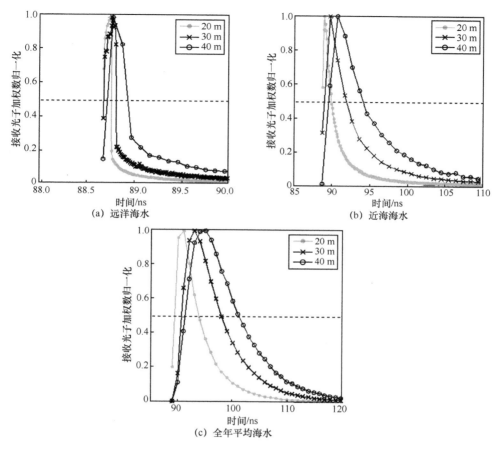

图 2-15　相同水质、不同距离的时域对比

（2）相同距离、不同水质的仿真结果及分析

从图 2-16 可以看出，光信号在海水中传输时，随着海水浑浊度的增加，脉冲信号图形的变形越来越严重（即脉冲信号的上升沿和下降沿越平缓，时域展宽越明显），同时，发生码间串扰的概率越大。单从时间展宽来看，光信号在远洋海水中传输 40 m 的时间展宽为 0.2 ns 左右，即传输速率可以达到 Gbit/s 量级，而不会发生码间串扰，也就是说误码率很低。

（3）相同水质、相同距离、不同脉宽的仿真分析

实际通信系统中发射的光信号不可能是理想的冲激信号，而是具有一定时间宽度的脉宽信号，它的脉宽形状的大小对时域特性分析的影响较大。如果把光信号在

海水中传输的过程看成一个系统，仅考虑波形的时域展宽情况，可以把脉冲信号在海水中传输的过程看成改变了初始时间的系统冲击响应 $p(t)$，因此，具有一定脉宽的光信号 $i(t)$ 经过 $p(t)$ 所代表的水质传输后得到的信号是 $i(t) \otimes p(t)$ 的值[34]。

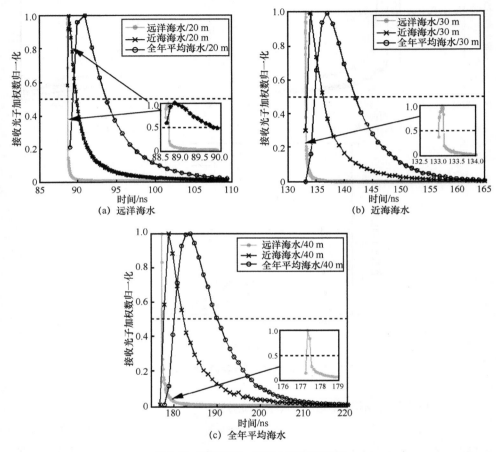

图 2-16　相同距离、不同水质的时域对比

本书根据表 2-7 中不同海水水质参数及以上仿真数据进行仿真拟合。光信号的脉宽 $i(t)$ 根据水质的不同选取不同的值，$p(t)$ 选取脉冲信号在以上 3 种水质中传输 30 m 时，接收端接收到的光功率的系统冲击响应。那么，接收端接收到的信号 $f(t)$ 的值为 $i(t) \otimes p(t)$。光信号 $i(t)$ 与 $p(t)$ 的卷积图形（即相同水质、相同距离、不同脉宽的时域对比）如图 2-17 所示。

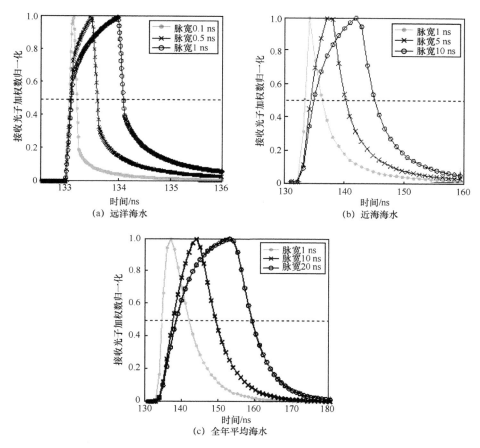

图 2-17　相同水质、相同距离、不同脉宽的时域对比

表 2-7　相同水质、相同距离、不同脉宽对应的时域展宽值

水质与距离	脉宽 $i(t)$/ns	Δt/ns
远洋海水/30 m	0.1	0.1
	0.5	0.5
	1	1
近海海水/30 m	1	3
	5	6
	10	10
全年平均海水/30 m	1	7
	10	11
	20	20

从图 2-17 可以看出，光信号在相同水质中传输相同距离时，光信号的脉宽越宽，时域展宽越小，具体展宽值见表 2-7。光信号在远洋海水中传输 30 m 时，脉宽信号几乎无时域展宽发生，即信号可以完整地传输而不发生码间串扰。在近海海水和全年平均海水中传输 30 m 时，光信号的脉宽越窄，时域展宽越明显，码间串扰概率越大，误码率越高，在接收端恢复的原信号质量越差。所以，为了能在接收端收到较好的信号，应当选择适当脉宽的光信号进行传输。

2.3.2　光脉冲信号在水下传输的时域展宽模型

1.　时域展宽模型的建立

海水中包含错综复杂的有机集合体，它是化学、生物和物理物质的大综合，含有活性菌体、溶解质和悬浮有机质。这样一种复杂的综合环境，对光信道影响一般分为 3 种：第一种是活性藻类体，如浮游植物以及菌体等活性物质；第二种是颗粒状的悬浮泥沙，也是尺寸较大的一种，一般由海浪以及海水流动卷起的泥沙组成；第三种是无机盐（氯化钾、氯化镁等）、碎屑（降解物以及生物排出的废物）、气体（氧气、二氧化碳等）类物质。

一般来说，将海水中的物质按溶解性分为两大类，一类是被溶解的有机体，另一类是悬浮颗粒，悬浮颗粒有很多种，这里一般为飘动植物和无色悬浮体。由于海水中被溶解的矿物质以及一些小型的分解体（比如细菌、无机物）对光信号的吸收比较小，散射也不太大，在研究光的吸收与散射效应的时候，一般可以忽略不计。

海水中包含大量的浮游植物，其中以藻类为主。由于海水中的大部分植物都含有叶绿素，能够对光做出反应（包括吸收与反射）。一般因为海水的复杂性，在进行实验研究的时候，可以借助对叶绿素含量的采集来估算海水中浮游植物的含量，测量其对光能的吸收情况，从而模拟浮游植物对光能的吸收作用。

中国地质大学的马翱慧等[35]以近 4 年的 MODIS 数据为基础，研究了南海北部海域叶绿素 a 浓度的时空分布特征及其与海洋环境因素的关系。结果显示：叶绿素浓度高于 5.0 mg/m³ 的高值区主要分布在与南海相邻的广东省沿岸入海口区域；叶绿素 a 含量为 1.0～5.0 mg/m³ 的次高值区大致分布在海岸水平线到 50 m 等深线之间的区域；叶绿素 a 浓度含量为 0.3～1.0 mg/m³ 的中值区主要分布在 50～100 m 等深线之间的区域；叶绿素 a 含量低于 0.3 mg/m³ 的低值区主要分布在 100 m 等深线以外的区域。同时，叶绿素 a 的浓度还与温度、季节、河流等的变化有关。

刘述锡等[33]对北黄海近岸海域近一年的研究显示，叶绿素 a 浓度随季节变化分布特征在发生变化，且变化的规律非常复杂。参照叶绿素浓度的调查结果，本书选取的叶绿素 a 浓度为 3 mg/m³、4 mg/m³、5 mg/m³、6 mg/m³、7 mg/m³、8 mg/m³ 和 9 mg/m³。

非色素悬浮粒子一般是指悬浮泥沙，是造成海水散射的主要物质之一。散射系数由粒子的密度和大小决定，与波长和水质没有太大的关系。Dolin 和 Levin[36]通过实验，给出了悬浮泥沙浓度一般为 0.01～3 mg/L。本书选取非色素悬浮粒子的浓度为 0.4 mg/L、0.8 mg/L、1.2 mg/L、1.6 mg/L、2.0 mg/L、2.4 mg/L 和 2.8 mg/L。

为了探究时域展宽与海水参数之间的函数关系，选取大量含有不同吸收系数和散射系数的海水进行模拟仿真，其中，部分不同吸收系数和散射系数的海水的采样参数见表 2-8。

表 2-8　不同吸收系数和散射系数的海水采样参数

叶绿素 a 浓度/(mg·m⁻³)	非色素悬浮粒子质量浓度/(mg·L⁻¹)	吸收系数/m⁻¹	散射系数/m⁻¹	衰减系数/m⁻¹
3	0.4	0.246 5	0.668 8	0.915 3
4	0.8	0.256 1	0.840 8	1.096 9
5	1.2	0.264 8	1.001 8	1.266 6
6	1.6	0.273 0	1.154 7	1.427 7
7	2.0	0.280 7	1.301 5	1.582 2
8	2.4	0.288 0	1.443 1	1.731 2
9	2.8	0.295 0	1.580 6	1.875 7

2．蒙特卡洛仿真及拟合结果分析

由于在传输距离很短的情况下，无线光信号在水下传输的时域展宽可以忽略不计。本书选取的仿真传输距离为 10 m、15 m、20 m、25 m、30 m、35 m、40 m、45 m、50 m 和 55 m。在不同参数下仿真不同传输距离、不同吸收系数、散射系数对应的拟合函数见表 2-9。

表 2-9　不同传输距离、不同吸收系数、散射系数对应的拟合函数

序号	吸收系数/m⁻¹	散射系数/m⁻¹	拟合函数
1	0.246 5	0.668 8	$\Delta t = 0.262\,3d - 0.254\,5$
2	0.256 1	0.840 8	$\Delta t = 0.262\,3d - 0.254\,5$
3	0.264 8	1.001 8	$\Delta t = 0.262\,3d - 0.254\,5$

（续表）

序号	吸收系数/m⁻¹	散射系数/m⁻¹	拟合函数
4	0.273 0	1.154 7	$\Delta t = 0.262\,3d - 0.254\,5$
5	0.280 7	1.301 5	$\Delta t = 0.262\,3d - 0.254\,5$
6	0.288 0	1.443 1	$\Delta t = 0.262\,3d - 0.254\,5$
7	0.295 0	1.580 6	$\Delta t = 0.262\,3d - 0.254\,5$

不同吸收系数、散射系数对应的拟合函数对比如图 2-18 所示。

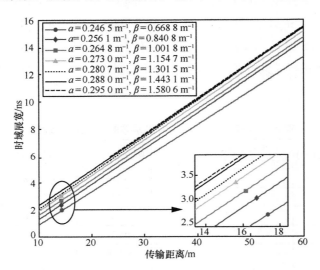

图 2-18　不同吸收系数、散射系数对应的拟合函数对比

从图 2-18 可以看出，不同吸收系数、散射系数对应的拟合函数的斜率基本相同，起始点的位置不同。通过拟合函数对仿真得出的时域展宽值进行对比发现，在传输距离为 15 m 时，拟合函数得出的时域展宽值与实际仿真得出的时域展宽值最接近。选取 15 m 时的数据为参考点，得出光信号在水下不同吸收系数、散射系数中传输不同距离的时域展宽模型如式（2-31）所示。

$$\Delta t = 0.264d + (2.5\beta - 15a + 0.4),\ a \geqslant 0.24\ \text{m}^{-1} \tag{2-31}$$

其中，d 为传输距离，a 为吸收系数，β 为散射系数，Δt 为光信号在水下不同吸收系数、散射系数的海水中传输不同距离的时域展宽值。

为了验证式（2-31）的准确性，对仿真数据、拟合曲线与拟合模型进行了对比分析，结果如图 2-19 所示。

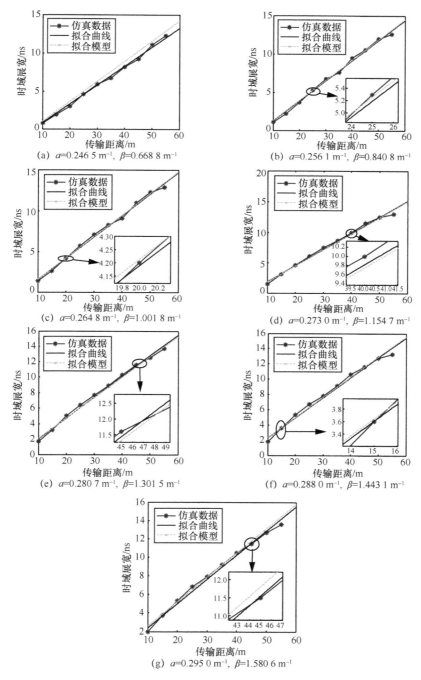

图 2-19　仿真数据、拟合曲线与拟合模型的对比

从图 2-19 可以看出，仿真数据、拟合曲线与拟合模型三者非常接近。拟合模型与仿真数据之间的误差均值与方差见表 2-10。

表 2-10 拟合模型与仿真数据之间的误差均值与方差

参数/m⁻¹	$a = 0.246\,5$, $\beta = 0.668\,8$	$a = 0.256\,1$, $\beta = 0.840\,8$	$a = 0.264\,8$, $\beta = 1.001\,8$	$a = 0.273\,0$, $\beta = 1.154\,7$	$a = 0.280\,7$, $\beta = 1.301\,5$	$a = 0.288\,0$, $\beta = 1.443\,1$	$a = 0.295\,0$, $\beta = 1.580\,6$
误差均值/ns	0.562 0	0.264 0	0.231 0	0.332 0	0.268 0	0.328 0	0.274 0
方差/(ns)²	0.058 9	0.016 2	0.017 0	0.047 2	0.057 8	0.071 8	0.057 9

从表 2-10 中的误差均值与方差可以看出，拟合模型的准确度非常高。误差均值为拟合模型与仿真数据在相同传输距离下对应展宽值之间差值的均值，误差均值的最大值不超过 0.6 ns。方差为拟合模型与仿真数据在相同传输距离下对应展宽值之间差值的方差，表示其差值的稳定性。

本节主要利用蒙特卡洛统计方法仿真分析了光信号在水下传输的时域展宽特性，具体仿真分析结果如下。

（1）相同水质、不同距离

冲激信号在相同水质中传输的距离越远，光子从发射端直射到接收端的数量越少，即光子在传输过程中经过的散射越多，路径越复杂，到达接收端所用的时间越长，时间展宽越明显，拖尾越来越长。信号在传输过程中容易发生码间串扰，提高了误码率。

（2）相同距离、不同水质

冲激信号在不同水质中传输相同距离时，随着海水浑浊度的增加，时域展宽增加，光信号的失真越严重（主要体现在上升沿和下降沿的形变上），发生码间串扰的概率增大。

（3）相同水质、相同距离、不同脉宽

在相同水质中传输相同距离时，光信号的脉宽越宽，时域展宽越小，脉宽越窄，时域展宽越大，码间串扰概率越大，误码率越高，在接收端恢复的原信号质量越差。

最后，得出了光信号在水下不同吸收系数（$a \geqslant 0.24\,\mathrm{m}^{-1}$）和散射系数 β 中传输不同距离的时域展宽数学模型如式（2-31）所示。

从式（2-31）可以看出，冲激信号在水下传输的时域展宽与海水的吸收系数、散射系数以及传输距离有很大的关系。

2.4　水下无线光通信空域光斑扩展模型分析

　　光信号在水下传输的过程中与海水中的颗粒碰撞发生散射，散射在对光信号造成很大衰减的同时也会造成光斑扩展现象，而光斑扩展现象对光信号的损耗有很大的影响。发射端发射的光信号经过透镜进行准直传输后，光线就变成了平行光线。在实验的过程中，平行光在水下进行传输的过程中会在空间上产生扩散现象，致使接收端不能全部接收发射端发射的光，导致光信号能量的减少。对于长距离的传输来说，光功率的损耗一般与传输距离 d、接收孔径 a_r、发射孔径 a_t 以及发射端光源的发散角 θ 有关。其中光束的扩展随距离增大而增大，如图 2-20 所示。

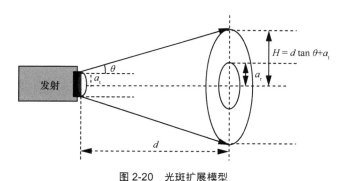

图 2-20　光斑扩展模型

　　因此，光束扩展后的功率如式（2-32）所示。

$$P_r = P_t \left[\frac{a_r^2}{(d \tan \theta + a_t)^2} \right] \tag{2-32}$$

其中，P_t 是发射端的光功率，P_r 是接收端的光功率，a_r 为接收天线的孔径半径，a_t 为发射机的孔径半径；由于光的发散角较小，$\tan \theta$ 近似等于 θ。

2.5　水下 LED 无线光信号传输模型及实验分析

　　水下无线光通信信道的吸收和散射主要导致光信号衰减，不但严重影响传输距离，接收到的光功率也会影响传输速率。本节主要从光斑的扩展特性和信号传输特性分析水下无线光的功率传输衰减模型。

在海水中传输的光信号在传输过程中一部分被海水吸收，另一部分与颗粒碰撞散射出去。这样就会使得接收端接收到的光信号有很大的损耗，只考虑光学参数对海水信道的影响时，光信号在水下传输的功率衰减呈指数分布，因此光信号在水下传输的接收功率衰减如式（2-33）所示。

$$P_r = P_t \exp[-c(\lambda)d] \tag{2-33}$$

因此，结合光束扩展对接收功率的影响，修正后的海水信道光信号传输衰减模型如式（2-34）所示。

$$P_r = P_t \left[\frac{a_r^2}{(d\tan\theta + a_t)^2} \right] \exp[-c(\lambda)d] \tag{2-34}$$

为了分析系统的通信性能，将式（2-34）中的单位改为 dB，得到修正后的海水信道光信号传输衰减理论模型如式（2-35）所示。

$$D = 10\lg P_r - 10\lg P_t = -c(\lambda) \times d \times 10\lg e + 20\lg(a_r/(d\tan\theta + a_t)) \tag{2-35}$$

其中，D 是光信号的衰减值，单位为 dB。

为了验证式（2-35）的准确性，利用蒙特卡洛统计方法进行仿真，通过统计接收端接收到的光子权重所占的百分比，得到远洋海水和近海海水中光功率衰减的拟合曲线。将远洋海水和近海海水中光功率衰减的相对值的拟合曲线与式（2-35）的理论传输模型进行对比分析，结果如图 2-21 所示。

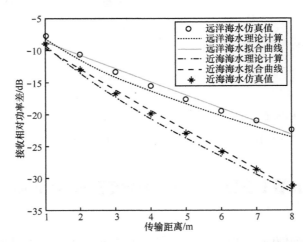

图 2-21　远洋海水和近海海水中光功率衰减的仿真数据与理论传输模型对比

从图 2-21 可以看出，两种水质中的仿真结果均与理论模型的计算结果相近。其中，远洋海水理论模型与拟合曲线差值的方差 σ_1 为 0.191，近海海水理论模型与拟合曲线差值的方差 σ_2 为 0.179。另外，通常情况下，传输距离相同时，海水衰减系数越大，接收功率越小。

西安邮电大学项目组[37]对衰减系数为 4.1 dB/m 的湖水和衰减系数为 1.1 dB/m 的室内水池进行了实验验证，如图 2-22 所示。

(a) LED 湖水实验　　　　　　　　　　　　(b) LED 水池实验

图 2-22　实验验证

在衰减较大的湖水中，光斑扩展非常明显，传输 9 m 左右时，接收端已很难观测到光斑。在衰减较小的室内水池中，光斑扩展不明显，传输 13 m 后，接收端的光斑仍能清晰可见。当发射功率和接收灵敏度都为定值时，由理论模型计算得出的传输距离与实际实验得到的传输距离一致。对比数据见表 2-11（信道冗余 $P_r - P_t =$ -43 dB, $a_t = 39.5$ mm, $a_r = 39.5$ mm, $\theta = 6$ mrad）。

表 2-11　实验数据分析结果

水质	理论模型计算	实验测试
湖水	9 m	9 m
室内水池	25.5 m	22 m

| 2.6　本章小结 |

本章首先对水下 LED 无线光通信海水信道的物理特性进行了分析，对光信号的时域和空域扩展进行建模分析，建立了光信号在海水信道中传输的链路衰减模型，并进行了实验分析，通过这些模型可以估算不同距离、不同海水环境下无线光通信链路中光信号的各种参数。

| 参考文献 |

[1] 林宏. 海洋悬浮粒子的米氏散射特性及布里渊散射特性研究[D]. 武汉: 华中科技大学, 2007.

[2] 杨顶田, 曹文熙, 杨跃中, 等. 珠江口水体的光学特征及分析[J]. 生态科学, 2004, 23(1): 1-4.

[3] 陈烽. 近海机载光海洋测深技术[J]. 应用光学, 1999, 20(2): 18-23.

[4] HICKMAN G D, HARDING J M, CARNES M, et al. Aircraft laser sensing of sound velocity in water: brillouin scattering[J]. Remote Sensing of the Environment, 1991, 36: 165-178.

[5] SMITH R C, BAKER K S. Optical properties of the clearest natural waters[J]. Applied Optical, 1981, 20(2): 177-184.

[6] 丁阳. 用于小型设备的低成本水下无线光通信装置[D]. 杭州: 浙江大学, 2013.

[7] MOREL A. Optical modeling of the upper ocean in relation to its biogenous matter content (case in waters)[J]. Journal of Geophysical Research Atmospheres, 1988, 93(c9): 10749-10768.

[8] PETZOLD T J. Volume scattering functions for selected ocean waters[R]. San Diego: University of California, 1972.

[9] BRICAUD A. Variations of light absorption by suspend particles with chlorophyll a concentration in oceanic (case I) waters: analysis and implications for bio-optical models[J]. Journal of Geophysical Research Atmospheres, 1998，103: 31033-31045.

[10] 张诸琴, 张士魁, 吴永森, 等. 海水黄色物质研究进展[J]. 黄渤海海洋, 2000, 18(1): 89-92.

[11] 朱建华, 李桐基. 探讨黄色物质吸收曲线参考波长选择[J]. 海洋技术, 2003, 22(3): 10-14.

[12] WARNOCK R E, GIESKES W W C, LAAR S V. Regional and seasonal differences in light absorption by yellow substance in the southern bight of the north sea[J]. Journal of Sea Research, 1999, 42: 169-178.

[13] 隋美红. 水下光学无线通信系统的关键技术研究[D]. 青岛: 中国海洋大学, 2009.

[14] DOWELL D, BERTHON J F. Absorption modeling in case II waters: the need to distinguish colored dissolved organic matter from non-chlorophyllous particulates[J]. SPIE, 1997, 2963: 401-407.

[15] GORDON H R. Diffuse reflectance of the ocean: influence of nonuniform phytoplankton pigment profile[J]. Applied Optics, 1992, 31(12): 2116-2129.

[16] 陈文革, 黄铁侠, 卢益民. 机载海洋光雷达发展综述[J]. 光技术, 1998, 22(3): 147-152.

[17] HICKMAN G D, HOGG J E. Application of airborne pulsed laser for near-shore bathymetric measurements[J]. Remote Sensing of the Environment, 1969, 1(1): 47-58.

[18] LILLYCROP W J, PARSON L E, ESTEP L L. Field testing of the US army corps of engineers airborne LIDAR: hydrographic survey system[C]//US Hydrographic Conference. [s.n]:[s.l.], 1994: 144-151.

[19] 詹恩奇. 光在大气和海水信道的传输性能研究[D]. 武汉: 华中科技大学, 2007.

[20] KOPILEVICH Y I, FEYGELS V I, SURKOV A. Mathematical modeling of input signals for oceanographic LIDAR systems[J]. SPIE, 2003, 5155:30-39.

[21] SAVCHENKO E P, TUCHIN VALERY V. Computer simulation of light propagation in a multi-layer biological tissue by Monte-Carlo method[J]. SPIE, 2000, 4001: 317-326.

[22] 徐启阳. 杨坤涛, 王新兵, 等. 蓝绿光雷达海洋探测[M]. 北京: 国防工业出版社, 2002.

[23] 张里荃, 常胜利, 兰勇. 紫外光脉冲非视线传输的 Monte Carlo 模拟[J]. 仪器仪表学报, 2006, 27(6): 965-966.

[24] LIU Q Z, YANG K C, LIU J S, et al. Simulation by Monte Carlo method of effect of LIDAR's fields of view to echo signals[J]. SPIE, 2005, 5638: 937-940.

[25] WINKER D M, POOLE L R. Monte Carlo calculations of cloud returns for ground-based and space-based lidars[J]. Applied Physics B Lasers and Optics, 1995, 60(4): 341-344.

[26] YANG C C, YEH K C. Scattering from a multiple-layered random medium[J]. Journal of the Optical Society of America B, 1985, 2(12): 2112-2119.

[27] KATTAWAR G W, PLASS G N. Influence of particle size distribution on reflected and transmitted light from clouds[J]. Applied Optics , 1968, 7(5): 869-878.

[28] TOUBLANCE D. Henyey-Greenstein and Mie phase functions in Monte Carlo radiative transfer computation[J]. Applied Optics, 1996, 35(18): 3270-3274.

[29] CORNETTE W M, SHANKS C J G. Physically reasonable analytic expression for the single-scattering phase function[J]. Applied Optics, 1992, 31(16):3152-3160.

[30] 杜竹峰, 卢益民, 杨宗凯, 等. 海洋光雷达接收信号的 Monte Carlo 计算[J]. 中国激光, 1991, 26(6): 430-433.

[31] GORDON H R, ACOBS M M. Albedo of the ocean-atmospheric system:influence of the sea foam[J]. Apple Optics, 1977, 16(8):2257-2260.

[32] 阴亚芳, 郭秋平, 段作梁, 等. 水下无线光信号的时域展宽特性分析[J]. 半导体光电, 2018, 39(4): 578-581.

[33] 刘述锡, 孙钦帮, 陈素梅, 等. 北黄海近岸海域叶绿素 a 浓度季节分布特征[J]. 海洋环境科学, 2011, 30(4): 528-532.

[34] 吴民, 刘智, 白旭卉. 水下脉冲光传输时域展宽特性研究[J]. 长春理工大学学报(自然科学版), 2014, 37(4):133-137.

[35] 马翱慧, 刘湘南, 李婷, 等. 南海北部海域叶绿素 a 浓度时空特征遥感分析[J]. 海洋学报, 2013, 35(4): 98-105.

[36] DOLIN L S, LEVIN I M. New instrument for measuring the scattering coefficient and the concentration of suspended particles in turbid water[J]. SPIE, Ocean Optics XII, 1994, 522-528.

[37] 贺锋涛, 王敏, 杨祎. 激光光束在海水中的空间传输特性分析[J]. 激光与红外, 2018, 48(11): 1346-1351.

第 3 章

LED 发射光学系统

在水下无线光通信系统中，LED 发射光源芯片发射角度较大，导致水下光斑迅速扩散，光束的空间能量密度降低，不能直接用于水下远距离通信。LED 发射光学系统主要用于将 LED 芯片光源能量与发射光学天线高效耦合，并通过光学准直天线将光束能量压缩在一个较小的角度范围内，从而提高光束的空间能量密度，增加水下 LED 通信系统传输距离。本章通过非成像光学设计方法，对不同透镜的 LED 发射光学系统进行了仿真研究，分析了不同距离处光斑的大小及光学效率，分析结果可对光学发射系统性能进行评价。

| 3.1 非成像光学理论基础 |

3.1.1 非成像光学

传统成像光学是以提高光学系统的成像质量为研究宗旨的学科，其研究重点是如何在焦平面上获得完美的图像。该学科的核心思想是光学系统的点对点映射思想，即物像的一一对应关系。理想情况下，目标空间中的点将通过光学系统一一映射到图像空间中，如图 3-1（a）所示。然而，对于成像系统的聚光，由于像差的存在，聚焦位置会产生一定的弥散斑，不能实现无像差的"完美"聚焦成像。

与传统成像光学重点关注物像的一一对应关系不同，非成像光学从能量转移的角度来考虑问题，如图 3-1（b）所示。光学系统是传递辐射能量的工具，也是能量传播的过程，因此在设计过程中需重点考虑对象的边界，边界内的点映射可以不予考虑[1]。也就是说在某种意义上，非成像光学的设计只需要保证边缘光线或由极端位置、方向组成的边界被延续，而边缘光线内部的光线位置和方向可以被置乱。

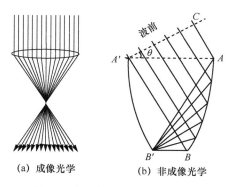

(a) 成像光学　　　(b) 非成像光学

图 3-1　成像光学与非成像光学示意

3.1.2　非成像光学的发展

非成像光学目前处于发展阶段，尚未形成系统完善的理论体系。非成像光学理论起源于 20 世纪 60 年代中期，1966 年，Hinterbgerer 和 Nostn 在一篇提高太阳能收集效率的文献中首次提出"非成像光学（Nonimaging Optics）"一词。1967 年，B-ov 提出将其应用于太阳能收集系统中复合抛物面聚光器（Compound Parabolic Concentrator，CPC）设计；同年，Ploke 设计出一种应用于显微镜系统中替代传统聚光器的三维 CPC。20 世纪 70 年代中期，Winston 和 Lofdr 等提出非成像光学的概念，此后，一系列非成像光学理论的提出和完善极大地丰富了非成像光学。

3.1.3　非成像光学系统

非成像光学系统按照应用可以分为两类：聚光系统和配光系统。

聚光系统主要应用于太阳能或光电检测中，其作用是使传递能量最大化，尽可能多地将来自光源的光线聚集到目标区域，不需过度关注其光强分布。

配光系统主要应用于配光设计，尤其是 LED 配光设计。配光系统的目标有两个：一是将来自光源的光线投射到目标区域形成指定的光强分布；二是在完成第一个任务的前提下尽可能提高效率。总体而言，配光系统的设计比聚光系统更严苛，难度也更高。

3.1.4 光学扩展量理论

1. 光学扩展量

光学扩展量是一个量词，它来源于光学系统通量传播的几何特征，用于刻画光学系统的通光能力。这种通光能力对一定面积和一定出光立体角的面光源来说就是发光能力，可以由面积和立体角的乘积来衡量。对于光学器件（如透镜等），通光能力体现为光的传输能力；对于光电接收器，通光能力体现为对光的接收能力。

假设一个面积元（面元）dA 以与法向量成 θ 角的方向向外发射（或者穿过）辐射通量（单位时间的能量）为 $d\Phi$ 的辐射光，该辐射光包含在一个立体角 $d\Omega$ 内，则辐射亮度 L 可表示为

$$L = d\Phi/dA\cos\theta d\Omega \tag{3-1}$$

如果面积元 dA 处于一个折射率为 n 的介质中，辐射通量可表示为

$$d\Phi = L/n^2 \cdot n^2 dA\cos\theta d\Omega = L^* dU \tag{3-2}$$

其中，基本辐射亮度为

$$L^* = L/n^2 \tag{3-3}$$

光学扩展量为 dU。如图 3-2（a）所示，三维坐标下可表示为

$$dU = n^2 dA\cos\theta d\Omega \tag{3-4}$$

如图 3-2（b）所示，二维坐标下可表示为

$$dU = ndA\cos\theta d\theta \tag{3-5}$$

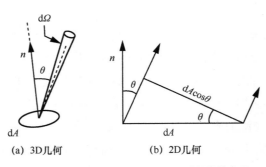

(a) 3D几何   (b) 2D几何

图 3-2 三维坐标和二维坐标下的光学扩展量表示

2．光学扩展量守恒原理

对于理想的光学系统来说，在不考虑散射、吸收等损失的情况下，光束经光学系统后的光学扩展量守恒，即对于同种介质中的两个面元 $d\Sigma$、dS，只要各自面发出的光都落到另一面元上，其光学扩展量相等，如式（3-6）所示。

$$dU_\Sigma = dU_S = dU \tag{3-6}$$

对于点光源和平行光源来说，其光学扩展量为零[2]。因为点光源的面积元 $d\Sigma$ 为零，由式（3-6）可得点光源 S 的光学扩展量 $U_S = 0$；同理可知平行光源的立体角 $d\Omega$ 为零，则光学扩展量为零。图 3-3 所示为圆锥光波导示意，在理想光学系统中，从左端面发出的光应该全部落到右端面，Σ、S 两个端面的光学扩展量守恒，即 $U_\Sigma = U_S$。圆锥光波导的端面 Σ 大于端面 S，为保持光学扩展量守恒，左端面上的光束发散角 Ω_Σ 应该小于右端面上的光束发散角 Ω_S。

通过上述分析可知，理想光学系统下，为保持光学系统的光学扩展量守恒，当光学器件的通光面积变大时需要其发散角 Ω_Σ 缩小，反之亦然。

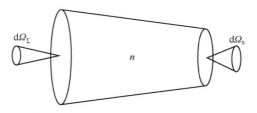

图 3-3　圆锥光波导示意

3．流线表示

流线的本质是光学扩展量的矢量合成轨迹，在辐射场中放置一条反射性的流线，并不会改变辐射场的分布情况（即没有光学扩展量穿越流线）。如图 3-4 所示，从波前 w_{A1} 传播到达 w_{A2}，从 w_{B1} 传播到达 w_{B2}。w_{A1} 和 w_{A2} 之间的光程差 S_{A1A2} 是个常数，同样地，w_{B1} 和 w_{B2} 之间的光程差 S_{B1B2} 也是个常数。现在假设在波面中间的交点连线处放置一面反射镜，由于 w_{A1} 传播到达 w_{B2}，w_{B1} 传播到达 w_{A2}，则 w_{A1} 和 w_{B2} 之间的光程差 $S_{A1} + S_{B2}$ 是个常数，同样地，w_{B1} 和 w_{A2} 之间的光程差 $S_{A2} + S_{B1}$ 也是个常数。所以反射镜在此的作用是将波前左右对调，反射镜所在那条线就是流线。

由反射镜 m 上的点可以得到

$$S_{A1} - S_{B1} = S_{A1} + S_{A2} - (S_{B1} + S_{A2}) = S_{A1A2} - S_{B1A2} = S_{A1B1} \tag{3-7}$$

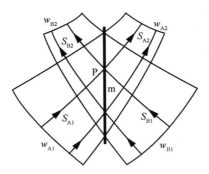

图 3-4　波前与流线示意

可以推导出，S_{A1B1}、S_{A2B2} 均为恒量，则反射镜 m 上的点应满足关系 $S_{A1} - S_{B1} =$ 常数（或者 $S_{A2} - S_{B2} =$ 常数），这些点所构成的曲线就是一般意义上的流线。这条曲线上的每一点都平分来自 w_{A1} 和 w_{B1} 的光线，并平分射向 w_{A2} 和 w_{B2} 的光线。

4. 边缘光线原理

边缘光线原理作为非成像光学中的基本原理，其意义在于降低光学设计的难度，从而优化设计过程。其中边缘光学中的"边缘"包含两层含义：一是曲面的边缘，简称面边缘；二是角度的边缘，简称角边缘。如图 3-5 所示，A、B 是一个二维情形下的光源。光源左边缘点 A 发出的光束和右边缘点 B 发出的光束属于面边缘光线，A_L、A_R、C_L、C_R、B_L、B_R 属于角边缘光线，C_i 为内部光线。

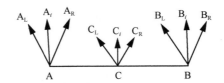

图 3-5　边缘光线示意

边缘光线原理可做如下具体表述：若一个具有一定光源扩展量的光源发出的光线经过一个或几个序列化的单调正则光学表面的光学作用后，投向目标面形成光斑，则整个光学过程具有以下两个性质。

① 光源的边光成为光斑的边光。

② 光源的内光映射为光斑的内光，并保持光线的拓扑结构不变。

性质①中的光源边光类型和光斑边光类型并不要求保持一致，即边光类型可以相互转换，也可以保持不变。性质②中光的拓扑结构不变是指光源上的相邻光线到达目标物表面仍是相邻光线[3]。

3.2　非成像光学设计方法

　　光学中的自由曲面是指不能用球面或非球面系数来表示的曲面，主要指任意非传统曲面、非对称曲面、微结构阵列曲面，可用参数向量表示的任何形状的曲面，以及用参数矢量来表示的曲面[4-5]。基于非成像理论的自由曲面需要实现某种特定形状的光分布，也就是已知光源的光分布和目标表面的光分布要求设计光学系统。在非成像光学中，自由曲面具有体积小、效率高、曲面设计自由度高、出光光形准确可控等优点[6]，可以实现对光能的重新分配。目前自由曲面设计方法主要有剪裁法、偏微分方程（Partial Differential Equation，PDE）法、多重表面同步（Simultaneous Multiple Surface，SMS）设计法、网格划分法以及其他新方法。

1. 剪裁法

　　1993 年，美国芝加哥大学的 Winston 和 Ries[7]提出剪裁法，用来解决非成像反射镜轮廓线的设计问题，并于 1994 年根据边缘光线理论，在已知入射光源角度信息和目标角度分布的情况下剪裁出一款紧凑型复合椭球面反射镜[8]。2002 年，OEC 公司利用剪裁法实现了在矩形照明区域内形成高亮 "oec" 字样的复杂照明光强分布，解决了非轴旋转对称的自由曲面照明问题，其自由曲面透镜结构与光斑效果如图 3-6 所示[9]。结果表明，利用剪裁法设计可大大提高光斑均匀性，在忽略反射镜损失的情况下，光能利用率达到 99.6%。剪裁法将自由曲面求解转化为非线性方程组的求解，在小角度范围内光束准确可控，但该计算方法基于点光源近似条件，对任意配光曲线的自由曲面求解较为复杂，并不是所有曲面都有数值解。

（a）自由曲面透镜结构

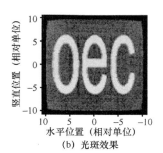

（b）光斑效果

图 3-6　剪裁法设计的自由曲面透镜结构及其光斑效果

2. 偏微分方程法

偏微分方程法是以剪裁法为理论基础，通过求解偏微分方程构造自由曲面面形的光学设计方法。该方法基于斯内尔定律（Snell Law）和能量守恒定律建立偏微分方程，从导数的几何意义出发结合折射定律建立自由曲面轮廓曲线所满足的常微分方程，通过数值解析获得自由曲面面形数据。2008年，丁毅等[10]运用一阶偏微分方程法求得自由曲面透镜面形数据，得到不同形状的均匀照明光斑，采用子面拼接的方法构造自由曲面透镜，形成的矩形光斑均匀性可达 90%，如图 3-7 所示。2013 年，Wu 等[11-14]提出了一种利用椭圆型 Monge-Ampère 偏微分方程求解连续自由曲面照明设计方法。通过数值求解非线性边界条件的 Monge-Ampère 偏微分方程，得到复杂的光斑图样，如图 3-8 所示。理论上，按照偏微分方程法构建得到的自由曲面应该是光滑的，但实际构造出的自由曲面不一定具有光滑光学表面，聚光效果并不理想，且该法精确求解较为困难，可解性差。

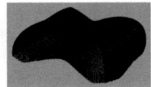 

(a) 自由曲面透镜   (b) 光斑效果

图 3-7　偏微分方程法设计的自由曲面透镜及其光斑效果

(a) 自由曲面透镜   (b) 光斑效果

图 3-8　Monge-Ampère 偏微分方程法设计的自由曲面透镜及其光斑效果

3. 多重表面同步设计法

多重表面同步设计法是一种适用于非对称辐照输出的自由曲面照明光学系统

设计方法。基于费马原理与边缘光线理论，SMS 设计法通过建立输入波前 W_1 与输出波前 W_2 的对应关系，能够同时设计出透镜的两个或多个光学表面的面形。SMS 曲面（二维几何形状）由多个部分笛卡尔椭圆形分段曲线组成，SMS 曲面的基本结构如图 3-9 所示。SMS 设计法中，光学表面 c 按顺序反射或折射来自扩展光源端 W_1 发出的全部边缘光线。在确定光源尺寸、保证光源扩展量恒定的前提下，依次按照法线方向应用反射定律或者折射定律，在计算机程序的辅助下可以得到待定光学表面 c 的参数，由样条曲线的拟合最终确定曲面形状。根据 SMS 设计法可以设计出如下几种光学器件：折射/折射器件（RR）、折射/反射（RX）器件、反射/折射（XR）器件、折射/反射全反射（RXI）器件[15]。

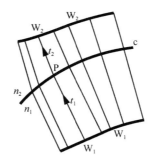

图 3-9　SMS 曲面的基本结构

利用 SMS 设计法设计的光学系统结构紧凑，具有较强的控制能力，SMS 设计法的设计过程简单，聚光效果良好，可以实现对扩展光源的非成像设计。但对于复杂的非对称性聚光，出射波前很难描述，入射波前和出射波前之间的关系建立过程异常烦琐，因此利用 SMS 设计法实现较为困难。

4. 网格划分法

网格划分法是一种同时对光源及接收面进行划分并建立映射关系，然后利用映射关系迭代构造自由曲面的光学设计方法。网格划分法需要将光源在球面坐标系（θ, φ）或者直角坐标系（u, v）下进行能量划分并把对应的目标平面进行相应的能量划分，建立光源（LED）与目标平面（Target Plane）的映射关系，如图 3-10 所示[16]。光源与目标平面都被划分为 N 个区域，LED 与几何中心垂轴夹角为 φ_i 的光线对应接收面上照明半径为 r_i 的圆，h 为 LED 到目标平面的距离，N 的大小决定了结果的精确程度。根据边缘光线理论和斯内尔定律，通过求解能量守恒微分方程，可以计

算出自由曲面上各点的坐标以及各点的法向向量，通过编程数值求解完成对自由曲面透镜面形的求解，得到所需的自由曲面面形，完成光学器件设计。

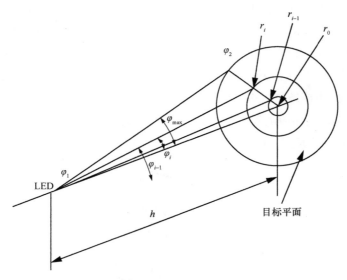

图 3-10　光源与目标平面的映射关系示意

网格划分法的优点在于可以直观地建立光线的映射关系，对单一的自由曲面面形控制力较好，但是当光源不符合具有统一表达式的非朗伯型配光时，微分方程求解较为复杂，无法直接用于扩展光源的二次配光且非连续曲面容易引入加工误差。

| 3.3　LED 发射准直光学设计 |

3.3.1　LED 光学特性

LED 属于固态光源，由芯片、支架、银胶、金线、环氧树脂五大部分组成。其中芯片是 LED 的主要部分，由 P 区、N 区两部分组成。如图 3-11 所示，在 PN 结上直接施加正向偏置电压时，P 型半导体中的空穴和 N 型半导体中的电子向有源区流动，在有源区同时产生高浓度的电子–空穴对，从而大大提高了电子–空穴对辐射复合的能力。同时，电子将其多余的能量以光子形式自发辐射出来产生光能。此外，LED 可以通过选择不同能带隙的半导体材料，发射不同波长的光线，其发光强弱与注入电流有关。

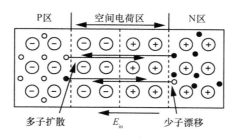

图 3-11　PN 结形成示意

发光二极管的主要特性有如下几个。

1. 发光光谱分布

LED 发光光谱指 LED 发出光的相对强度（或能量）随波长（或频率）变化的分布曲线。它直接决定着发光二极管的发光颜色，并影响其发光效率。发光光谱的形成由发光材料的种类、性质及发光中心的结构决定，而与器件的几何形状和封装方式无关。描述光谱分布的两个主要参量是峰值波长和发光强度的半宽度。

如图 3-12 所示，不同发光材料制成的 LED，都存在一个相对光强度最强处，且与之对应某一波长，该波长为峰值波长，用 λ_p 表示。光谱发光强度或辐射功率最大处一半的宽度为发光强度的半宽度。半宽度越小，光波的单色性越好。

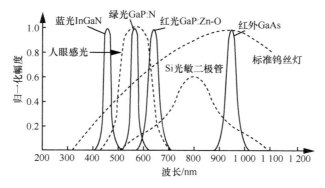

图 3-12　LED 光谱分布曲线

2. 光通量

光通量表征的是 LED 总光输出的辐射能量，即各个方向发光的能量之和。它

与工作电流有关，且随着电流增加，LED 光通量增大。此外，LED 光通量还与芯片材料、封装工艺水平及外加恒流源大小有关。

3. **发光量子效率与出光量子效率**

发光量子效率是指半导体内复合产生的光子数同注入的电子–空穴对数之比。利用直接带隙半导体材料制造的 LED，可以获得比较高的发光量子效率。复合产生的光子在半导体内可能被吸收，只有发射出半导体外的光子才真正发光。

出光量子效率是指发射出半导体外的光子数同注入的电子–空穴对数之比。目前提高 LED 出光量子效率的方法主要有减少半导体内部吸收、增加表面透过率等。

4. **LED 封装**

表 3-1 为各种 LED 封装形式简介[17]。一般而言，LED 封装涉及光学、热学、力学、电学、材料、工艺和设备等诸多领域，主要包括封装设计技术、封装工艺控制技术、封装辅助材料选取技术等。基于封装设计技术，改进并提高封装工艺控制技术，同时结合先进的辅助材料技术，可得到在光色一致性、显色性以及可靠性等方面均有良好表现的 LED 产品。

表 3-1　各种 LED 封装形式简介

器件类别	外形特征	典型照片示例
直插式 LED（Lamp LED）	直插式：线路板过孔焊接、金属支架、反射杯、弹头型环氧树脂封装、2 脚	
	直插式（食人鱼 LED）：线路板过孔焊接、金属支架、反射杯、4 脚	
表面贴片 LED（SMD LED）	Top（顶部发光）LED：金属支架、塑料反射杯	
	Sideview（侧面发光）LED：金属支架、塑料反射杯	
大功率 LED（High Power LED）	封装形式多样，功率大于 0.5 W，以表面贴装为主，具有热沉，金属或陶瓷基板，具有光学透镜，塑胶反射杯等	
集成封装	多芯片集成，形式多样，二维或三维，具有热沉，功率较高等，金属或陶瓷基板	

3.3.2　发射准直天线设计

在水下无线光通信系统中，LED 发射光源芯片发射角度较大，导致水下光斑迅速扩散，光束的空间能量密度降低，不能直接用于水下远距离通信。为了提高 LED 的水下通信距离，需在发射端放置发射准直天线，将 LED 光束压缩在一个较小的角度范围，从而提高光束的空间能量密度。

LED 光源可看作朗伯型光源，若直接用 LED 发送信号，可能存在能量分布不均匀、光能利用率低等问题。因此，一般需在发射端对 LED 进行二次光学设计，对其光束进行收束、准直等处理，达到压缩发散角、增强远射光强度、增加光束传输距离的目的。

目前，用于通信系统发射端准直的发射天线中，应用较为广泛的有自由曲面反射透镜、全反射（Total Internal Reflection，TIR）透镜、菲涅耳（Fresnel）透镜等。

1. 自由曲面反射透镜准直

与传统球面透镜相比，自由曲面透镜的设计突破了传统光学成像的概念，根据现代通信技术对信息发送、接收、传递与存储功能的特殊需要，可将非对称、不规则、复杂的自由曲面随意组合，形成新型的光学面形[18]；突破了传统光学透镜加工方法的概念，采用先进的数控超精密制造技术，可直接加工出光学自由曲面；突破了传统光学玻璃材料的概念，采用光学塑料等新材料技术，可大批量生产光学组件。

自由曲面设计反射透镜具有以下优点。

① 结构紧凑，空间包络小，重量轻。

② 可减少光学表面数量，增加产量。

③ 可减少几何像差，改善光学性能。

④ 可进行定制优化。

因此，将自由曲面设计方法应用于准直透镜设计中是一种切实可行的方法。

2018 年聂翔宇[19]通过对平凸型自由曲面透镜的研究，推导出了自由曲面上离散点的迭代方程，建立了透镜模型并进行了仿真，仿真结果如图 3-13 所示。其中，图 3-13（a）所示为平凸型自由曲面透镜剖面和立体结构；图 3-13（b）是光线追迹后得到的仿真图，光源是半径为 0.2 mm 的朗伯型光源，放置在坐标原点处，

透镜材料为折射率 $n = 1.49$ 的有机玻璃。光线从光源出射经过平凸型自由曲面透镜后，照射在不同距离处 400 mm × 400 mm 的矩形接收面上。在图 3-13（b）中，深色光线是经过准直的光线，浅色光线是未被准直的衰减光线，能量只有光源的 0%～30%。可以发现，大部分光线经过透镜之后都能平行于光轴出射，但也有一小部分光线会折射出透镜表面发生损失。

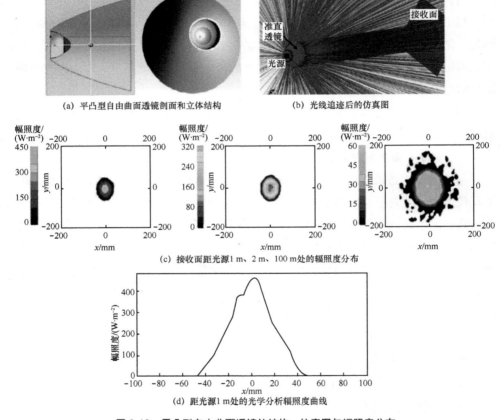

(a) 平凸型自由曲面透镜剖面和立体结构

(b) 光线追踪后的仿真图

(c) 接收面距光源1 m、2 m、100 m处的辐照度分布

(d) 距光源1 m处的光学分析辐照度曲线

图 3-13　平凸型自由曲面透镜的结构、仿真图与辐照度分布

　　图 3-13（c）分别为接收面距离光源 1 m、2 m、100 m 的辐照度分布，表 3-2 为接收面距光源不同距离的光学效率情况。可以发现接收面距光源光轴 1 m 时，光学效率达到 91.737%，且光斑半径约为 40 mm。图 3-13（d）所示为距光源 1 m 处的光学分析辐照度曲线。可以更直观地看出中心位置的辐照度最高，20 mm 位置时辐

照度下降大约 50%，光线经过准直之后，大部分光线偏离光轴的角度都在 5°以内。

在接收面距光源光轴 2 m 处，可以看到光斑半径为 50 mm 左右，中心的能量有一定程度的下降，但光线仍集中在光斑内部，光学效率为 91.737%，扩散并不严重。在 100 m 处，光斑半径为 140 mm 左右，但光线大部分集中在半径为 60 mm 的圆内，扩散较为严重，光学效率仍能达到 89.271%。

综上，基于平凸型透镜的自由曲面准直透镜的准直效果是较为理想的，能满足设计需求。

表 3-2　接收面距光源不同距离的光学效率情况

接收面距光源的距离/m	接收面光学接收效率（400 mm×400 mm）	光斑半径/mm
1	91.737%	40
2	91.737%	50
100	89.271%	140

2. 全反射透镜准直

全反射自由曲面除了拥有内折射和全反射复合自由曲面外，还具有更高的光学效率和反射率，是 LED 准直系统中常见的二次光学透镜。

TIR 自由曲面透镜的设计过程主要包含两个步骤：一是通过几何计算分析透镜表面的离散点并形成二维轮廓曲线；二是将二维曲线绕透镜中心轴线旋转得到三维自由曲面透镜。

TIR 自由曲面透镜常见的结构有下开孔、上下都开孔两种，如图 3-14 所示。其中上下都开孔的结构有利于注塑加工。

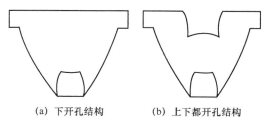

(a) 下开孔结构　　　　(b) 上下都开孔结构

图 3-14　TIR 自由曲面透镜常见的结构

2017 年，徐春云[20]基于 TIR 自由曲面透镜做了仿真分析，表 3-3 是接收面距光源 5 m 处的性能情况。图 3-15（a）所示为自由曲面的二维轮廓曲线，该轮廓线绕中心旋转轴旋转一周即可得到透镜的 3D 模型（如图 3-15（b）所示）；在模拟过程中，光源采用科锐（CREE）公司的 XP-E2 型号的 LED，将设计的 TIR 准直透镜通过光学软件 TracePro 光线追迹，发现 LED 发出的大部分光线都可以准直出射，如图 3-15（c）所示；从图 3-15（d）中可以看出光束的发射半峰全宽（Full-Width at Half-Maximum，FWHM）为 6°。在距离 LED 光源 5 m 处、大小为 2 m × 2 m 的接收面上，TIR 准直透镜的光学接收效率为 90.7%。

表 3-3　接收面距光源 5 m 处的性能情况

接收面距光源的距离/m	光学接收效率	光斑半径/mm
5	90.7%	262

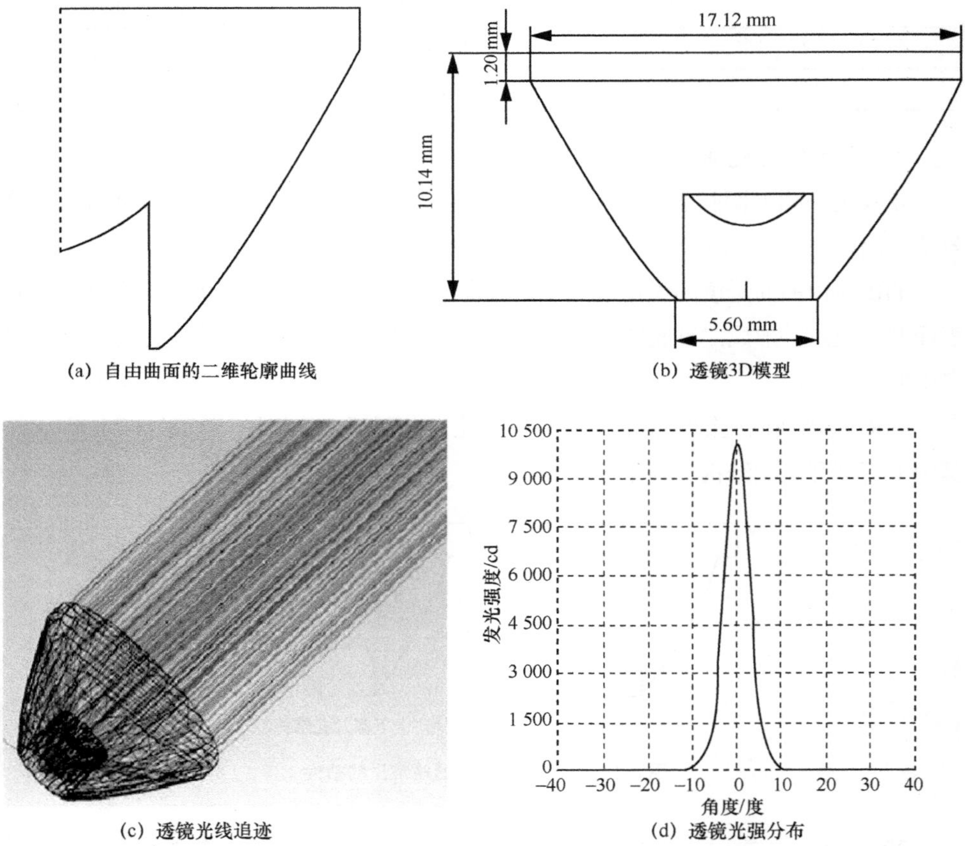

(a) 自由曲面的二维轮廓曲线

(b) 透镜3D模型

(c) 透镜光线追迹

(d) 透镜光强分布

图 3-15　TIR 准直透镜结构与仿真图

3. 菲涅耳透镜准直

由于菲涅耳透镜具有重量轻、成本低、可批量加工生产等优点，可将其应用于 LED 准直系统中。本节使用欧司朗（OSRAM）公司生产的 LED（LB G6SP）光源，光源直径为 0.87 mm，选用焦距为 120 mm、直径为 80 mm、F 数（焦距与直径的比值）为 1.5 的菲涅耳透镜。图 3-16 所示为菲涅耳透镜准直系统示意，其中 θ_1 是光源的最大发散角，θ_2 是经过准直透镜后光束的发散角，可在不同距离接收面处观察其光斑情况。

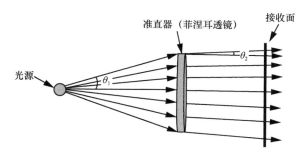

图 3-16　菲涅耳透镜准直系统示意

使用 ZEMAX 光学软件进行仿真。输入光功率为 1 W，选用半径为 200 mm 的接收面，进行光线追迹。图 3-17 和 3-18 所示分别为接收面距准直天线 1 m 和 5 m 处的光斑图和非相干辐照度图，表 3-4 为接收面距光源不同距离时的光学接收效率和光斑半径。由图和表可知，光束经过准直透镜后，光束能量较为集中。距离为 1～5 m 时，光学效率变化不大，但光斑扩散较为严重。

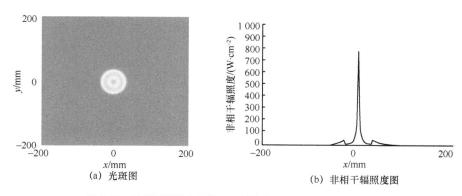

(a) 光斑图　　　　　　　　　　(b) 非相干辐照度图

图 3-17　接收面距准直天线 1 m 处的光斑图和非相干辐照度图

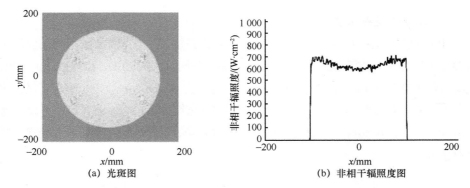

图 3-18　接收面距准直天线 5 m 处的光斑图和非相干辐照度图

表 3-4　接收面距光源不同距离的光学接收效率和光斑半径

接收面距光源的距离/m	接收面光学接收效率（400 mm×400 mm）	光斑半径/mm
1	88.483%	71
5	86.294%	192

　　以上仿真数据来源于特定光源及发射天线参数，实际使用时可改变光源及天线参数，使光斑半径及光学接收效率满足实际水下通信需求。

| 3.4　本章小结 |

　　本章针对水下无线光通信系统中 LED 发射光源芯片发射角度较大，导致水下光斑迅速扩散的问题，通过非成像光学设计方法，分析研究了不同种类发射天线在不同距离处的光斑大小及光学效率，并对光学发射系统的性能进行了评价。

| 参考文献 |

[1]　WINSTON R, JIANG L, RICKETTS M. Nonimaging optics: a tutorial[J]. Advances in Optics and Photonics, 2018, 10(2): 484-511.

[2]　张航, 严金华. 非成像光学设计[M]. 北京: 科学出版社, 2016: 45-72.

[3]　RIES H, RABL A. Edge-ray principle of nonimaging optics[J]. Journal of The Optical Society of America A, 1994, 11(10): 2627-2632.

[4]　朱心雄. 自由曲线曲面造型技术[M]. 北京: 科学出版社, 2000: 66-108.

[5] 罗毅, 冯泽心, 韩彦军, 等. 面向半导体照明的光学[J]. 光学学报, 2011, 31(9): 155-165.

[6] WINSTON R, MIÑANO J C, BENITEZ P G. Nonimaging optics[M]. Amsterdam: Elsevier, 2005: 159-218.

[7] WINSTON R, RIES H. Nonimaging reflectors as functionals of the desired irradiance[J]. Journal of The Optical Society of America A, 1993, 10(9): 1902-1908.

[8] RIES H R, WINSTON R. Tailored edge-ray reflectors for illumination[J]. Journal of The Optical Society of America A, 1994, 11(4): 1260-1264.

[9] RIES H, MUSCHAWECK J. Tailored freeform optical surfaces[J]. Journal of The Optical Society of America A, 2002, 19(3): 590-595.

[10] DING Y, LIU X, ZHENG Z, et al. Freeform LED lens for uniform illumination[J]. Optics Express, 2008, 16(17): 12958-12966.

[11] WU R, XU L, LIU P, et al. Freeform illumination design: a nonlinear boundary problem for the elliptic Monge-Ampére equation[J]. Optics Letters, 2013, 38(2): 229-231.

[12] WU R, BENÍTEZ P, ZHANG Y, et al. Influence of the characteristics of a light source and target on the Monge-Ampére equation method in freeform optics design[J]. Optics Letters, 2014, 39(3): 634-637.

[13] WU R, BENÍTEZ P, MIÑANO J C. The Monge-Ampére equation method in freeform optics design[C]//International Optical Design Conference. Washington: OSA Publishing, 2014: ITh4A. 5.

[14] WU R, ZHENG Z, BENÍTEZ P, et al. The Monge-Ampére equation design method and its application to beam shaping[C]//Freeform Optics. Washington: OSA Publishing, 2015: FTh3B. 1.

[15] CHAVES J. Introduction to nonimaging optics[M]. Boca Raton: CRC Press, 2017.

[16] 王雪娇. LED 自由曲面配光镜的设计及应用[D]. 杭州: 中国计量学院, 2015.

[17] 李长春. LED 封装工艺设计及优化[D]. 广州: 华南理工大学, 2011.

[18] LI R B, DU X, ZHANG Z H. Design, machining and measurement technologies of ultra-precision freeform optics[M]. 北京: 机械工业出版社, 2015.

[19] 聂翔宇. 无线光通信系统中收发端光学器件的研究[D]. 郑州: 郑州大学, 2018.

[20] 徐春云. 基于非成像原理的照明与探测光学系统研究[D]. 北京: 北京理工大学, 2017.

第 4 章

LED 光学接收、探测及处理系统

　　水下 LED 光学接收机主要由光学接收机、探测与处理系统组成，主要用于微弱光信号的高效聚焦耦合、光电转换探测及信号的解调处理。本章首先介绍 LED 接收机的基本结构，对水下 LED 通信菲涅耳接收天线和复合抛物面聚光器接收天线入射角不同情况下，接收面上的光斑位置和聚光效率进行分析，分析结果可对接收天线性能进行评价。探测方面主要基于高灵敏单光子探测技术，分别介绍了光电倍增管、单光子雪崩光电二极管和多像素光子计数器的探测技术。关于处理系统，介绍了水下弱光信号泊松链路单光子信号检测方案。

|4.1 LED 接收机结构概述 |

水下 LED 接收机的结构如图 4-1 所示，LED 接收机由水密封装置、接收天线、光电探测器及放大模块构成。其中水密封装置主要由密封窗口、水密封舱体及水密接头构成，用于将光学接收与探测系统光路及电路与海水密封隔离；经过水下衰减及散射的光信号通过密封窗口，被光学接收天线聚焦耦合至光电探测器，光电探测器将光信号转换为电信号，通过放大模块放大后通过水密接头输出，输出信号被用于后续信号的处理与解调。

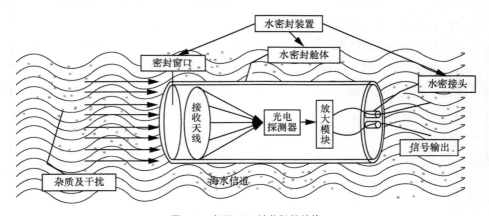

图 4-1 水下 LED 接收机的结构

|4.2　LED 接收光学天线特性分析 |

　　水下无线光通信系统是人类对海洋认识的重要工具，应用在海洋活动中的多个领域。水下无线光通信系统的信息传输包括信号的发射和接收两部分，而接收天线作为通信系统的重要前端器件，实现了对接收端光信号能量的聚焦，提高了接收增益，在接收系统中具有重要的作用。目前菲涅耳透镜、复合抛物面聚光器被广泛用做接收天线。本节对菲涅耳接收天线和复合抛物面聚光器接收天线原理进行了介绍，并分析了不同入射角情况下，天线在接收面上的光斑位置和聚光效率。

4.2.1　菲涅耳接收透镜

1. 菲涅耳透镜原理

（1）菲涅耳透镜的演变

　　根据菲涅耳假设，传统的连续光学表面的成像特性只与透镜曲面的曲率半径有关，与透镜的轴向厚度无关，因此减小透镜的厚度而不改变透镜的曲率半径不会影响透镜的聚焦效果[1]。

　　根据这一理论，如图 4-2（a）所示，将聚焦透镜分为若干个连续的小单元，将不起作用的部分去除，只留起作用的边缘部分，且不改变透镜的曲率半径，这样既保留了透镜聚焦和成像的光学特性又减轻了透镜的重量。最后不断演化，将透镜的所有环带拉直重新排布在与光轴垂直的平面上，就形成了平板型菲涅耳透镜。图 4-2（b）即为普遍使用的菲涅耳透镜示意，与传统透镜相比，菲涅耳透镜各环带保留了原来的曲率参数，同样具有聚焦和成像的光学特性。另外，菲涅耳透镜由于去除了部分材料，使得透镜总体重量更轻、体积更小，可以进行大口径制作。然而考虑到实际的加工困难，用平面近似替代透镜的各环带的曲面形式，在透镜环带间距比较小的情况下，对透镜聚焦性能的影响并不大。所有环形楞带呈同心圆环形式由中心至边缘排布，并且环带楞角逐渐增大，以适应原透镜的曲率表面。

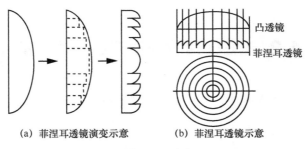

(a) 菲涅耳透镜演变示意　　　　(b) 菲涅耳透镜示意

图 4-2　菲涅耳透镜演变过程

菲涅耳透镜聚焦方式不同，结构形式也多样，可以根据不同的标准来划分。

从光学设计方面来说，菲涅耳透镜可以分为正菲涅耳透镜和负菲涅耳透镜[2]。对于正菲涅耳透镜来说光线从一侧入射，经过菲涅耳透镜在另一侧聚焦或平行射出，焦点有限共轭在光线的另一侧。这类透镜通常用作准直镜（如投影仪中用菲涅耳透镜、放大镜等）或者聚光镜（如太阳能系统聚光菲涅耳透镜）。负菲涅耳透镜与正菲涅耳透镜相反，焦点与光线在相同侧，通常在透镜内表面涂反射层作为反射面使用。

根据聚焦特性，菲涅耳透镜又可以分为点聚焦式菲涅耳透镜和线聚焦式菲涅耳透镜，如图 4-3 所示。

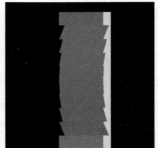

(a) 点聚焦式菲涅耳透镜　　　　(b) 线聚焦式菲涅耳透镜

图 4-3　平板型菲涅耳透镜

（2）菲涅耳透镜的参数

菲涅耳透镜的技术参数用来评价菲涅耳透镜的聚光优良性，主要有聚光比和聚光效率，聚光比又分为几何聚光比和光学聚光比。

几何聚光比定义为输入面与输出面面积之比，如式（4-1）所示。

$$C_1 = \frac{S_{in}}{S_{out}} = \left(\frac{L}{L_0}\right)^2 \qquad (4\text{-}1)$$

其中，S_{in} 为透镜表面积，S_{out} 为聚焦光斑面积大小，L 为透镜尺寸，L_0 为焦斑尺寸。当透镜大小一定时，几何聚光比与焦斑尺寸平方成反比。

光学聚光比定义为输出面与输入面的平均辐照度之比，如式（4-2）所示。

$$C_2 = \frac{E_{out}}{E_{in}} \qquad (4\text{-}2)$$

其中，E_{in} 为输入面的平均辐照度，E_{out} 为输出面的平均辐照度。

聚光效率为输出面与输入面的辐通量之比，如式（4-3）所示。通常定义透镜前方平面为输入面，焦平面为输出面。

$$\eta = \frac{\Phi_{out}}{\Phi_{in}} \qquad (4\text{-}3)$$

其中，Φ_{in} 为输入面的辐通量，Φ_{out} 为输出面的辐通量。

根据国际标准的规定，光斑能量的均匀度可表示如下。

$$\Delta E = 1 - \frac{E_{max} - E_{mean}}{E_{max} + E_{mean}} \qquad (4\text{-}4)$$

其中，E_{max} 为光学接收面辐照度的最大值，E_{mean} 为光学接受面辐照度的平均值。

菲涅耳透镜的结构参数有环带间距（环距）L、楞元顶角（工作面顶角）θ、楞高 H、非工作面倾角 β、材料折射率 N。性能参数有焦距 f、口径 D、聚光效率 η、聚光比 C。图 4-4 给出了菲涅耳透镜的部分参数的示意。

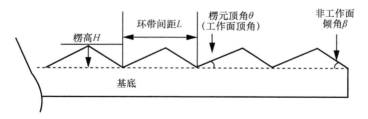

图 4-4　菲涅耳透镜的部分参数

2. 菲涅耳透镜的选取

（1）外形的选取

根据外形的不同，菲涅耳透镜可分为弓形菲涅耳透镜和平板型菲涅耳透镜。菲涅

耳透镜应用于水下无线光通信系统时，海水中传输的光信号的散射效应强烈，散射光到达透镜时，弓形面对光的反射比平面大得多，为了减小光线损失，一般采用平板模式。

菲涅耳透镜有光面和环形棱带面两个面，如果透镜棱型朝外，当平行光入射时，会有一部分光线被非工作面挡住造成光线损失，降低了透镜的聚光效率，这种原因造成的光学损失称为非工作面的光损失。并且若透镜棱型朝外，容易使菲涅耳透镜沾染灰尘，不利于清洁，所以一般采用平板棱型朝内形式。

（2）焦距的选取

选择合适的焦距非常重要，焦距过大会增大接收端系统的空间，加大接收端玻璃实验箱的箱体重量，增加成本。焦距过小时，边缘环带的棱元顶角会变大，导致棱高过大，从而使一些光线发生全反射，降低光线透过率[3]。菲涅耳透镜的所有齿环中，边缘处的齿环棱元顶角最大。焦距过小时，边缘处首先发生全反射现象，设菲涅耳透镜的半径为 H，则棱元顶角为

$$\theta = \arctan\left(\frac{\sin\left(\arctan\left(\dfrac{H}{f}\right)\right)}{N - \cos\left(\arctan\left(\dfrac{H}{f}\right)\right)}\right) \qquad (4\text{-}5)$$

发生全反射时，临界角 θ_i 满足

$$\sin\theta_i = \frac{n}{n_1} \qquad (4\text{-}6)$$

解式（4-7）所示的方程，即可得到菲涅耳透镜的最小焦距。

$$\arctan\left(\frac{\sin\left(\arctan\left(\dfrac{H}{f}\right)\right)}{N - \cos\left(\arctan\left(\dfrac{H}{f}\right)\right)}\right) = \arcsin\left(\frac{n}{n_1}\right) \qquad (4\text{-}7)$$

（3）环距的选取

菲涅耳透镜的分环方式有两种：等环距和变环距。在设计过程中，由中心到边缘，工作面顶角逐渐增大。当采用等环距方案时，棱高随着工作面顶角的增大同步单调递增，边缘环棱高最大可达 0.7 mm 左右。采用变环距方案时，环距的大小随着高度的增加逐渐减小，可以控制棱高非线性递增。选择正确的分环方式可以降低由于棱高过大带来的光损失，提高效率。为了加工的方便，一般采用等环距的设计方法。

对菲涅耳透镜的加工会影响光斑的尺寸，降低聚光能力。透镜的环距选取遵循夫琅禾费衍射（Fraunhofer Diffraction）原理。环距过小时，夫琅禾费衍射效应明显，平行光下的单缝夫琅禾费衍射为

$$b_{\min} = \frac{m\lambda}{\sin\theta_s} \qquad (4\text{-}8)$$

其中，λ 是光波长，$\theta_s = 0.26°$ 为激光发散半角。透镜为线聚焦时，$m=1$，则 $b_{\min} = 0.21\,\text{mm}$；透镜为点聚焦时，$m=1.22$，则 $b_{\min} = 0.25\,\text{mm}$。所以在设计透镜时最小环距必须大于 $b_{\min}$，尽量避免衍射效应的影响。

（4）非工作面倾角的选取

在图 4-4 中，β 为非工作面倾角。在透镜设计中，高度和工作面顶角成线性关系。当 $\beta > 90°$ 时，侧面对光的干扰并没有减小太多，而且这种方案增加了透镜的加工难度，不能模压，只能利用车床切削加工，降低了透镜精度，不能大量生产。当 $\beta = 90°$ 时，非工作面对平行光的入射没有干扰作用，平行光的聚焦可以达到最大效率。但是当齿距（环带间距）小于齿高（楞高）时，会使齿尖变形，光通过时，可能会发生全反射。当 $\beta < 90°$ 时，平行光入射到非工作面时会有一部分光由于非工作面的反射和折射无法到达焦平面上，影响聚光效率。不过这种情况下透镜的耐用性强，加工方便，便于批量生产。

3.　菲涅耳透镜设计方法[3]

图 4-5 所示为点聚焦菲涅耳透镜的聚光原理，对于入射到整个菲涅耳透镜上的光线在焦平面上形成一个以焦点到焦平面上某点长度为半径的均匀圆斑。当平行光入射到菲涅耳透镜基面时，光线不发生折射现象，直到光线到达锯齿面，发生折射并射出。

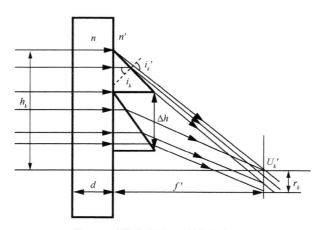

图 4-5　点聚焦菲涅耳透镜的聚光原理

$$h_k = k \times \Delta h; \sin i'_k = \frac{n}{n'} \sin i_k; \tan U'_k = \frac{h_k}{f'} \qquad (4\text{-}9)$$

其中，h_k 表示从透镜中心到第 k 环的高度，i_k 是入射高度为 h_k 的光线从锯齿面出射时的入射角，i'_k 是出射角，U'_k 是通过透镜后的像方会聚角，Δh 是相连环带之间的距离，n 为透镜材料的折射率，n' 是空气折射率，f' 为透镜的焦距，所以 $\sin i'_k = n \sin i_k$。

由几何关系式得

$$90° - i_k = U'_k + 90° - i'_k \qquad (4\text{-}10)$$

$$\alpha_k = \arctan\left[\frac{\sin U'_k}{n - \cos U'_k}\right] \qquad (4\text{-}11)$$

其中，α_k 表示第 k 环的工作角度。

联立式（4-9）～式（4-11），得

$$\tan \alpha_k = \frac{k \times \Delta h}{n\sqrt{f'2 + (k \times \Delta h)^2} - f'} \qquad (4\text{-}12)$$

对于一定焦距的菲涅耳透镜，选用的材料和 $\alpha_k = -2.474\,329$ 值确定后，棱镜的位置也就确定了。并且由 $\alpha_k = i_k$，$\sin i'_k = n \sin i_k$，得到最大工作侧面角为

$$\alpha_{\max} = \arcsin \frac{1}{n} \qquad (4\text{-}13)$$

4. 菲涅耳接收天线性能仿真

从剖面看，菲涅耳透镜是由一系列棱形凹槽组成的，中心部分是椭圆型弧线。每个凹槽都与相邻凹槽之间的角度不同，但都将光线集中一处，形成中心焦点，也就是透镜的焦点。在可见光通信系统中引入菲涅耳透镜作为系统的接收天线，可以很好地提高天线在探测器上的接收效率。

本文所使用的菲涅耳透镜平面结构如图 4-6 所示。菲涅耳透镜为等宽的平板型点聚焦透镜，图中 D 是透镜的直径，f 是透镜的焦距，菲涅耳透镜选用折射率为 $n = 1.491$ 的 PMMA 材料。其中小棱镜的宽度 $L = 0.25$ mm，直径 $D=152$ mm，每毫米的棱镜个数是 4，所以棱镜的总数为 608 个。θ_i 为透镜的工作角度，u_i 是会聚角，即第 i 个棱镜的中心光线与光轴的夹角。

根据上述参数，通过编程软件 Matlab 进行数值的计算，得到棱镜的所有工作角度 θ_i，然后利用所求出的数据在 3D 建模软件 SolidWorks 中构建模型，最后将菲涅耳透镜模型导入光学仿真软件 ZEMAX 中，然后在菲涅耳透镜水平左边方向 5 mm 处放

置光功率为 1 W、半径为 76 mm 的椭圆光源,透镜的焦距 f = 76 mm,直径 D = 152 mm,使用 PMMA 材料,具体参数见表 4-1。在透镜右方向焦距处放置宽为 5 mm 的探测器。进行光线追迹,得到在探测器上接收到的光斑情况和聚光效率的变化情况。

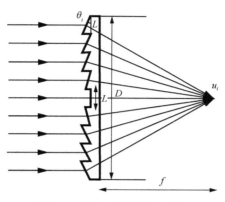

图 4-6　菲涅耳透镜的平面结构

图 4-7 所示为菲涅耳透镜的光斑信息和能量分布情况,由图 4-7(a)可知,光斑均匀性比较差,只聚集在探测器中间一点上,且光源经过菲涅耳透镜后的聚光效率为 58.725%。

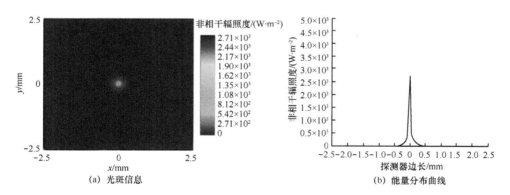

(a) 光斑信息　　　　　　　　　　　(b) 能量分布曲线

图 4-7　菲涅耳透镜的光斑信息和能量分布情况

为分析平行光源在不同角度入射时的聚光效率和光斑位置的变化,进行了一组仿真。在菲涅耳透镜左方向无穷远处,放置一个半径为 76 mm、功率为 1 W 的椭圆光源。菲涅耳透镜的具体参数见表 4-1。

表 4-1　菲涅耳透镜参数

类别	焦距	直径	小棱镜数	每毫米棱镜数	小棱镜尺寸	折射率
数值	76 mm	152 mm	608 个	4 个	0.25 mm	1.491

在距透镜正方向 76 mm 距离处放置宽为 5 mm 的探测器，依次改变平行光线的入射角度，得出在不同入射角下的聚光效率和光斑图，仿真结果如图 4-8 所示，表 4-2 为聚光效率随光源入射倾斜角度变化的情况。

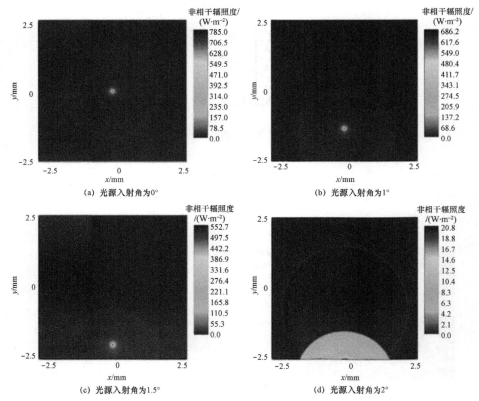

图 4-8　光斑的位置变化

表 4-2　聚光效率随光源入射角变化的情况

光源入射角	聚光效率
0°	58.725%
1°	58.624%
1.5°	58.253%
2°	6.175%

由图 4-8 和表 4-2 可知，当光源入射角增加时，在达到 1.5°之前，聚光效率随着角度的增加基本不变，在达到 1.5°之后不断减小，且光斑的位置也发生了偏移。即倾斜角度为 0°～1.5°时，聚光效率基本不变（在 58%左右），但当入射倾斜角度大于 1.5°时，聚光效率骤减，且在探测器上也观测不到完整的光斑。

4.2.2　复合抛物面聚光器

1. CPC 介绍

复合抛物面聚光器（CPC）是一种根据非成像光学设计方法设计的非成像聚光器。目前，常规透镜不能很好地满足光接收器的技术要求。相比于常规透镜，CPC具有设计尺寸自由度高、最大理论聚光比大、视场角大、聚光器件与光电探测器之间无缝隙连接等优点，而且 CPC 的制作材料来源丰富、成本低廉，还可以把给定的接收角范围内的光线按照接近理想聚光比会聚到聚光器上。CPC 有点聚焦和线聚焦两种形式，点聚焦形式的复合抛物面聚光器是一个旋转曲面，线聚焦形式的复合抛物面聚光器是一个柱面。本节选用的是点聚焦形式的复合抛物面聚光器。

2. 设计原理

点聚焦形式的复合抛物面聚光器是截取抛物线的一段并将其绕着聚光器的轴旋转一周而形成的，结构如图 4-9 所示。

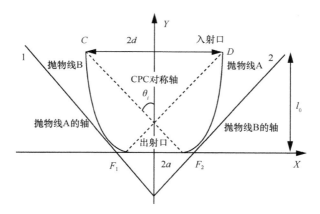

图 4-9　点聚焦形式的复合抛物面聚光器结构

CPC 的聚光原理如下。定义入射光线与 Y 轴的夹角为光线的入射角，θ_{max} 是 CPC 的最大聚光角，则当 $\theta_i > \theta_{max}$ 时，入射光线经过 CPC 反射从入射口全部射出，

当 $\theta_i < \theta_{\max}$ 时，入射光线一部分通过直射、另一部分经过反射，全部光线会聚在焦平面 $F_1 F_2$ 上，即把 $\theta_i < \theta_{\max}$ 的光线全部收集到焦平面上。

3．CPC 设计方法

复合抛物面聚光器是抛物线的一段经过旋转形成的，抛物线的极坐标如图 4-10 所示，以抛物线的焦点为坐标系的原点 O，f 为抛物线的焦距。根据抛物线上任意一点到定点 O 的距离等于到定直线 $Z=-2f$ 的距离（令这个距离为 r），则有

$$r - 2f = r\cos\varphi \tag{4-14}$$

整理得

$$r = \frac{2f}{1-\cos\varphi} \tag{4-15}$$

式（4-15）即为抛物线的极坐标方程，此时它的直角坐标方程为

$$Z - f = \frac{x^2}{4f} \tag{4-16}$$

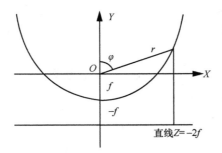

图 4-10　抛物线的极坐标

现在，截取抛物线的一段并将其作为复合抛物面聚光器的轮廓，如图 4-9 所示，以抛物线 $F_2 D$ 段为复合抛物面聚光器，使其绕聚光器的轴 Y 旋转一周形成复合抛物面。光线由 CD 面入射、由 $F_1 F_2$ 面出射，入射面直径为 $2d$、出射面直径为 $2a$，聚光器长度为 l_0，最大接收角为 $\theta_{\max}$。由式（4-15）可得出射直径 $2a$ 为

$$2a = F_1 F_2 = \frac{2f}{1-\cos(90° + \theta_{\max})} \tag{4-17}$$

整理得

$$f = a(1 + \sin\theta_{\max}) \tag{4-18}$$

再由式（4-15）得

$$F_1 D = \frac{2f}{1 - \cos 2\theta_{\max}}$$
（4-19）

将式（4-18）代入式（4-19）中可得

$$F_1 D = \frac{2a(1 + \sin \theta_{\max})}{1 - \cos 2\theta_{\max}} = \frac{(1 + \sin \theta_{\max})}{\sin^2 \theta_{\max}}$$
（4-20）

又由简单的几何关系可知

$$a + d = F_1 D \sin \theta_{\max}$$
（4-21）

将式（4-20）代入式（4-21）中可得

$$a + d = \frac{a(1 + \sin \theta_{\max})}{\sin \theta_{\max}}$$
（4-22）

整理得

$$a = d \sin \theta_{\max}$$
（4-23）

则聚光器长度 l_0 满足式（4-24）。

$$l_0 = F_1 D \cos \theta_{\max} = \frac{a(1 + \sin \theta_{\max})}{\sin \theta_{\max}} \cot \theta_{\max} = (a + d) \cot \theta_{\max} = (a + d) \cot \theta_{\max} = \frac{f \cot \theta_{\max}}{\sin \theta_{\max}}$$

（4-24）

聚光比 C 是聚光器的一个重要参数，复合抛物面聚光器属于点聚焦形式的聚光器，其聚光比为聚光器入射面积与接收面积之比。CPC 能达到的最大理论聚光比为

$$C_{\max} = \frac{1}{\sin^2 \theta_{\max}}$$
（4-25）

由式（4-18）、式（4-23）和式（4-24）可知，已知设计参数入射面半径 d、出射面半径 a、聚光器焦距 f、聚光器长度 l_0 以及最大接收角 $\theta_{\max}$ 中的 2 个即可以确定整个复合抛物面聚光器的形状尺寸。

4．CPC 接收天线性能仿真

在三维设计软件中建模的 CPC 三维模型如图 4-11 所示，然后将 CPC 三维模型导入光学设计软件中，设置 CPC 材料为 PMMA，由于是反射式聚光器，所以不仅要设置聚光器的材料，还要设置内反射表面的属性，这里设定其内表面属性为镜面。

图 4-11　CPC 三维模型

在 ZEMAX 非序列模式下对复合抛物面聚光器进行仿真。输入光功率为 1 W，由于复合抛物面聚光器的对称性，只对光束垂直入射与光束入射角分别是 10°和 20°时做了仿真，在入射角分别为 0°、10°、20°时，进行光线追迹，得到不同角度的聚光效率。图 4-12 是入射角不同时，光束到复合抛物面聚光器的光路。表 4-3 是聚光效率随光源入射角变化的情况。

从图 4-12 和表 4-3 可以看出，当光线垂直入射到抛物面聚光器上时，光线基本全部进入探测器；当光束入射角是 10°入射到抛物面聚光器上时，光线只有部分进入探测器；当光束入射角是 20°入射到抛物面聚光器上时，探测器基本上接收不到光线，这与理论设计是相符的。

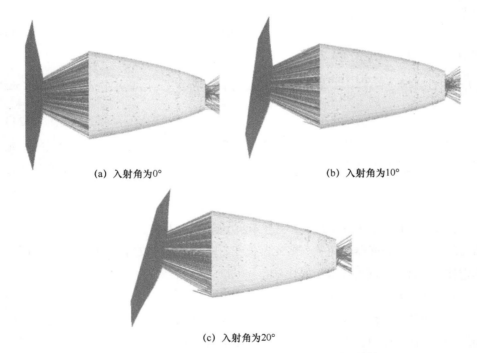

(a) 入射角为0°　　　　　　　　　　　　　　(b) 入射角为10°

(c) 入射角为20°

图 4-12　入射角不同时，光束到复合抛物面聚光器的光路

表 4-3　聚光效率随光源入射角变化的情况

入射角	聚光效率
0°	82.263%
10°	35.749%
20°	2.248%

| 4.3　高灵敏单光子探测及处理技术 |

随着水下无线光通信的不断发展，人们对远距离通信的需求不断提高，因此对实现远距离弱链路下的可靠通信提出了重大需求[4]。在远距离弱链路下，到达接收端探测器的信号光功率在光子量级，超出了传统的雪崩光电二极管（APD）的灵敏度极限。此时，APD 探测到的光信号将完全湮没在热噪声与雪崩噪声中，无法从中提取出任何有效信息[5]。因此，需要提高系统的接收端灵敏度。

根据探测原理不同，通常有以下两种方式来提高接收灵敏度[6]：一是使用基于相干检测的信号调制解调方式；二是使用单光子探测器取代传统的光电检测器。但在相干解调系统中，需要在接收端增加与信号光在空间上严格相干的本振光源，因此系统存在结构复杂、功耗大、成本高的缺点。为了实现低复杂度、低功耗、小体积的高灵敏度接收，采用基于单光子探测器的光子计数技术是进行弱信号检测的理想选择。可以将传统强度调制/直接检测光通信系统中的 PIN 管或 APD 替换为单光子探测器，运用光子计数技术对光信号进行探测，可突破现有光通信系统的灵敏度极限，实现远距离弱链路下的可靠通信。

本节从单光子探测器入手，分别介绍光电倍增管（PMT）、单光子雪崩光电二极管（Single-Photon Avalanche Photodiode，SPAD）和多像素光子计数器（Multi-Pixel Photon Counter，MPPC）的工作原理以及特性参数。关于处理部分，主要从噪声抑制技术、信号检测技术以及信道均衡技术方面进行介绍。

4.3.1　高灵敏单光子探测器

单光子探测器由 4 个功能模块组成，分别为雪崩抑制模块、光电检测模块、信号处理模块及脉冲输出模块（如图 4-13 所示）。其中，光电检测模块对入射光信号进行探测，并输出雪崩电流；信号处理模块对输出的雪崩电流信号进行放大处理并进行鉴别，根据鉴别结果驱动脉冲输出；脉冲输出模块根据信号处理模块输出的鉴别结果，输出标准的计数脉冲，表征是否探测到光子；雪崩抑制模块在光电探测模块发生雪崩事件后，及时抑制雪崩事件持续发生，以保护探测器不被永久性击穿，并在淬灭一段时间后，使光电检测模块重新处于工作状态。

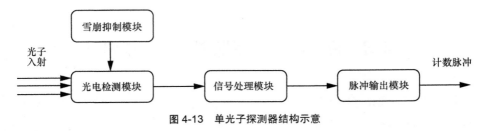

图 4-13　单光子探测器结构示意

1. PMT 探测

光电倍增管是一种基于外光电效应采用二次发射倍增系统的真空光电探测器件，由于其内部具有电子倍增系统，所以具有很大的电流增益，从而能够检测到极其微弱的光辐射。光电倍增管的优点是光电线性好，动态范围大，增益大，信噪比很高，而且能够输出适合光子计数用的离散脉冲信号，因此光电倍增管是一种典型的单光子探测器件，而且也是目前发展时间最久、最成熟的单光子探测器件。

由于具有二次发射倍增系统，光电倍增管有很高的灵敏度和较低的噪声，用于单光子探测的光电倍增管工作在光子计数模式时，其计数率最大可以达到 30 MHz，暗计数率可以降低到 10 Hz，合理地设计光电倍增管的高压偏置电路并设定甄别器的鉴别电平，可以使 PMT 对弱光的探测灵敏度达到甚至优于 10^{-17} W。

（1）PMT 的基本原理

光电倍增管一般由光电发射阴极（光电阴极）、电子光学输入系统、二次发射倍增系统和电子收集级阳极组成。工作原理如图 4-14 所示，光电阴极 K 由光电发射材料制成，当入射光照射到阴极后产生光电效应而发射电子，这次发射的电子称为一次电子。在光电阴极 K 和阳极 A 之间有数个倍增极（D_1，D_2，…），加在各个倍增极的电压依次递增。当入射光经过光电阴极 K 产生电子后，在电场作用下加速、聚焦、撞击第一个倍增极，就会产生更多的电子，这些电子称为二次电子。然后依次类推，经过 10 个或者更多的倍增极。最后经过多次倍增的光电子被阳极收集，输出光电流，在负载 R_L 上产生电压信号输出。

（2）PMT 单光子计数系统的组成[7]

以光电倍增管为探测元件的单光子计数系统主要由 PMT、放大器、甄别器和计数器组成，如图 4-15 所示。工作原理是：光子入射到 PMT 的光电阴极上后，经过光电倍增管的多级放大，输出光信号脉冲和暗电流脉冲组成的电流脉冲；这些幅值不同的电流脉冲经过 PMT 取样电阻后输出相应的电压脉冲信号，然后经过放大器的放大，得到幅值能够被甄别器识别的电压脉冲信号；设定甄别器的鉴别电平，对输入的光信号和噪声进行鉴别，将噪声滤除，留下光信号脉冲；然后计数器对甄别器输出的光信号脉冲进行计数。

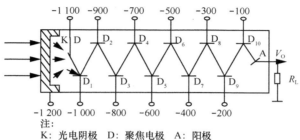

注：
K：光电阴极　D：聚焦电极　A：阳极
$D_1 \sim D_{10}$：倍增级　V_O：输出电压　R_L：负载

图 4-14　光电倍增管工作原理

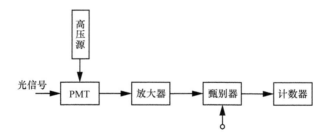

图 4-15　PMT 单光子计数系统组成示意

其中，甄别器对鉴别电平的选择依据是光电倍增管输出信号的脉冲高度分布（Pulse Height Distribution，PHD），如图 4-16 所示。脉冲高度分布可以体现出噪声脉冲和光信号脉冲的幅度关系。在 PHD 中，低脉冲高度基准（Lower Level Discrimination Level，LLD）在波谷的位置，而高脉冲高度基准（Upper Level Discrimination Level，ULD）是在输出脉冲较少的底部。绝大多数低于 LLD 的脉冲是噪声，同时绝大部分高于 ULD 的脉冲来源于宇宙射线等外界因素。这样，通过对介于 LLD 和 ULD 之间的脉冲的计数，可以正确地探测到光的强度。在 PHD 中，Hm 是脉冲的高度，通常 LLD 为 Hm 的 1/3，ULD 为 Hm 的 3 倍。大多数情况下，ULD 可以忽略。

2．SPAD *探测*

单光子雪崩光电二极管是在 1961 年出现的一种全固态单光子探测器，它是工作偏压高于击穿电压的 APD，广泛应用于可见光和近红外波段的光子检测器件中，

是水下无线光通信常用的探测器件之一。

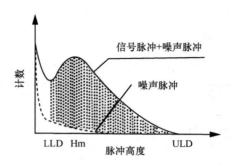

图 4-16　光电倍增管输出信号的脉冲高度分布

（1）SPAD 基本原理

SPAD 是工作在盖革（Geiger）模式的 APD，当 APD 工作偏压高于击穿电压时，无论入射光强度如何，都会使 APD 产生饱和输出，这种现象叫盖革放电。在雪崩光电二极管的 PN 结上施加一个高的反向偏压，会使结区产生很强的电场，当光照射 PN 结时所激发的光生载流子进入结区后，在强电场中会受到加速而获得足够的动能，在高速运动中与晶格发生碰撞，使晶格中的原子发生电离，产生新的电子–空穴对，这个过程称为碰撞电离。通过碰撞电离产生的电子–空穴对称为二次电子–空穴对。新产生的电子–空穴对在强电场下又被加速，获得足够能量，再次与晶格碰撞，产生新的电子–空穴对，这个过程不断重复，使 PN 结内载流子迅速增加，电流也随之急剧增多，这种现象称为雪崩效应，雪崩光电二极管就是利用雪崩效应使光电流倍增的。

SPAD 具有灵敏度高、响应速度快、体积小、功耗低、结构紧凑及集成化程度高等优点，而且不受外界磁场的影响，但也存在光敏面小、后脉冲较大、暗计数高等缺点。

（2）SPAD 的工作条件

SPAD 工作时需要处在盖革模式下，在这个状态下一旦发生雪崩，SPAD 不能自发地淬灭雪崩，为防止 SPAD 持续通过大电流被烧坏，也为了能够进行连续探测，必须要配合响应的外围电路，即淬灭电路[8]。在实际应用中，比较常见的淬灭电路有两种，即主动淬灭电路和被动淬灭电路。被动淬灭电路及其等效电路如图 4-17 所示。

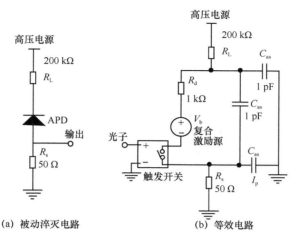

(a) 被动淬灭电路   (b) 等效电路

图 4-17   被动淬灭电路及其等效电路

该电路利用雪崩时电流流过大电阻 R_L，从而使得二极管反向偏压大幅度降低实现淬灭的过程[9]。在雪崩淬灭后的一段时间内，二极管寄生电容被再次充电到高于雪崩电压的状态，从而恢复到初始状态，等待下一次雪崩[10]。

主动淬灭电路是指在雪崩发生时，不是通过其自身增长的电流产生压降来淬灭，而是通过一个能够感应雪崩的模块产生一个电平反馈，主动切断电路，并在很短的时间之后重新启动电路。根据具体实现方式的不同，通常会有好几种主动淬灭电路方案，如直接短接 SPAD，或者将 SPAD 的阳极电压升高。恢复阶段的处理也有很多种，比如短接 R_L，或者直接使用一个小阻值的 R_L，使用较多的一种方案为图 4-18 所示的主动淬灭电路 [11]。

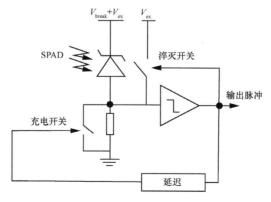

图 4-18   主动淬灭电路

3．MPPC 探测

在水下无线光通信中，SPAD 单光子探测具有响应速度快、灵敏度高的优点，但由于 SPAD 感光面积较小，导致水下接收视场角较小，通信链路对准困难。为了增大接收视场角，可采用多像素光子计数器探测系统。MPPC 由多个（几百到几千个）工作在盖革模式下的 APD 单元组成，每一个单元由一个 APD 和一个大阻值淬灭电阻串联而成，这些单元并联成一个面阵列。虽然 MPPC 本质上是一个光半导体，但它具有优良的光子计数能力，适用于监测在光子计数水平下的极弱光，具备低工作电压、高光子探测效率、快速响应以及优良的时间分辨率和宽光谱响应范围等特点，可在抗磁场干扰、耐机械冲击中发挥固态器件的优势，是高灵敏水下无线光通信优良的探测器件。封装好的 MPPC 器件如图 4-19 所示。

图 4-19　MPPC 封装器件

（1）MPPC 的工作原理

MPPC 的结构如图 4-20 所示。MPPC 将很多小尺寸的雪崩光电二极管放在同一个基座上，并工作在盖革模式。

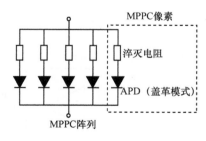

图 4-20　MPPC 结构

在 MPPC 中，一个小尺寸的雪崩光电二极管即一个微元像素点，它们被组合和固定在同一块硅衬底上，而且都工作在比普通雪崩光电二极管更高的反向偏压下（盖革模式所加载的偏压比击穿电压还要高，一般比击穿电压高 10%～20%），因此内部会有一个很大的传导电流。若使 APD 停止放电并检测下一个光子，必须降低其外部电路的工作电压，以停止其盖革模式工作，一种阻止其盖革放电的典型方法是将 APD 与一个阻值较大的电阻串联。该电阻称为淬灭电阻，它可以很快停止 APD 雪崩倍增，也就是 MPPC 处于关闭状态，直到由于热效应或者光子产生的载流子触发雪崩效应时，MPPC 才处于工作状态。为减少不必要的热影响，最好使 MPPC 工作在低温状态下。

MPPC 与 APD 最本质的区别就是它们的加载电压不同。MPPC 采用更高的电压，内部也将产生更高的电场，如图 4-21 所示，更多的载流子会在电场中吸收足够的能量，然后通过离子化来触发雪崩效应。

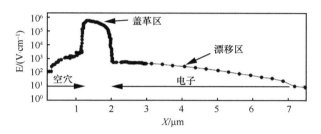

图 4-21　MPPC 的内电场分布[12]

（2）MPPC 的工作特性

模拟输出型 MPPC 电路如图 4-22 所示，对于信号读出电路，与其他光电半导体相同，可以使用 I-V 变换放大电路，MPPC 输出脉冲信号由于自身带有很大增益，电路增益不需太大，这使得 MPPC 电路设计较为简单。

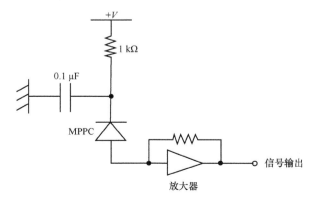

图 4-22　模拟输出型 MPPC 电路

制冷数字输出型 MPPC 模块电路结构如图 4-23（a）所示，主要包括电压控制电路、温度控制电路及放大比较电路，其信号输出波形如图 4-23（b）所示。

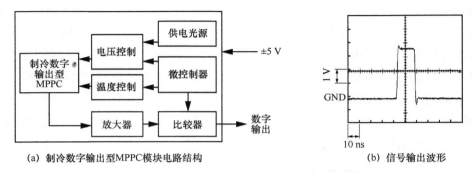

(a) 制冷数字输出型MPPC模块电路结构　　　　　　　　　　(b) 信号输出波形

图 4-23　制冷数字输出型 MPPC 模块电路结构及信号输出波形

4.3.2　单光子探测面临的主要问题

泊松信道中的光信号进入单光子探测器后，转换为离散的计数脉冲序列输出，通过对序列中的计数脉冲密度进行统计得到信号比特信息。由于实际的单光子探测器并不是完全理想的，其存在计数率受限、光子数不可分辨及死时间等不理想因素，导致输出的计数脉冲与入射光子并不完全一一对应，因此泊松信道下的接收理论并不完全适用实际的光子计数无线光通信系统。相比于理想的单光子探测器，实际的单光子探测器主要存在以下几个不理想因素[13]。

① 光子探测效率。当光子级别的信号入射时，有一定概率发生无光子被吸收的情况，造成信号的漏检。

② 暗计数。当无光子入射时，单光子器件内部产生的暗载流子也可能触发雪崩事件，输出错误的计数值。

③ 后脉冲。与暗计数产生错误计数脉冲原理相似，在之前发生的雪崩事件中被缺陷捕获的载流子再度释放触发雪崩事件，也会输出错误的计数值[14]。

④ 光子数不可分辨。当有多个自由载流子同时触发雪崩事件时，只输出一个计数脉冲，即单次开门中多光子被吸收时，只产生一个有效计数。

⑤ 最大计数率受限。单位时间内开门次数是受限的，在进行一次光子探测后必须淬灭一段时间，才能重新处于工作状态[15]。

4.3.3　单光子信号检测技术

由于弱链路受限于泊松噪声,传统的高斯信道下的检测技术不再适用于光子计数通信。此外,单光子探测器的间隔工作模式与光子数不可分辨,因此也需要特别设计通信系统的调制方案、信号结构、帧同步方案。

由信号光子、背景光子吸收产生的自由载流子与内部产生的暗载流子都可能触发单光子探测器输出计数值。单个门内发生计数事件,并不代表成功检测到了信号光子[16]。因此,使单光子检测系统在单个比特时间内完成多次开门,然后将比特时间内产生的总计数脉冲个数与判决门限进行比较得到比特信息,可有效克服单光子检测系统单个门输出的随机性,实现可靠通信。具体的信号检测方案如图 4-24 所示。发送端内使用强度调制将比特信息序列转换为发射光脉冲序列。调制后的光脉冲序列经过水下信道后,与背景光一起进入单光子探测器进行检测。经过检测后,输出离散的电脉冲序列,对电脉冲序列进行计数,并与计数值判决门限进行对比,得到当前信号的比特信息序列[17]。

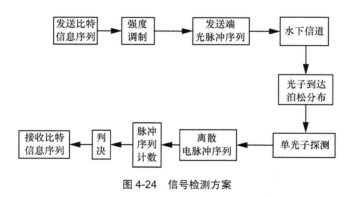

图 4-24　信号检测方案

根据参考文献[18],使用门控型单光子探测器时,接收端输出的比特时间内计数值统计输出服从泊松分布,实验与理论拟合结果如图 4-25 所示。此外,根据参考文献[19],对于主动抑制型单光子探测器,对于死时间大于、等于及小于比特时间的情况,接收端输出的计数值均可用泊松分布拟合。根据采样样本采用最大似然接收,估计符号"0"或"1"对应的光子计数的概率分布参数,确定判决门限,恢复原始信号波形。

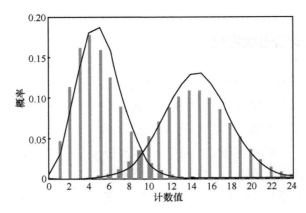

图 4-25　输出计数值概率函数

|4.4　水密封舱体结构|

　　为了保证水下通信发射及接收系统内光学及电子元器件不被海水的压力和腐蚀破坏，必须要求耐压壳体有足够的强度和良好的密封性。同时，考虑到水下无线通信系统的移动性要求，它的质量不能太大，所以耐压壳体的结构形式、强度和密封对水下通信系统至关重要。

　　密封舱外形主要有球形和圆柱形两种。由于圆柱形耐压舱加工简单、空间利用率高、流体运动阻力较小、便于器件布置，水下通信系统密封舱大多选用圆柱形结构。密封舱的材料有金属和非金属，无论选择哪种材料都要考虑其物理特性，以保证其在特定条件下具有良好的性能。由于耐压舱体与水面直接接触，在选择时需要考虑材料的强度、刚度、耐腐蚀性、加工性能、装配性能以及经济性。

　　目前，耐压壳体大多采用接触式密封，所谓"接触式密封"就是使用机械强度高、弹性大和恢复能力强的材质的物体夹紧在两个密封面之间，通过此物体封住间隙，防止水进入耐压壳体。同时考虑到耐压壳体拆卸的方便性，并且要求密封可靠性高，因此密封舱大多采用"O"形密封圈。"O"形密封圈具有结构简单、安装紧凑、装卸方便、价格便宜和自恢复能力很强等优点，也能适应压力交变的场合，并且"O"形密封圈及其沟槽已经标准化，便于使用和外购。耐压舱体的结构及密封如图 4-26 所示。

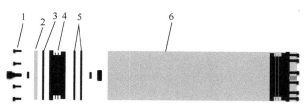

注：1为N套空心/实心螺栓；2为压盖；3为硅胶密封垫圈；
4为法兰；5为"O"形密封圈；6为密封舱体。

图 4-26　密封舱体结构

| 4.5　本章小结 |

　　本章首先介绍了 LED 接收机的基本结构，对水下 LED 通信中菲涅耳接收天线和复合抛物面聚光器在接收天线入射角不同的情况下，接收面上的光斑位置和聚光效率进行了分析。基于 PMT、SPAD 和 MPPC 的单光子探测技术，介绍了水下弱光信号泊松链路单光子信号检测方案。

| 参考文献 |

[1]　张以谟. 应用光学[M]. 北京: 电子工业出版社, 2008: 486-487.

[2]　海大鹏. 菲涅耳透镜的加工工艺研究[D]. 哈尔滨: 哈尔滨工业大学, 2007.

[3]　张明军, 高文英, 牛泉云, 等. 聚光光伏系统菲涅耳聚光器性能分析与仿真[J]. 红外与激光工程, 2015, 44(8): 2411-2416.

[4]　汪琛, 徐智勇, 汪井源, 等. 基于单光子检测的无线光通信关键技术[J]. 军事通信技术, 2015, 36(3): 67-72.

[5]　KINSEY G S, CAMPBELL J C, DENTAI A G. Waveguide avalanche photodiode operating at 1.55 μm with a gain-bandwidth product of 320 GHz[J]. IEEE Photonics Technology Letters, 2001, 13(8): 842-844.

[6]　CORRAL J L, MARTI J, FUSTER J M. General expressions for IM/DD dispersive analog optical links with external modulation or optical up-conversion in a Mach-Zehnder electrooptical modulator[J]. IEEE Transactions on Microwave Theory and Techniques, 2001, 49(10): 1968-1976.

[7]　王挺峰. 提高 PMT 光子计数系统探测灵敏度的方法[J]. 光机电信息, 2009, 26(3): 37-42.

[8]　吕华, 彭孝东. 单光子探测器 APD 的外围抑制电路设计[J]. 科技经济市场, 2007, (7): 4-5.

[9] BROWN R G, JONES R, RARITY J G, et al. Characterization of silicon avalanche photodiodes for photon correlation measurements. 2: Active quenching[J]. Applied Optics, 1987, 26(12): 2383-2389.

[10] MITA R, PALUMBO G, FALLICA P G. Accurate model for single-photon avalanche diodes[J]. IET Circuits Devices and Systems, 2008, 2(2): 207-212.

[11] 权菊香, 张东升, 丁良恩. Si-APD 单光子探测器的全主动抑制技术[J]. 激光与光电子学进展, 2006, 43(5): 45-48.

[12] JELENA N. Recent developments in silicon photomultipliers[J]. Nuclear Instruments and Methods in Physics Research, Section A: Accelerators Spectrometers Detectors and Associated Equipment, 2007, 580(2): 1020-1022.

[13] EISAMAN M D, FAN J, MIGDALL A, et al. Invited review article: single-photon sources and detectors[J]. Review of Scientific Instruments, 2011, 82(7): 71101-71106.

[14] FINOCCHIARO P, PAPPALARDO A, COSENTINO L, et al. Features of silicon photo multipliers: precision measurements of noise, cross-talk, afterpulsing, detection efficiency[J]. IEEE Transactions on Nuclear Science, 2009, 56(3): 1033-1041.

[15] HOÌBEL M, RICKA J. Dead-time and afterpulsing correction in multiphoton timing with nonideal detectors[J]. Review of Scientific Instruments, 1994, 65(7): 2326-2336.

[16] GATT P, JOHNSON S, NICHOLS T. Geiger-mode avalanche photodiode ladar receiver performance characteristics and detection statistics[J]. Applied Optics, 2009, 48(17): 3261-3276.

[17] CHEN W, WANG J Y, XU Z Y, et al. Error performance analysis of a non-ideal photon counting array receiver system for optical wireless communication[J]. Applied Optics, 2018, 57(23): 6651-6656.

[18] WANG C, WANG J, XU Z, et al. Afterpulsing effects in SPAD-based photon-counting communication system[J]. Optics Communications, 2019, 44(3): 202-210.

[19] ZOU D, GONG C, XU Z. Optical wireless scattering communication system with a non-ideal photon-counting receiver[C]//IEEE Global Conference on Signal and Information Processing. Piscataway: IEEE Press, 2017.

第 5 章

水下高速光通信调制方式

随着 LED 市场的不断扩大，可见光通信已经成为无线光通信领域的一个热点。结合照明和通信，可见光通信具有一些不可替代的优点，如不需频谱授权、绿色安全、抗电磁干扰、应用场景多等。然而，LED 的带宽有限，导致高速可见光通信受到影响。要实现高速传输，必须提高频谱利用率，利用多维度的资源实现高效调制。

5.1 高速高谱效率调制的实现途径

可见光通信以其高速、绿色安全、频谱使用不需授权等特点，被认为是未来 Gbit/s 量级以上高速无线接入的一种重要技术方案，受到了全球广泛关注。2000 年诞生至今，可见光通信就一直处在飞速发展的阶段，特别是其传输速率已经从最初的 kbit/s 量级发展到了现在将近 10 Gbit/s，呈现了万倍以上的增长。但是随着可见光通信技术的进步，研究人员们也逐渐发现了高速可见光通信的瓶颈，尤其是系统本身的调制带宽限制和线性/非线性系统损伤，已经成为制约可见光通信速率提升的主要障碍。

调制带宽是表征一个通信系统传输容量的重要参数，通常，在保证调制幅度不变的情况下，输出功率下降到某一低频参考频率值一半（−3 dB）时的频率就是系统的调制带宽，又称−3 dB 带宽。

目前限制可见光通信传输速率提升的最主要原因就是系统的调制带宽受限，而可见光通信系统调制带宽受限的主要原因是作为发射机的 LED 器件响应速率较低。LED 作为一种半导体二极管，其调制带宽受到器件本身的响应速率限制，而响应速率又受到半导体内少子寿命 τ_c 的影响，通常 LED 的−3 dB 带宽可以表示为

$$f_{-3\,\mathrm{dB}} = \frac{\sqrt{3}}{2\pi\tau_c} \tag{5-1}$$

III-V 族材料制成的商用 LED 的少子寿命典型值为 100 ps，因此 LED 理论带宽

总是限制在 2 GHz 以下。而受到其微观结构、光谱特性以及封装结电容等的影响，目前所有商用大功率照明 LED 的调制带宽都远远低于理论值。

　　荧光粉发光二极管（Phosphor LED，P-LED）和红–绿–蓝发光二极管（RGB LED）的频率响应如图 5-1 所示。从图中可以看到，P-LED 的频率响应最差，其–3 dB 带宽仅仅只有不到 5 MHz，其–20 dB 带宽也只有 25 MHz 左右。这是由于 P-LED 中黄色荧光粉的受激发光是一个缓慢过程，导致信号有较长的拖尾，进一步影响了 LED 的响应速率。而 RGB LED 的频率响应稍好，其中红色 LED 的–3 dB 带宽将近 10 MHz，–20 dB 带宽约为 30 MHz。

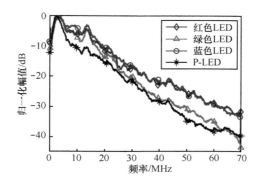

图 5-1　P-LED 和 RGB LED 的频率响应

　　进一步地可以用一阶指数函数来模拟 LED 的频率响应曲线。

$$H(\omega) = e^{-\omega/\omega_b} \tag{5-2}$$

其中，ω_b 为匹配系数，$\omega_b = 2\pi \times 15.5 \times 10^6 \text{ rad/s}$。不同类型的 LED 频率响应都基本符合该式，只是匹配系数 ω_b 有所不同。

　　总体而言，LED 本身的调制带宽非常有限，无法支撑可见光传输速率向 10 Gbit/s 提升，严重限制了可见光通信的发展与应用。因此如何寻找有效的技术方案来突破 LED 的带宽限制、提高系统的传输容量成为目前可见光通信领域亟须解决的关键问题。目前，人们普遍认为系统的带宽限制是影响可见光通信传输速率进一步提升的最主要因素。针对这一问题，我们希望在可见光通信系统有限的带宽上承载更多的传输容量，也就是不断提高系统的频谱效率（Spectrum Efficiency，SE），使其趋近香农极限。为实现这一目标，具有更高频谱效率的先进调制技术开始被用于高速可见光通信系统中，特别是基于比特加载的正交频分复用（Orthogonal Frequency

Division Multiplexing，OFDM）或离散多音频（Discrete Multi-Tone，DMT）调制[1-3]、无载波幅度相位（Carrierless Amplitude and Phase，CAP）调制[4-5]和奈奎斯特单载波（Nyquist Single Carrier，NSC）调制[6]等接近奈奎斯特理论最小带宽的调制技术受到了人们的广泛关注。本章将重点阐述高速可见光通信的几种调制方式。

| 5.2 单载波调制技术 |

5.2.1 通断键控

通断键控（On-Off Keying，OOK）是通信系统中最基础、最常见的调制技术，通常以单极性非归零码（Non Return to Zero Code，NRZ）序列来控制正弦载波的开启与关闭。在OOK中，载波的幅度只有两种变化状态，分别对应二进制信息"0"或者"1"。当发送码元"1"时，正弦载波的振幅为A，当发送码元"0"时，载波振幅为0。

$$e_{\text{OOK}} = \begin{cases} A\cos\omega_c t, & \text{以概率}P\text{发送"1"时} \\ 0, & \text{以概率}1-P\text{发送"0"时} \end{cases} \tag{5-3}$$

OOK信号的波形如图5-2所示，表示信号载波在二进制基带信号$s(t)$控制下通断变化。

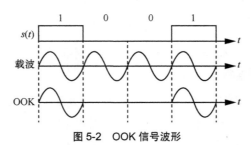

图5-2 OOK信号波形

OOK信号的一般表达式为

$$e_{\text{OOK}}(t) = s(t)\cos\omega_c t \tag{5-4}$$

其中，$s(t) = \sum_n a_n g(t - nT_s)$为二进制单极性基带信号。通常假设$g(t)$是高度为1、宽度为$T_s$的矩形脉冲，$a_n$为二进制码元序列，取值为1或者0。

根据OOK的基本原理，可以得到两种调制方法：模拟调制法和键控法，对应的调制原理框图如图 5-3 所示。

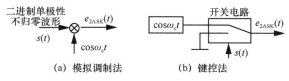

(a)　模拟调制法　　　　　(b)　键控法

图 5-3　OOK 信号调制原理框图

由于 OOK 的抗噪声性能不如其他调制方式，所以该调制方式在目前的卫星通信、数字微波通信中没有被采用，但是由于该调制方式的实现简单，在可见光通信系统中，OOK 常用来对系统的性能进行测试。

Cossu 等[7]在水下 2.5 m 处实现了 12.5 Mbit/s 的 NRZ-OOK 传输，如图 5-4 所示。系统使用两个低成本的 LED 阵列作为发射机（Tx），并使用 APD 作为接收机（Rx），在水下 2.5 m 处实现了曼彻斯特编码下 6.25 Mbit/s 的传输以及基于 NRZ 8 bit/10 bit 编码的 12.5 Mbit/s 的数据传输。

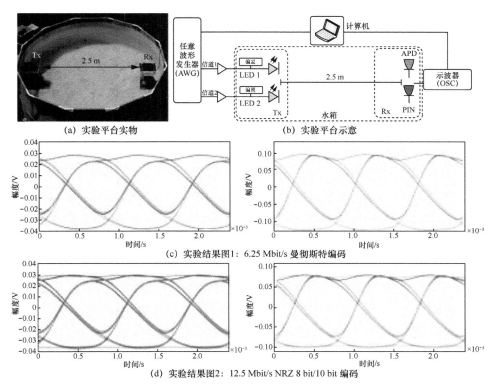

(a)　实验平台实物　　　　　(b)　实验平台示意

(c)　实验结果图1：6.25 Mbit/s 曼彻斯特编码

(d)　实验结果图2：12.5 Mbit/s NRZ 8 bit/10 bit 编码

图 5-4　6.25 Mbit/s 曼彻斯特编码和 12.5 Mbit/s NRZ-OOK 实验平台及结果

Tian 等[8]使用 80 μm 的蓝光发射 GaN micro-LED，在水下实现了 200 Mbit/s OOK 调制的数据传输，其传输距离为 5.4 m，误码率为 3×10^{-6}，实验平台如图 5-5 所示。其中，micro-LED 的峰值发射波长为 440 nm，带宽为 160 MHz。在接收端光衰减为 −40 dBm 的时候，可以满足误码率为 1.9×10^{-3} 的 100 Mbit/s 数据传输。在 0.6 m 的距离下的峰值速率可达 800 Mbit/s，对应误码门限为 1.3×10^{-3}。

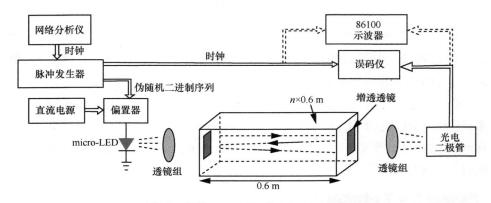

图 5-5　基于 micro-LED 的 OOK 实验平台

5.2.2　无载波幅度相位调制

CAP 调制是正交调幅（Quadrature Amplitude Modulation，QAM）的一个变型，在 20 世纪 70 年代首先由贝尔实验室提出。采用这种调制技术，可以在有限带宽的条件下实现高频谱效率的高速传输。且因为其能降低系统的复杂度，在数字用户线路上有着广泛的应用。不同于前面提到的仅在幅度方面进行多阶编码 PAM 方案，CAP 调制技术通过有效设计的正交基函数脉冲，可以实现多维度高阶编码，包括幅度和相位，为进一步扩大网络容量提供了条件。CAP 调制技术通过使用模拟或者数字滤波器，可以实现更高阶的信号调制，降低了系统结构和计算的复杂度。对于较短距离的通信场景，基于 CAP 调制的直接探测系统在数据传输速率和成本控制方面有着巨大的优势。

单带 CAP 信号的调制解调原理如图 5-6 所示。在发射端，原始二进制数据首先被送入编码模块，进行 M-QAM 复数信号的映射（M 是 QAM 信号的阶数），从而实现高阶编码。然后将映射后的 QAM 信号进行上采样，以匹配 CAP 成形滤波器的采样速率。接下来对该上采样的复数信号进行 I/Q 两路分离，其中 $s_I(t)$ 和 $s_Q(t)$ 分别是 QAM 信号的同相和正交分量。再通过一对正交的 CAP 成形滤波器分别对这两路信号进行卷积处理得到滤波后的两路正交信号，并将这两路输出相加就可以得到调制后的单带 *M*-QAM CAP 信号。最后采用数模转换器（DAC）实现输出波形的产生。经过调制后的单带 CAP 信号可以表示为

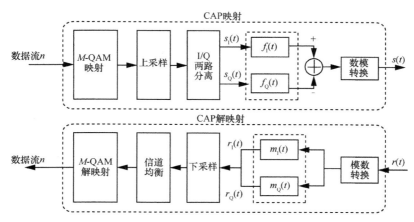

图 5-6　单带 CAP 信号调制解调原理

$$s(t) = s_{\mathrm{I}}(t) \otimes f_{\mathrm{I}}(t) - s_{\mathrm{Q}}(t) \otimes f_{\mathrm{Q}}(t) \qquad (5\text{-}5)$$

其中，$\otimes$ 代表卷积运算，而 $f_{\mathrm{I}}(t)$ 和 $f_{\mathrm{Q}}(t)$ 是一对正交的 CAP 成形滤波器时域响应，它们构成一对希尔伯特变换对，可以表示为

$$\begin{cases} f_{\mathrm{I}}(t) = g(t)\cos(2\pi f_{\mathrm{c}} t) \\ f_{\mathrm{Q}}(t) = g(t)\sin(2\pi f_{\mathrm{c}} t) \end{cases} \qquad (5\text{-}6)$$

其中，$f_{\mathrm{c}} = (1+\alpha)/2T + \Delta f$ 是 CAP 信号的中心频率，Δf 为频率偏置，$g(t)$ 是基带的滤波器时域响应，一般采用根升余弦脉冲来表示。

$$g(t) = \frac{T\sin[\pi(1-\alpha)t/T] + 4\alpha t\cos[\pi(1+\alpha)t/T]}{\pi t[1-(4\alpha t/T)^2]} \qquad (5\text{-}7)$$

其中，α 为滚降系数，通常 $\alpha \leqslant 1$，T 为 CAP 符号周期。

　　在接收端，接收到的 CAP 信号首先经过模数转换器（ADC）进行采样和量化。然后将信号送入一对匹配滤波器来分离信号的同相和正交分量。接下来对信号进行下采样，并利用后均衡技术进行信道均衡，最后对经过均衡的信号进行 QAM 解码从而获得原始数据。

　　经过匹配滤波器后输出的 I、Q 两路信号可以表示为

$$\begin{cases} r_{\mathrm{I}}(t) = r(t) \otimes m_{\mathrm{I}}(t) \\ r_{\mathrm{Q}}(t) = r(t) \otimes m_{\mathrm{Q}}(t) \end{cases} \tag{5-8}$$

其中，$m_{\mathrm{I}}(t) = f_{\mathrm{I}}(-t)$ 和 $m_{\mathrm{Q}}(t) = f_{\mathrm{Q}}(-t)$ 是对应的匹配滤波器的时域脉冲响应。

在 CAP 调制中，滚降系数 α 是一个关键参数，它决定了 CAP 成形滤波器的滚降速度和形状。图 5-7（a）～（c）所示的是滚降系数分别为 0.1、0.3 和 0.5 时的单带 CAP 信号成形滤波器的时域脉冲响应，图 5-7（d）所示的是在这 3 个滚降系数下成形滤波器的频域响应。可以看到，由于滤波器的平方根升余弦脉冲具有奈奎斯特滤波效应，从而压缩了信号带宽，实现了高谱效率调制。并且在不同的滚降系数下成形滤波器的时域响应和频域响应都有所不同，当滚降系数减小时，成形滤波器的边带衰落更快，信号带宽更窄。但是为了正确恢复同相和正交数据，滤波器之间的峰值都需要确保在脉冲中心，因此时钟同步在 CAP 解调中非常重要。在实际系统中采样时间并不固定，采样时间的微小偏移就会导致严重的码间串扰，需要对解调后的同相和正交分量进行信号均衡处理，来消除码间串扰的影响。

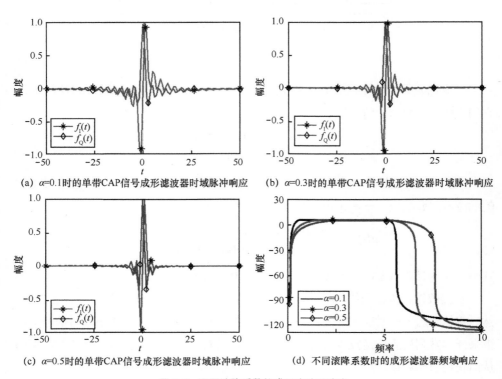

(a) $\alpha=0.1$ 时的单带CAP信号成形滤波器时域脉冲响应

(b) $\alpha=0.3$ 时的单带CAP信号成形滤波器时域脉冲响应

(c) $\alpha=0.5$ 时的单带CAP信号成形滤波器时域脉冲响应

(d) 不同滚降系数时的成形滤波器频域响应

图 5-7　不同滚降系数的成形滤波器响应

除了对信号进行单带 CAP 调制以外，由于其能够方便灵活地增减子带、调整中心频率，CAP 调制在实现多带复用上也有明显优势。与单带 CAP 调制相比，多带 CAP 调制能更为有效地利用系统带宽资源，特别是具有高频强衰落特性的可见光通信系统带宽。多带 CAP 调制可以针对不同子带的信噪比性能，为各个 CAP 子带灵活分配不同的调制阶数，提升频谱利用率。同时通过多个 CAP 子带复用，还可以实现系统的多用户接入，这对于可见光通信具有重要的应用价值。

　　多带 CAP 信号的调制解调原理如图 5-8 所示。在发射端，多路原始二进制数据被送到不同的 CAP 子带调制模块中。与单带 CAP 调制类似，每个 CAP 子带调制模块首先将原始数据映射为 M-QAM 的复数信号，然后对数据进行上采样以匹配成形滤波器的采样速率。接下来各个子带的信号分别通过相应子带的正交成形滤波器来实现 CAP 调制，最后将所有子带模块的输出相叠加，就可以得到多带 CAP 信号。

　　假设多带 CAP 信号由 N 个子带组成，$s_I^n(t)$ 和 $s_Q^n(t)$ 分别是第 n 个 CAP 子带经过 QAM 映射后的 I 路和 Q 路信号，则该多带 CAP 信号 $S(t)$ 可以表示为

$$S(t) = \sum_{n=1}^{N} [s_I^n(t) \otimes f_I^n(t) - s_Q^n(t) \otimes f_Q^n(t)] \tag{5-9}$$

其中，$f_I^n(t)$ 和 $f_Q^n(t)$ 是第 n 个 CAP 子带的一对正交成形滤波器，可以表示为

$$\begin{cases} f_I^n(t) = g(t)\cos(2\pi f_c^n t) \\ f_Q^n(t) = g(t)\sin(2\pi f_c^n t) \end{cases} \tag{5-10}$$

其中，$f_c^n = (2n-1)(1+\alpha)/2T + \Delta f$ 是第 n 个 CAP 子带的中心频率，Δf 为频率偏置。$g(t)$ 是基带的根升余弦滤波器时域响应，如式（5-7）所示，各个 CAP 子带都采用同样的 $g(t)$。α 为滚降系数，T 为 CAP 子带的符号周期。

　　通过设定不同子带的中心频率和符号速率，可以动态地对每个 CAP 子带的带宽、频率、功率等参数进行调节，以实现针对不同用户需求的灵活带宽分配。

　　在接收端，接收到的多带 CAP 信号 $R(t)$ 被送入不同子带的解调模块。首先将信号经过模数转换器进行采样和量化。然后，对于第 n 个 CAP 子带，将信号送入相应的第 n 对匹配滤波器中，将其他子带的信号去除，只保留该子带的信号。接下来进行下采样，然后利用后均衡技术对信号进行信道均衡，最后通过 QAM 解码来获得原始数据。

　　对于第 n 个 CAP 子带，接收端经过匹配滤波后的输出可以表示为

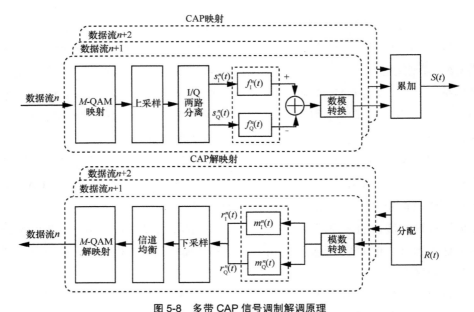

图 5-8　多带 CAP 信号调制解调原理

$$r_I^n(t) = R(t) \otimes m_I^n(t)$$
$$r_Q^n(t) = R(t) \otimes m_Q^n(t)$$

（5-11）

其中，$m_I^n(t) = f_I^n(-t)$ 和 $m_Q^n(t) = f_Q^n(-t)$ 是第 n 个 CAP 子带的匹配滤波器的时域脉冲响应。

　　图 5-9 所示的是一个包含 3 个子带的多带 CAP 信号。其中图 5-9（a）～（c）所示的是 3 个不同 CAP 子带的成形滤波器时域脉冲响应，图 5-9（d）所示的是这 3 个 CAP 子带成形滤波器的频域响应，其中 CAP 子带的滚降系数均为 0.1。可以看到，由于中心频率不同，每个 CAP 子带的成形滤波器时域脉冲响应都有所区别。而从频域上看，通过合理设定每个子带成形滤波器的中心频率和带宽，可以使得各个 CAP 子带信号分布在不同频谱范围内，互相没有交叠和干扰。

　　然而，CAP 调制也有其局限性。当采样时钟合适的时候，同相分量取得最大值时，正交分量的匹配滤波器时域脉冲响应在该处恰好为零，因而不会引入 I、Q 两路信号之间的串扰。然而系统的重定时模块精度一般有限，图 5-10 所示分别为相同码元速率下的 CAP4 的同相分量眼图与 PAM4 的眼图。可以看到 PAM 信号尽管阶数提高了，但眼图特性与 OOK 信号眼图特性一致，而 CAP 调制信号的眼图特性与 OOK 调制眼图特性不同，其最佳采样点的范围非常小，稍有偏差则会对性能带来严重影响，需要更加精确的时钟采样。文献[9]中提到对于 100 Gbit/s 的 CAP16 系统，1 ps 的采样时钟误差带来的功率代价为 4～5 dB，而 PAM4 信号允许的误差要高出数倍。因此 CAP 调制系统中最主要的限制因素是采样时钟误差带来的失真。目前有多种解决途径，一种是采用 QAM 接收机对 CAP 信号进行接收[10]，这样 CAP 信号会变换到基带，最佳时钟采样范围增大，另一种为采用本书后续章节中提到的均衡算法，考虑到码间串扰和 I、Q 两路信号之间的串扰都是线性的，线性均衡器会具有良好的效果，在均衡信道失真的同时，可将时钟同步看作已经包含在 $T/2$ 时间间隔的均衡器中。

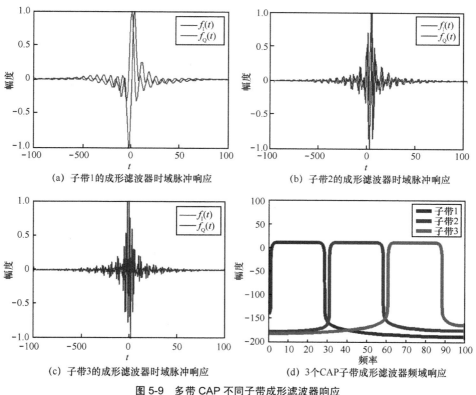

(a) 子带1的成形滤波器时域脉冲响应

(b) 子带2的成形滤波器时域脉冲响应

(c) 子带3的成形滤波器时域脉冲响应

(d) 3个CAP子带成形滤波器频域响应

图 5-9　多带 CAP 不同子带成形滤波器响应

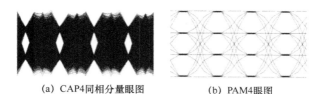

(a) CAP4同相分量眼图

(b) PAM4眼图

图 5-10　CAP4 同相分量眼图和 PAM4 眼图

CAP 调制由于其结构简单、计算复杂度较低的特点，在可见光通信中具有很大的应用价值。采用 CAP 调制技术的可见光通信已经在文献[11]中得到了实验验证。在文献[12]中，基于 CAP 调制的可见光通信实验结构如图 5-11 所示。该实验采用 RGB LED 作为光源，实现了波分复用（Wavelength Division Multiplexing，WDM）可见光通信系统。实验还采用了预均衡和判决反馈均衡（Decision Feedback Equalization，DFE）技术来提升 RGB LED 的频率响应，实验测试了不同阶数的 CAP 调制信号，来获得 VLC 系统的最大容量。通过对 CAP 调制的优化，该实验实现了目前为止可见光通信中的最高传输速率（3.22 Gbit/s），传输距离为 25 cm。

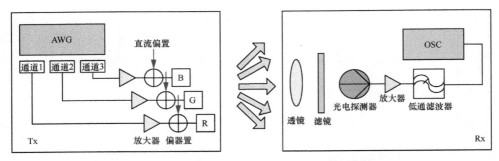

图 5-11　基于 CAP 调制的可见光通信实验结构

| 5.3　多载波调制技术 |

在网络数据流量爆炸式增长的今天，提高无线接入速率的迫切需求与现有频带资源即将耗尽之间的尖锐矛盾，促使研究人员不断寻找能够提升系统频谱利用效率的有效方法，以期在有限的带宽中实现更高速的无线传输。然而随着可见光通信技术的飞速发展，制约其传输速率进一步提升的一系列问题日益凸显，特别是可见光系统本身存在严重的调制带宽限制，因此可见光通信对于具有高频谱效率的先进的调制技术的需求更为强烈。近年来研究人员也已经尝试将各种先进的调制技术应用在高速可见光传输中。本章介绍了可见光通信的单载波 CAP 调制技术，该技术通过采用根升余弦脉冲进行成形滤波，从而压缩信号频谱使其接近奈奎斯特理论最小带宽。然而在研究中也发现， LED 频率响应存在严重的高频衰落，会影响单载波信号接收频谱的平坦度并造成严重的码间串扰，虽然可以利用自适应预/后均衡技术对其进行补偿，但是在强衰落情况下均衡器所需的抽头数大大增加，导致计算复杂度过高，且均衡性能也明显下降，这就限制了单载波技术在可见光通信中的应用前景。

为了克服频率衰落对单载波信号的影响，可以在可见光通信中采用多载波调制（Multi-Carrier Modulation，MCM）技术。多载波调制的基本思想是将高速串行数据转换成多路相对低速的并行数据，并将其调制到不同频率的子载波上进行传输。这样在时域上扩展了符号的脉冲宽度，在频域上则减小了每个子信道的带宽，因此各个子信道本身都可以视作平坦性信道，从而有效抵抗了可见光系统的频率衰落，不再需要高复杂度的信号均衡技术。此外，多载波调制将高速串行数据转换成了多路低速并行数据，因此可以在每个子信道上采用低速的模拟或数字器件来实现信号调制和解调，降低了系统对器件性能的要求，这对于重视系统成本和实用性的可见光通信来说具有重要意义。

5.3.1　正交频分复用技术调制与解调原理

OFDM 调制是多载波调制的一种特殊类型。多载波调制的主要思路是将发射端的串行数据转换成多路并行数据，并将其分别调制到不同频率的子载波上，最后把不同子载波的调制信号叠加进行传输，其调制解调的原理如图 5-12 所示。在多载波调制中，发射信号首先被分为 N 路并行的数据 $X_0, X_1, \cdots, X_{N-1}$，然后将每路数据分别调制到 N 个不同的子信道上，每个子信道的载波中心频率为 $f_0, f_1, \cdots, f_{N-1}$，接下来将 N 路子信道数据叠加生成调制后的多载波信号 $S(t)$，其表达式见式（5-12）。

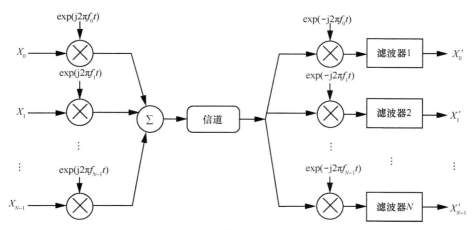

图 5-12　多载波调制解调原理

$$S(t) = \sum_{k=0}^{N-1} X_k \exp(j2\pi f_k t) \tag{5-12}$$

多载波信号经过信道传输后到达接收端。在信号解调中，首先将该接收信号分别与不同子载波相乘进行下变频，然后通过低通滤波器将该路子载波的信号提取出来完成每路信号的解调工作。

在传统的多载波调制中，为了避免子信道混叠，需要在相邻子信道之间添加足够的保护间隔，才能确保解调时不会出现载波间串扰。但是保护间隔的添加会降低多载波系统的频谱利用率。而 OFDM 调制则针对这一问题进行了改进，通过利用相互正交的子载波，可以在子信道混叠的情况下避免载波间串扰的影响。作为一种多载波调制，OFDM 调制信号同样也可以用式（5-12）表示。其中 N 是 OFDM 子载波数，X_k 是第 k 个子载波的频域发射信号。对于任意两个 OFDM 子载波，其正交性的定义为两个载波的乘积在 OFDM 符号周期内的积分为零，即

$$\frac{1}{T_\mathrm{S}} \int_0^{T_\mathrm{S}} \exp(j2\pi f_k t) \exp(-j2\pi f_l t)\mathrm{d}t = 0 \tag{5-13}$$

其中，T_S 是一个 OFDM 符号的周期。可以看出，要满足式（5-13）的正交性条件，需要任意两个不同子载波的中心频率有以下关系。

$$f_k - f_l = m\frac{1}{T_\mathrm{S}} \tag{5-14}$$

其中，m 为任意正整数。

在满足子载波正交的条件下，OFDM 信号的解调就可以采用一个与当前子载波对应的相关器来实现，并且不会引入子载波间串扰。假设信号在没有噪声的理想信道下传输，接收到的 OFDM 信号 $R(t) = S(t) = \sum_{i=0}^{N-1} X_i \exp(j2\pi f_i t)$，可以利用相关性操作解调出原始发送信号，具体见式（5-15）。

$$
\begin{aligned}
X_k' &= \frac{1}{T_\mathrm{S}} \int_0^{T_\mathrm{S}} R(t) \exp(-j2\pi f_k t)\,\mathrm{d}t = \\
&\frac{1}{T_\mathrm{S}} \int_0^{T_\mathrm{S}} \sum_{i=0}^{N-1} \{X_i \exp(j2\pi f_i t)\} \exp(-j2\pi f_k t)\,\mathrm{d}t = \\
&\sum_{i=0}^{N-1} X_i \left\{ \frac{1}{T_\mathrm{S}} \int_0^{T_\mathrm{S}} \exp(j2\pi(f_i - f_k)t)\mathrm{d}t \right\} = X_k
\end{aligned}
\tag{5-15}
$$

因此，在满足正交性条件时，可以将不同子载波的信道进行相互交叠，从而极

大地提高 OFDM 的频谱效率。一般情况下，OFDM 信号的带宽可以表示为

$$B_{\text{OFDM}} = f_{N-1} - f_0 + 2\delta = (N-1)\Delta f + 2\delta \tag{5-16}$$

其中，δ 为 OFDM 子载波信道带宽的一半，Δf 为子信道带宽。设每个子信道都采用 M-QAM 信号进行调制，每个支路的符号速率为 R_{S}，则 N 路并行传输的总速率 $R = NR_{\text{S}}\text{lb }M$，此时 OFDM 调制的频谱效率为

$$\eta = \frac{R}{B_{\text{OFDM}}} = \frac{NR_{\text{S}}\text{lb }M}{(N-1)\Delta f + 2\delta} \tag{5-17}$$

若子载波信道严格限带且 $\delta = \Delta f / 2 = 1 / 2T_{\text{S}}$，则其频谱效率为

$$\eta = \frac{R}{B_{\text{OFDM}}} = \text{lb }M \tag{5-18}$$

也就意味着此时 OFDM 信号的带宽等于奈奎斯特理论最小带宽，即在无失真时信号的最小带宽。由此可见，通过正交子载波之间的混叠，OFDM 调制能够最大化利用系统的频谱资源，提升系统的频谱效率。

　　OFDM 调制技术于 1966 年由美国科学家 Robert Chang 率先提出，并于 1970 年将该技术申请了美国专利。OFDM 诞生初期并没有得到人们的重点关注，因为当时 OFDM 系统需要能够产生足够多的子载波，要在发射和接收端采用大量的混频器和滤波器，从而导致系统实现过于复杂。直到 1971 年，Weinstein 和 Ebert 通过研究发现可以利用离散傅里叶逆变换（IDFT）和离散傅里叶变换（DFT）实现 OFDM 的调制解调，从而极大简化了 OFDM 的系统结构，推进了 OFDM 调制的实用化进程。

　　在调制中，以 T_{S}/N 的时间间隔对式（5-12）的 OFDM 信号 $S(t)$ 进行采样，可以得到离散时间的 OFDM 信号为

$$S(n) = \sum_{k=0}^{N-1} X_k \exp(\text{j}2\pi f_k nT_{\text{S}} / N) \tag{5-19}$$

又已知 $f_k = k / T_{\text{S}}$，那么

$$S(n) = \sum_{k=0}^{N-1} X_k \exp(\text{j}2\pi kn / N) \tag{5-20}$$

　　可以看到式（5-20）就是输入数据 X_k 的 N 点 IDFT。同样，接收端 OFDM 解调中的积分式（5-15）也可以表示为以下的离散时域形式。

$$X'_k = \frac{1}{N} \sum_{n=0}^{N-1} R(n) \exp(-\mathrm{j}2\pi kn/N) =$$
$$\frac{1}{N} \sum_{n=0}^{N-1} \sum_{i=0}^{N-1} X_i \exp(\mathrm{j}2\pi(i-k)n/N) = X_k \tag{5-21}$$

即 OFDM 解调过程就是对接收信号 $R(n)$ 的 N 点 DFT。

利用 IDFT/DFT 实现 OFDM 的调制/解调具有非常突出的优势，因为这一过程可以通过高效的快速傅里叶逆变换（IFFT）/快速傅里叶变换（FFT）算法实现，从而使得计算量显著下降，并且不再需要大量的混频器和滤波器，简化了系统结构。该方案的提出以及大规模集成电路技术的发展，使得 OFDM 调制开始在通信系统中得到广泛的应用。

采用 IFFT/FFT 实现的 OFDM 系统调制解调流程如图 5-13 所示。在系统发射端，首先对原始的二进制数据进行 M-QAM 复数信号的映射，实现高阶编码。然后将其进行串并变换，将串行数据转换成 N 路并行数据。接下来，利用 IFFT 对 N 路子信道数据进行频域到时域的映射，并在每组 IFFT 的输出信号前添加循环前缀（Cyclic Prefix，CP）以消除由于频率衰落和多径效应引起的码间串扰。再将该并行信号重新组合成串行数据流，就完成了 OFDM 信号的调制过程。最后通过数模转换器实现OFDM 模拟波形的产生。

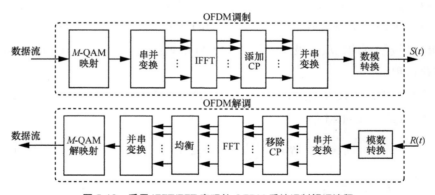

图 5-13　采用 IFFT/FFT 实现的 OFDM 系统调制解调流程

在接收端，接收到的 OFDM 信号首先经过模数转换器进行采样和量化，然后将串行数据转换为并行数据，并移除有效信号前的循环前缀。接下来对时域信号进行 FFT 操作将其映射到频域，实现 OFDM 解调。再利用基于训练序列的频域均衡技术对 OFDM 所有子载波进行信道均衡，并将均衡后的并行信号再次转换为串行数据流。最后对串行信号进行 QAM 解码，完成对原始发送数据的恢复。

采用以上方式生成的 OFDM 信号是一个复数信号。然而，可见光通信系统是一个强度调制直接探测（Intensity Modulation with Direct Detection，IM-DD）系统，LED 无法直接调制和发射复数信号，因此在 OFDM 调制到可见光系统前还需要将生成的复数信号转换成实数表示。一种常用的转换方法是采用副载波调制，将复数 OFDM 信号的实部和虚部分别乘以一对同频的正交载波分量，再将乘积合并来生成实数化的 OFDM 信号。实际上这一操作是将基带的 OFDM 信号上变频成为一个带通 OFDM 信号，其转换过程可以表示为

$$
\begin{aligned}
S_{RF}(t) &= \mathrm{Re}\{S(t)\exp(\mathrm{j}2\pi f_{RF}t)\} = \\
&\mathrm{Re}\{S(t)\}\cos(2\pi f_{RF}t) - \mathrm{Im}\{S(t)\}\sin(2\pi f_{RF}t)
\end{aligned}
\tag{5-22}
$$

其中，$S_{RF}(t)$ 就是实数化后的 OFDM 发射信号，f_{RF} 是该带通 OFDM 信号的中心频率，$S(t)$ 是基带的复数 OFDM 信号。相应地，在接收端需要对接收到的实数 OFDM 信号进行下变频，使其分别乘以该正交的载波分量，再利用低通滤波将原始复数信号的实部和虚部恢复出来。不过这种实数化方案需要正交化的载波源，并且收发两端的载波频率需要严格锁定，这在一定程度上增加了系统成本。

OFDM 调制中最为关键的一个参数就是 OFDM 子载波数 N，N 的大小直接影响了系统性能、频谱效率以及计算复杂度。一般来说，在 OFDM 系统总带宽固定的情况下，子载波数越多，系统对于频率衰落的抗性就越强，同时也使得系统能够针对不同衰落性能的子载波进行更精确的比特与功率分配，进一步提高系统的频谱效率。但是，子载波数量的增加会显著提高系统调制解调时的计算复杂度，增加了数字信号处理（Digital Signal Processing，DSP）的难度和整个系统的成本。此外，子载波数增加也会导致 OFDM 信号的峰均功率比（Peak to Average Power Ratio，PAPR）过高，其 PAPR 值被定义为

$$
\mathrm{PAPR} = \frac{\max\{|S(t)|^2\}}{E\{|S(t)|^2\}}, t \in [0, T_S]
\tag{5-23}
$$

由于 OFDM 信号是由多个独立的子载波叠加得到的，当这些子载波相位匹配时，叠加而成的 OFDM 信号会出现峰值很高的输出。PAPR 值过高将使得 OFDM 信号更容易受到系统非线性效应的影响，从而恶化系统的传输性能。为了对比 PAPR 性能，可以定义一个 PAPR 的互补累积分布函数（Complementary Cumulative Distribution Function，CCDF），该函数表示 OFDM 信号的 PAPR 超过特定阈值的

概率分布。不同子载波情况下 OFDM 信号 PAPR 性能对比如图 5-14 所示。可以看到随着子载波数的增加，相同概率下的 OFDM 信号的 PAPR 值也在不断升高。因此在 OFDM 调制中需要综合考虑频谱效率、系统性能和复杂度等因素，来选择合适的子载波数。一般情况下，可见光通信系统的 OFDM 子载波数取值为 32～256。

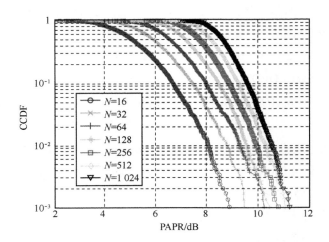

图 5-14　不同子载波情况下 OFDM 信号 PAPR 性能对比

另一个 OFDM 调制中的关键参数是 CP。由于不同频率的 OFDM 子载波在信道传输中会产生不同时延的多径效应，因此在接收端会出现快慢子载波之间的干扰，从而导致码间串扰。为此，需要在每个 OFDM 符号前添加一段循环前缀，该循环前缀是当前符号窗口内末尾部分波形的完全复制，并且需要满足以下条件。

$$T_{delay} \leqslant T_{CP} \tag{5-24}$$

即子载波之间的最大时延 T_{delay} 要小于循环前缀的时域长度 T_{CP}。在这种情况下，发生时延时就可以保证在 FFT 窗口内的信号仍然是该子载波的信号，只是发生了相位的变化，而相位变化通过后端的相位补偿技术可以消除。通过给 OFDM 信号添加循环前缀可以有效消除符号间的码间串扰，提高系统的传输性能。但是循环前缀的加入也对 OFDM 系统的有效传输速率带来了一定损失，因此也需要在设计循环前缀长度时对系统性能和传输速率进行综合考虑。一般情况下，可见光通信中的 OFDM 循环前缀长度为子载波数量的 1/32～1/8。

在接收端，首先对接收到的信号做同步和归一化，然后下变频和滤波。基带时域信号经过 FFT 得到频域基带信号，然后做下采样，得到下采样后的频域信号。

这时，需要用到接收端的后均衡算法来优化系统性能。在 OFDM 系统中，最常用的后均衡算法是迫零后均衡。简单来说，它是通过一段训练序列，将接收到的信号和发射的信号做对比（输入除以接收），H 为信道频率响应矩阵，迫零均衡（Zero Forcing Post-Equalization, ZF）得到的 h 为 H 矩阵的倒数，这和预均衡类似，但迫零后均衡用在接收端。得到 h 之后，在训练序列之间取平均，得到更精确一些的向量 h'，通过 h' 可得每个子载波对应的信道响应幅值的倒数 h 值，再将接收端接收到的信号的每个子载波对应乘以自己的 h 值，得到恢复后的信号。图 5-15 中是对指数衰落模拟信道所做的迫零均衡后的每个子载波对应的 h 值，它与信道的频率响应大致成反比。图 5-15 中有 256 个子载波，每个子载波都有不同的 h 值。因为每个子载波所在频率经过的衰减不同，信道变化不同。

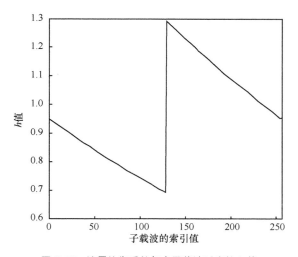

图 5-15　迫零均衡后的每个子载波对应的 h 值

图 5-16 所示为 64-QAM 接收端的星座图，图 5-16（a）所示为经过 VLC 信道衰减后的星座图，可以看出信号已经变形，而图 5-16（b）中则是通过迫零均衡恢复后的星座图，64 个点分开明显，可以准确解调，误码率为 0。选取 I 路信号分析其迫零均衡前后的变化，对应的 Q 路信号也是同样的变化。选出一路研究，可以更简单直接地看到经过 VLC 信道后的信号经过了高频衰减，但通过迫零均衡对应乘上 h 值之后，衰减得到补偿，能恢复出清晰的 8 条线。

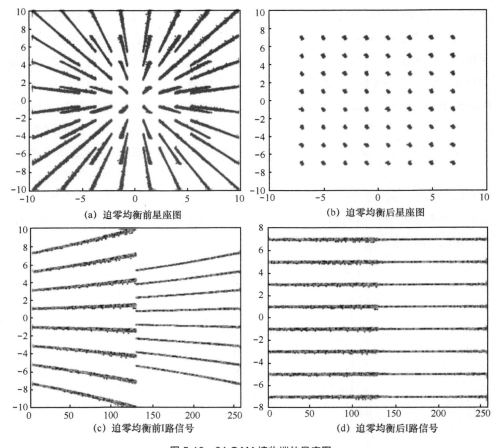

(a) 迫零均衡前星座图

(b) 迫零均衡后星座图

(c) 迫零均衡前I路信号

(d) 迫零均衡后I路信号

图 5-16　64-QAM 接收端的星座图

5.3.2　离散多音频调制

在普通 OFDM 中，频域原始数据经过 IFFT 产生的信号是复数信号，而在可见光通信系统中，LED 灯只能进行强度调制，所以必须将复数信号转换为实数信号，也就是利用上变频和下变频。但是变频的存在可能会因为发射端和接收端的时钟不完全一致，导致出现偏差，即产生频偏，影响系统性能。如果能够不产生复数信号，则可以避免这个问题。

DMT 调制就是一种能产生时域实数信号的方案。图 5-17 所示为 DMT 的调制解调原理框图。

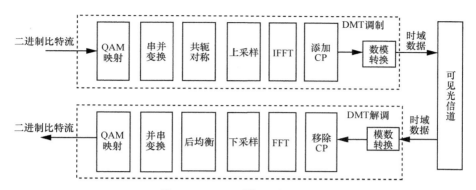

图 5-17　DMT 调制解调原理框图

在 QAM 映射之后，进行串并变换，得到 N 点的频域信号，将此频域信号取镜像对称（也即满足共轭对称），具体如图 5-17 所示。注意第 0 号子载波和第 N 号子载波为 0。当频域满足此结构，经过 $2N$ 点 IFFT 之后变换到时域得到的数据是纯实数，不需要进行上下变频即可直接传输。当然，和 OFDM 调制一样，为了减少符号间干扰（ISI），需要在传输之前给时域数据添加循环前缀做保护。

在接收端，接收信号经过串并变换和移除循环前缀之后，取原始的有用信号进行 N 点 FFT。FFT 之后时域数据变为频域数据，可以在频域做频域后均衡来恢复优化信号。最常用的一般是迫零均衡。后均衡之后，进行 QAM 的解映射，并串变换将信号恢复成比特流。最终与原始比特流比较，计算误码率。

OFDM 调制面临需要保护间隔、拥有高峰均功率比的问题，DMT 调制也有同样的问题。但 DMT 调制方案能够避免时域产生复数信号，减少了发射端、接收端之间频偏的影响，但它也以损失一半的频谱资源为代价。由此看来，每种方案都有自己的优势和劣势，各种方案的选择应该根据实际需要，在各个因素之间做出折中的选择。

5.3.3　DFT-S OFDM 调制

OFDM 调制是一种将高速串行数据变换成多路相对低速的并行数据调制到每个相互正交的子载波上进行传输的技术。更为重要的是各子载波上的频谱相互重叠，提高频谱利用率，极大节约了频谱资源。尽管 OFDM 调制在很多方面有着自己的优势，但是有个问题不能避免并且深受其困扰——过高的峰均功率比；针对这个问题本书使用离散傅里叶变换扩频的正交频分复用（Discrete Fourier Transform-Spread

OFDM，DFT-S OFDM），以期能够降低系统的 PAPR。

DFT-S OFDM 的调制解调原理如图 5-18 所示。可以看到原始数据经过 QAM 映射之后，以每组 N 点的分组来对每个组进行 N 点的 DFT 操作——将信号转变到频域，然后将原始数据与其共轭的数据进行数据分配，之后便是上采样，最后对数据流进行 IDFT 实现数据在信道中的时域传输（OFDM 调制中的上变频和添加循环前缀都是要进行的，图中只是没标注出来）。在接收端，首先对接收到的时域信号（在进行下变频后）进行下采样，之后进行 DFT 操作将时域信号转变为频域信号，然后进行信道估计的操作，即在发射端可以在数据流中插入一定数量的已知数据，然后在接收端可以通过已知点（提取后的导频）上的信道响应的采样值来估计整个信道的（频率）响应；之后对信号数据进行 IDFT，将数据转换到时域，最后对时域信号进行 QAM 解映射，得到原始数据流。

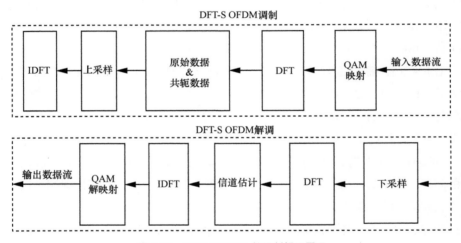

图 5-18　DFT-S OFDM 的调制解调原理

　　OFDM 调制中，所有的正交子载波信号可能会同时达到最高值，当它们同时达到最高值并叠加在一起后，会导致信号输出幅度过高，进而导致 PAPR 过高，让发射信号过早进入饱和区（或者被削顶），使得系统性能进一步下降。而 DFT-S OFDM 调制比 OFDM 调制多了一步 DFT 的操作，这步操作在原来的 OFDM 调制的基础上使得原始数据变换到时域后能够避免子载波时域数据同时达到最高值，进而有效降低 PAPR。这里给出 PAPR 的表达式为

$$PAPR_{dB} = 10\lg \frac{\max\limits_{0 \leq m \leq M} |s_m|^2}{\frac{1}{M}\sum\limits_{m=0}^{M-1} |s_m|^2}$$ 　　　　　　（5-25）

其中，s_m 为时域符号，子载波数为 M 个。

通常，为了评估 PAPR 的大小，人们一般使用 CCDF 来表示 PAPR 超过某阈值的概率。

$$P(PAPR > z) = 1 - (1 - e^{-z})^{\alpha M}$$ 　　　　　　（5-26）

在降低系统 PAPR 的同时，DFT-S OFDM 调制中收发两端额外的 DFT 和 IDFT 将会一定程度上提高系统的复杂度。另外，该额外的变换对导致的噪声扩散将使得 DFT-S OFDM 调制对于噪声的分布更加敏感，并且突发错误造成的影响相对于传统 OFDM 调制来说更加严重。

对于 DFT-S OFDM 调制在水下可见光通信系统中的应用，本书提出了在使用概率整形（Probabilistic Shaping，PS）编码和 DFT-S OFDM 调制的水下 VLC 系统中通过基于深度神经网络（Deep Neural Network，DNN）的后均衡方案进一步提高系统容量。通过这种方法，成功地实现了在 1.2 m 水下蓝光通信中 BER 低于 7%FEC 阈值（3.8×10^{-3}）的、具有 1.74 Gbit/s 数据速率的 PS-128-QAM DFT-S OFDM 信号的传输。与没有 DNN 作为非线性后均衡的 PS-128-QAM DFT-S OFDM 系统相比，所提出的方法将数据速率提高了 90 Mbit/s，将系统容量提高了 5.4%。

水下蓝光通信实验台装置如图 5-19 所示。在发射端，对原始二进制数据用麦克斯韦-玻尔兹曼（Maxwell-Boltzmann）分布进行概率整形并映射到 QAM 符号序列。然后对 QAM 符号进行 DFT，这一步操作可以有效地降低 PAPR。接下来，将原始数据和共轭数据上采样 4 倍，这样就相当于 8 倍上采样；并进行 IDFT 以进行时域传输。然后，这些数据由任意波形发生器（AWG）进行脉冲整形，以产生电信号。在硬件预均衡器和放大器之后，将放大的电信号送到交流-直流耦合器并驱动蓝光 LED，最后通过光的形式将信号发射出去。传输通道为 1.2 m 水下空间。然后使用具有差分输出的光电二极管来检测光信号以实现光电转换。然后用采样率为 5 GSa/s 的实时示波器（OSC）对电信号进行量化。最后将接收的数据同步并发送到 DNN 处理模块以获得信道非线性补偿，再将经过 DNN 非线性补偿的信号送到线下 Matlab 进行 DSP。

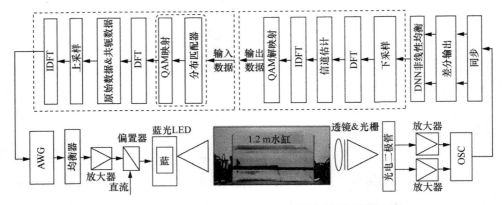

图 5-19　PS-128-QAM DFT-S OFDM 水下蓝光通信实验台装置

图 5-20 所示为一个全连接的 DNN，它有两个隐藏层，w^l (l=1, 2) 代表下一层的权重。使用纠正线性单元（Rectified Linear Unit，ReLU）作为非线性激活函数。通常建立相应的优化函数来比较输出数据和引导目标；实验中发现学习率被设置为的 0.01 的 Adam 优化器的优化效果比随机梯度下降（Stochastic Gradient Descent，SGD）优化器要更好。

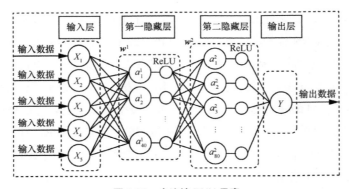

图 5-20　全连接 DNN 示意

当把输入层节点设置为 5 时，DNN 的均衡是相对最优的。同时也注意到确定均衡效果的主要因素是输入层的节点数目，而隐藏层节点的数目起着相对较小的作用。因此，考虑到计算复杂度，将第一隐藏层节点数目设置为 40，而将第二隐藏层节点数目设置为 80。然后针对信道的线性失真，执行离线 DSP 算法以进一步线性均衡。最后，在经过解调解码后测量 BER 以进行性能评估。

在本实验中，首先将对应于信道 SNR 的最优电压值设置为 0.026 85，这是在此调制方式下的电压的理论最佳值，然后将偏置电流从 50 mA 遍历到 150 mA 来寻找蓝光 LED 的最佳工作点，这时初步设定峰峰值电压（Vpp）为 0.5 V；为了保护 LED，没有测试更大的偏置电流，况且误码性能已经达到最佳。然后比较了接收端有 DNN 均衡和无 DNN 均衡时的 BER。实验结果表明在 DNN 均衡后，BER 从 0.005 33 减小到 $9.079\ 9\times10^{-4}$，如图 5-21 中的点 A 和点 B 所示，插图为点 A 和点 B 的星座图。

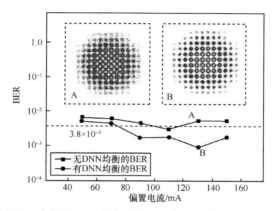

图 5-21　在有/无 DNN 均衡时的 BER 与 LED 偏置电流的比较

　　然后将偏置电流设置为最佳工作点（110 mA），并将峰峰值电压从 0.3 V 遍历到 0.8 V，在 LED 功率和非线性效应之间进行权衡与折中。最佳 Vpp 为 0.5 V。然后比较了有 DNN 均衡和无 DNN 均衡时的 BER，结果表明，DNN 均衡的数据具有明显更低的 BER，BER 从 0.004 61 降低到 $5.629\ 54\times10^{-4}$，如图 5-22 中的点 A 和点 B 所示，插图为点 A 和点 B 的星座图。星座图也清楚地证实了 DNN 的良好非线性均衡效果。

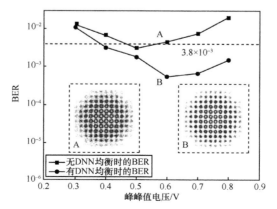

图 5-22　在有/无 DNN 均衡时的 BER 与峰峰值电压的比较

对于特定的水下 VLC 信道所具备的 SNR，存在一个相应的比例因子 V 的最佳值，能最大化广义互信息（GMI）。因此将 LED 的工作模式设置为最佳（110 mA，0.5 V），并且遍历 V 的值以找到最佳 V。存在一个权衡区域，在这个区域里 BER 低于 7%FEC 阈值，同时 GMI 是大于 6 的，正如图 5-23 中所示的方框区域所示。

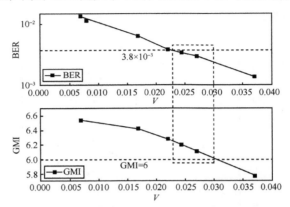

图 5-23　BER 和 GMI 与比例因子 V 的关系

然后，选择 0.024 35 作为水下 VLC 通道的特定 SNR 的对应的 V 的最佳值，然后改变 AWG 发射速率以达到系统的最大容量。本实验成功地实现了在 1.2 m 水下蓝光通信中 BER 低于 7%FEC 阈值的、具有 1.74 Gbit/s 速率的 PS-128-QAM DFT-S OFDM 信号的传输。与无 DNN 作为非线性后均衡的 PS-128-QAM DFT-S OFDM 系统相比，所提出的方法将数据速率提高了 90 Mbit/s，系统容量提高了约 5.4%，如图 5-24 所示，插图为点 A、点 B 的星座图。

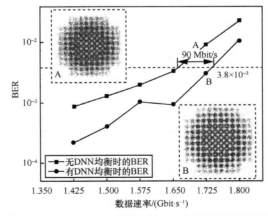

图 5-24　在有/无 DNN 均衡时的 BER 与数据速率的比较

5.3.4　水下实验

对以上提出的较为先进的 3 种调制方式（CAP、DFT-S OFDM、OFDM）进行了横向实验对比[13]（实验平台如图 5-25 所示）。对于产生的实数信号，首先加载到 AWG 中，然后通过硬件预均衡器（Pre-Equalizer）对信道的带宽进行扩展，得到一个相对宽的响应带宽。随后，微弱的电信号经过电子放大器（EA）的放大，再通过偏置器（Bias-Tee）完成直流耦合后，由蓝光（457 nm）LED 将电信号转换为光信号。经过水下 1.2 m 信道的传输，光信号由 PIN 或者 APD 转换为电信号后，经过电子放大器的放大由 OSC 接收，并由后端的 DSP 平台对信号进行离线处理。

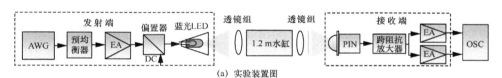

(a) 实验装置图

(b) 水下平台

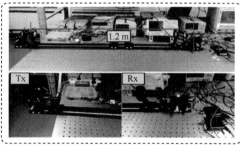

(c) 自由空间光平台

图 5-25　水下 1.2 m 传输实验平台

为了更公平地比较 3 种调制方式的性能，在同一个带宽下进行了实验。AWG 的采样率被限定为 2 GSa/s。这里上采样倍数设置为 4，因此有效带宽就是 500 MHz。3 种调制方式的 QAM 阶数都设置为 6，因此整个系统的速率上限就是 3 Gbit/s。DFT-S OFDM 和 OFDM 的子载波数为 256。

3 种调制方式的离线后均衡算法如图 5-26 所示。这里采用两级后均衡对接收信号进行补偿，其中，第一级后均衡为时域上的递归最小二乘（Recursive Least Square，RLS）+非线性 Volterra 级数（RLS-Volterra）的均衡算法。对于 CAP，第二级后均

衡采用 RLS-Volterra 算法，而 DFT-S OFDM 和 OFDM 则采用迫零均衡算法。

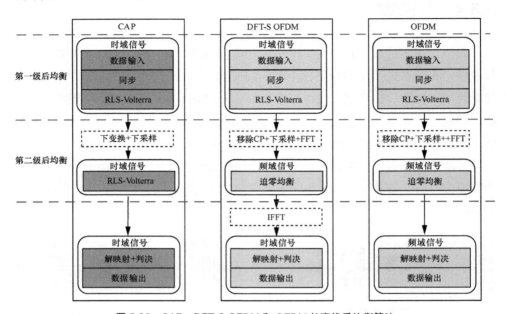

图 5-26　CAP、DFT-S OFDM 和 OFDM 的离线后均衡算法

首先测试了 CAP、DFT-S OFDM 和 OFDM 的发射信号、接收信号以及接收信号第一级均衡后的频谱，如图 5-27 所示。可以看出，经过第一级后均衡后，接收信号在频域上的损伤已经通过均衡算法得到了很大的补偿，得到了接近发射信号的平坦的频率响应。

由于水下比自由空间要复杂很多，因此 UVLC 信号处理的难度也比传统 VLC 要大。图 5-28 展示了在同样带宽和信号峰峰值电压下，UVLC 系统和传统 VLC 系统中发射信号归一化幅值和其对应的接收信号归一化幅值（AM/AM）之间的关系。这里是通过一个窄带（5 MHz）的 CAP 信号进行测试的。曲线的"胖瘦"表明了系统的噪声大小，弯曲程度则表明非线性的强弱。可以看出，UVLC 系统的非线性和噪声都要明显大于 VLC 系统。

随后测试了 BER 在不同 LED 电流下，有/无第一级后均衡时在传统 VLC 系统和 UVLC 系统中的性能。如图 5-29 所示，相对高的 LED 电流（>200 mA）会引入更强的非线性效应，导致误码率增大。第一级后均衡会提升系统的性能，尤其对于 CAP 来说，第一级后均衡非常重要，而多载波的 DFT-S OFDM 和 OFDM

性能提升相对有限。同时，第一级后均衡对于 UVLC 系统的提升要比传统 VLC 系统大。这是由于 UVLC 系统的非线性要强于传统 VLC 系统，而第一级均衡算法正好可以对这部分非线性进行补偿。

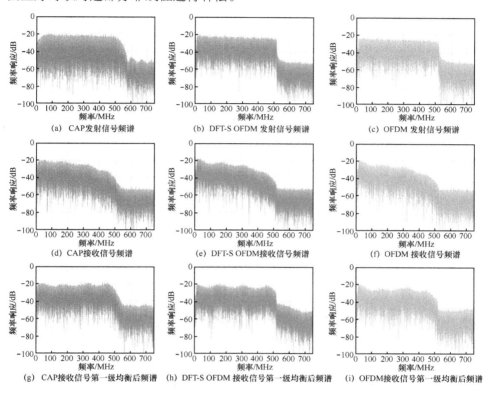

图 5-27 3 种调制方式的发射信号、接收信号和接收信号第一级均衡后的频谱

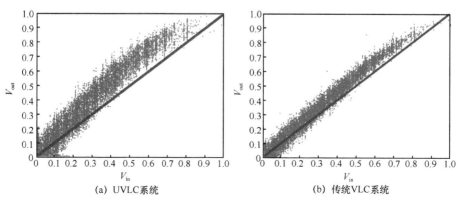

图 5-28 系统 AM/AM 曲线

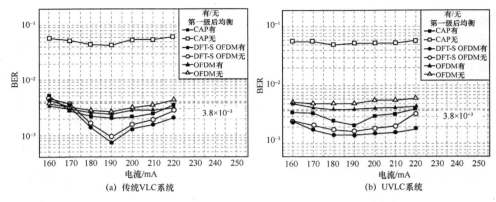

图 5-29　不同 LED 电流下的 BER

　　为了找到第一级均衡器最优的参数，这里也测试了不同系统对于不同 Volterra 级数的阶数和 Taps 数的误码性能。如图 5-30 和图 5-31 所示，第一级均衡器的最优 Volterra 级数的阶数为 2，且 Taps 数为 9。因此 3 种调制方式的 RLS-Volterra 均衡器均采用同一个参数。

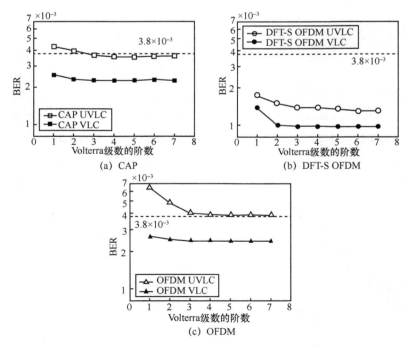

图 5-30　不同 Volterra 级数的阶数下的不同调制方式的 BER

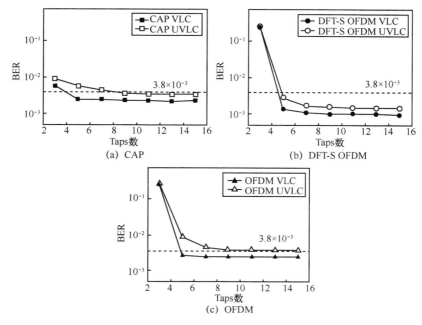

图 5-31　不同 Taps 数下的不同调制方式的 BER

随后对第二级均衡器的参数进行了测试。图 5-32 展示了迫零均衡器的参数及对应的 BER 性能。首先，测试了导频个数对系统性能的影响。当导频个数为 2 的时候，信道的响应与理想差的很大。然而当导频个数增大到 32 个的时候，此时与实际信道的响应就非常接近了。因此，本文选择导频个数为 32 个。类似地，测得 CAP 系统第二级 RLS-Volterra 均衡器的最佳 Volterra 级数的阶数和 Taps 数分别为 2 和 43。

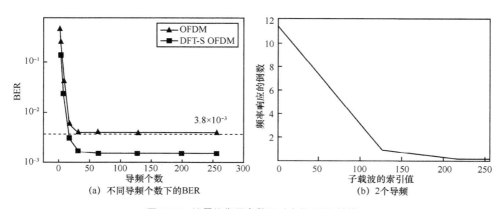

图 5-32　迫零均衡器参数及对应的 BER 性能

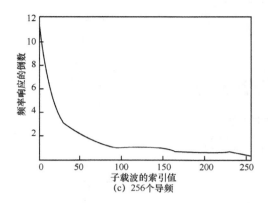

(c) 256 个导频

图 5-32　迫零均衡器参数及对应的 BER 性能（续）

随后测试了不同光功率下的不同调制方式的 BER 性能，这里设置误码门限为 $3.8×10^{-3}$。如图 5-33 所示，可以看出，性能最好的是 DFT-S OFDM，其有效工作区间达到了 94.8 mW。同时，CAP 的有效工作区间为 72.4 mW。而 OFDM 则没有工作点可以满足 $3.8×10^{-3}$ 误码门限。

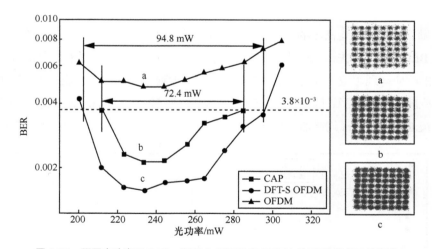

图 5-33　不同光功率下 CAP、DFT-S OFDM 和 OFDM 的 BER 性能及星座图

也测试了不同调制方式在不同信号峰峰值电压下的 BER 性能。从图 5-34 可以看出，DFT-S OFDM 的性能仍然是最好的，其拥有最大的工作区间 0.83 V。CAP 的工作区间为 0.7 V，而 OFDM 没有低于误码门限的工作点。

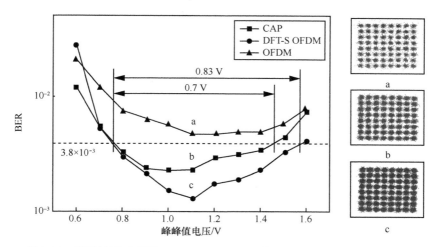

图 5-34　不同峰峰值电压下 CAP、DFT-S OFDM 和 OFDM 的 BER 性能及星座图

最后，测试了不同带宽下 3 种调制方式的 BER 性能，如图 5-35 所示。这里可以看出，在满足误码门限的情况下，DFT-S OFDM 拥有最大的调制带宽，CAP 次之，而 OFDM 的最小。

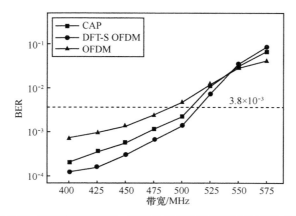

图 5-35　不同带宽下 CAP、DFT-S OFDM 和 OFDM 的 BER 性能

|5.4　几何整形|

高阶 QAM 调制信号可以提高频谱利用率，但是同时信号的符号间干扰也随之

增加，这样一来就对系统的信噪比提出了更高的要求。在水下可见光通信中，由于受路径损耗和发散角的影响，接收端信号的信噪比受到限制。于是星座点的几何整形（Geometric Shaping，GS）技术被提出用于降低星座点的噪声和 ISI，几何整形星座点设计的基本思想是通过改变星座点的排列来提高最小欧氏距离和降低 PAPR。

5.4.1　几何整形 8-QAM

文献[14]探讨了自由空间中的可见光传输几何整形 8-QAM 技术，图 5-36 所示为设计几何整形 8-QAM 星座图时讨论的 4 种 8-QAM 星座点。分别为呈圆形分布的 Circular（7,1）、最为常见的 Diamond、Rectangular 以及以三角为基础向外扩散的 Triangular。

评估几何整形 8-QAM 的性能，首先关注抗噪声、抗高频衰减和抗非线性。抗噪声能力是星座评估的基本准则。VLC 链路的噪声主要有 3 个来源：① 光电探测器和环境光的散粒噪声；② 放大器引起的热噪声；③ 环境光引起的背景噪声。

由于受载流子响应速度的影响，LED 频率响应通常呈现高频衰减特性。目前，商用 LED 的最高调制带宽只有 20～30 MHz，这对实现 VLC 的高速传输是一个巨大的挑战。因此，这里比较了 4 种星座点在高频衰减下的性能。

与射频通信类似，非线性也是 VLC 系统的一个限制因素。由于 LED 的驱动电压和正向电流之间的非线性关系比较严重，其影响被放大。因此，有必要对非线性效应进行分析。

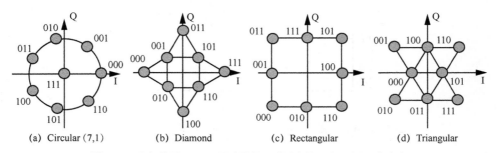

(a) Circular（7,1）　　　(b) Diamond　　　(c) Rectangular　　　(d) Triangular

图 5-36　几何整形 8-QAM 星座图设计时讨论的 4 种 8-QAM 星座点

4 种几何整形星座点的最小欧氏距离、PAPR 等参数见表 5-1。可以看出，Circular（7,1）和 Diamond 的最小欧氏距离明显大于其他两种，因此这两种星座点分布会有较好的抗噪声性能，图 5-37 是几种几何整形 8-QAM 的 BER 与 SNR 的关系仿真曲线，可以看到 Circular（7,1）的 BER 曲线明显低于其他几种几何整形设计。在抗频谱衰落方面，本书做了几种几何整形 8-QAM 的 BER 与波特率变化关系的仿真曲线，如图 5-38 所示，从高频衰落情况下 BER 与波特率的关系可以看出，Circular（7,1）的抗高频衰落性能明显高于其他几种，并在图的右侧展示了 200 MBd 波特率下的星座图分布情况。

表 5-1　几何整形星座点的基本参数

星座点	最小欧氏距离	PAPR
Circular（7,1）	0.927 7	1.142 9
Diamond	0.919 4	1.577 4
Rectangular	0.816 5	1.333 3
Triangular	0.872 9	1.523 8

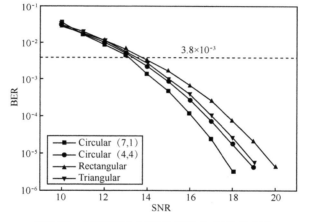

图 5-37　几何整形 8-QAM 的 BER 与 SNR 的关系

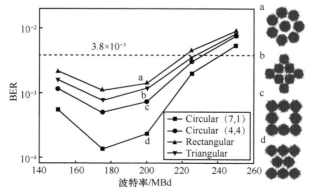

图 5-38　在高频衰落情况下几何整形 8-QAM 的 BER 与波特率的关系

从表 5-1 可以看出 Diamond 的 PAPR 较大，在非线性情况下失真比较严重，Circular（7,1）的 PAPR 最小，图 5-39 所示的 4 种几何整形 8-QAM 信号的 CCDF 结果也体现了这一点。因此在理论上，Circular（7,1）具有很好的抗噪声和抗非线性的性能。

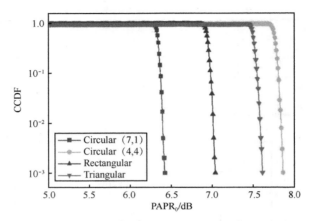

图 5-39　几何整形 8-QAM 信号的 CCDF

5.4.2　几何整形 16-QAM

更高阶的调制方式可以带来更高的系统容量，下面着重讨论几何整形 16-QAM（以下简称"GS-16-QAM"）。由于星座点数量的增加，其设计也变得更加困难。由几何整形 8-QAM 为启发，本书采用三角形和圆形作为初始结构，扩展成 16 个点[15]。图 5-40 所示为几何整形 16-QAM 星座图设计，与图 5-40（a）中的传统矩形（Normal）星座相比，图 5-40（b）和（c）所示分别为六角形基（Hexagonal）和三角形基（Triangular）星座，图 5-40（d）和（e）所示分别表示环形 1-6-9（Circle169）和环形 1-5-5-5（Circle1555）的情况。为了寻找最优的星座布局，采用几何半径和相位迭代算法来获得最大的最小欧氏距离。

表 5-2 显示了每个 16-QAM 星座图的参数，这些参数基于相同的平均功率计算，包括最小欧氏距离、PAPR、峰峰值电压（Vpp）、信号实部的峰值功率和平均功率（PP_I, AP_I）以及信号虚部的峰值功率和平均功率（PP_Q, AP_Q）。显然，所有的几何整形 16-QAM 星座的最小欧氏距离都比正常情况下要大。从大到小的顺序是

Triangular 和 Hexagonal、Circle1555、Circle169、Normal。因此几何整形 16-QAM 星座图设计具有更好的抗噪声性能。抗非线性能力、峰均功率比以及 PP_I 和 PP_Q 的不平衡，严重影响了可见光通信系统。图 5-41（a）显示了 PAPR 与 CCDF 的关系。两个环形星座图的 PAPR 低于普通星座图。因此，预计它们具有更好的抗非线性能力。

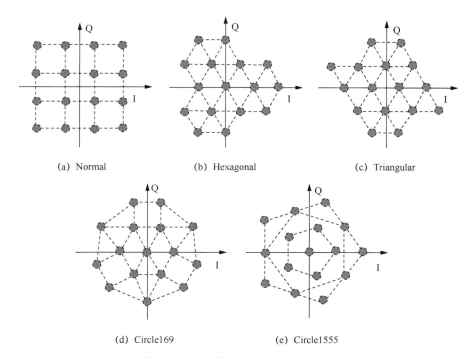

(a) Normal (b) Hexagonal (c) Triangular

(d) Circle169 (e) Circle1555

图 5-40 几何整形 16-QAM 星座图设计

表 5-2 16-QAM 星座图的基本参数

星座图类别	最小欧氏距离	PAPR	Vpp	PP_I	PP_Q	AP_I	AP_Q
Normal	0.632 5	9.335 9	6.110 1	0.462 5	0.462 5	0.041 7	0.041 7
Hexagonal	0.666 7	8.401 4	5.786 1	0.902 8	0.685 4	0.041 7	0.041 6
Triangular	0.666 7	10.880 4	6.584 0	0.902 8	0.685 4	0.041 7	0.041 6
Circle169	0.635 7	7.740 1	5.562 2	0.717 3	0.774 4	0.041 7	0.041 6
Circle1555	0.648 1	8.181 1	5.708 2	0.855 1	0.776 5	0.041 7	0.041 6

为了进一步验证几何整形 16-QAM 的优越性，使用 Matlab 对几何整形 16-QAM 格式的互信息（MI）性能作为信噪比的函数进行了仿真。如图 5-41（b）和（c）所示，仿真结果表明，在信噪比从 10 dB 到 18 dB 变化时，Circle1555 的性能最好。Hexagonal、Triangular 和 Circle169 比传统矩形星座图具有更好的抗噪声性能。

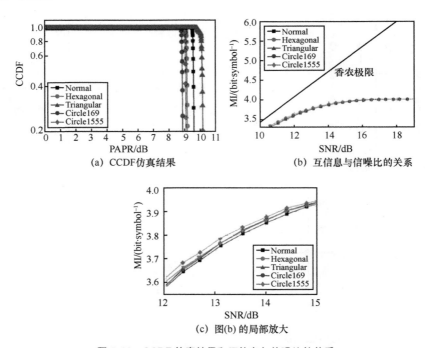

(a) CCDF仿真结果　　　　(b) 互信息与信噪比的关系

(c) 图(b) 的局部放大

图 5-41　CCDF 仿真结果和互信息与信噪比的关系

5.4.3　应用

为了探究几何整形在水下可见光通信中的应用，本书设计了水下几何整形奈奎斯特 16-QAM 通信实验，其实验装置如图 5-42 所示。数字数据由离线的 Matlab 程序生成，并加载到 AWG 中生成传输信号。奈奎斯特滤波器有利于提高可见光通信系统中信号的抗噪声性能。首先，对信号进行预均衡，在一定程度上补偿高频分量的频率衰减。然后用电放大器对信号进行放大，通过偏置器与直流电耦合，提高宽带信号的驱动能力。可见光信号由南昌大学生产的硅基

LED 发出。通过 1.2 m 的水下信道，光被 PIN 接收并转换成电信号。然后用跨阻抗放大器（TIA）对信号进行放大。接收机采用差分接收结构，降低共模噪声。最后，用示波器采集信号，再进行离线 DSP。对于离线 DSP，采用 RLS 进行后均衡。

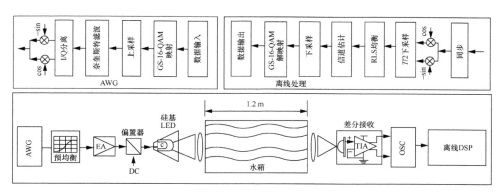

图 5-42　水下可见光通信实验装置

图 5-43（a）表示 GS-16-QAM BER 与平均功率及 Q 值与比特率的关系。当平均功率较低时，所有 GS-16-QAM 星座的性能均优于传统矩形星座，这说明所设计的星座具有较大的最小欧氏距离，具有较好的抗噪声性能。随着平均功率的增加，非线性效应将限制系统的性能。然而，由于几何整形星座图设计具有更高的 PAPR 和峰值功率不平衡的特点，它与 Triangular 相比具有明显的优势。当发射信号的平均功率约为 33 mW 时，Circle1555 和 Hexagonal 星座的最高比特率均达到 2.3 Gbit/s，优于 Normal，误码率低于 7% FEC 限值 $3.8×10^{-3}$。在低比特率下，和 Normal 相比，Circle1555 甚至可以获得近 1 dB 的增益。此外，图 5-43（b）和图 5-43（c）所示的以 2.13 Gbit/s 和 2.4 Gbit/s 的比特率接收的星座图，验证了预测结果的准确性。频谱的压缩度随着比特率的降低而增加，如图 5-43（d）和图 5-43（e）所示。图 5-43（e）所示的带宽约为 470 MHz，几乎接近接收机带宽的限制。结果表明，在奈奎斯特滤波器对信号进行频谱压缩的同时，考虑到接收机带宽的限制，可以获得最佳的性能。因此，提出的 Hexagonal 和 Circle1555 是应用于水下可见光通信的很有前景的 16-QAM 调制方式。

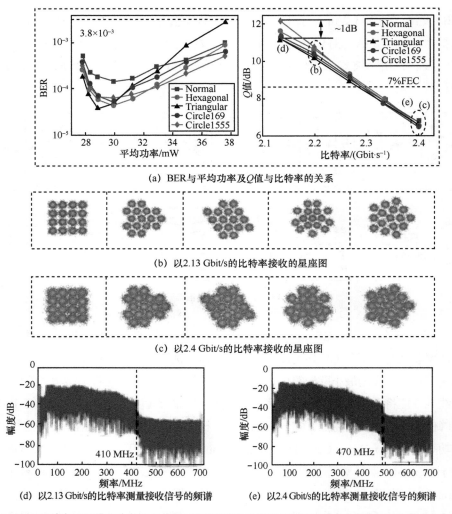

(a) BER与平均功率及Q值与比特率的关系

(b) 以2.13 Gbit/s的比特率接收的星座图

(c) 以2.4 Gbit/s的比特率接收的星座图

(d) 以2.13 Gbit/s的比特率测量接收信号的频谱　　(e) 以2.4 Gbit/s的比特率测量接收信号的频谱

图 5-43　误码率与不同平均功率和 Q 值与不同比特率的关系及两种速率下的星座图和接收信号的频谱

| 5.5　概率整形 |

　　几何整形和概率整形（Probabilistic Shaping，PS）是两个独立的互补操作，它们均有助于提高调制方案的增益。在理论分析和实践中，这两个操作是独立且可叠加的，几何整形编码所做的尝试是距离最大化。概率整形的目的在于在保持一定比特率的同时保证较小的平均发射能量，即使能量最小化。

香农定理给出了加性白高斯噪声（Additional White Gaussian Noise，AWGN）信道能达到的传输速率上限。

$$C = \frac{1}{2} \text{lb}(1 + S/N) \tag{5-27}$$

其中，S 和 N 分别为信号和噪声的功率，S/N 即信噪比。在噪声单位方差确定时，通过改变信号的功率来改变信噪比。在传统的数据传输方法中，给定星座中的每个点被传输的概率是相等的。虽然这种方法可以得到给定星座大小的最大比特率，但是它没有考虑到不同星座点的能量成本。1993 年，Kschischang 和 Pasupathy[16]提出了非均匀分布的星座点选择。这种不均匀的星座会降低发射机输出的熵，从而降低平均比特率。然而，控制能量小的点比能量大的点的概率更高，那么节省的能量可以补偿甚至超越这种比特率损失。

水下可见光通信系统中存在功率限制，同时，高电平信号极大受限于 LED 的非线性效应。而概率整形在发射时信号星座点概率不平均，因此电平分布也是不平均的，功率较小的低电平信号出现的频率多于高电平信号。这意味着经过概率整形的信号有着较好的抗非线性能力。概率整形已经成为可见光通信系统中用于接近香农极限的热门研究方向[17-19]。

5.5.1　麦克斯韦-玻尔兹曼分布

根据最大熵定理，星座点的概率分布在固定平均能量的情况下使熵最大化，反过来说，麦克斯韦-玻尔兹曼分布最小化了固定比特率下的平均能量，其概率分布表达式为

$$p(r) \propto \exp(-\lambda \|r\|^2) \tag{5-28}$$

其中，$p(r)$ 表示能量为 $\|r\|^2$ 的星座点出现的概率，非负参数 λ 控制比特率和平均能量之间的平衡。这种分布族的非均匀信号，在统计力学和热力学中被称为麦克斯韦-玻尔兹曼分布。更精确地说，最优的分布为[16]

$$p(r) \triangleq \exp(-\lambda \|r\|^2)/Z(\lambda), \ \lambda \geqslant 0 \tag{5-29}$$

其中，$Z(\lambda)$ 用来归一化分布。$Z(\lambda) \triangleq \sum_{r \in \Omega} \exp(-\lambda \|r\|^2)$。对于无限的星座点，$\lambda$ 必须

严格为正；对于有限星座点，$\lambda = 0$ 时得到均匀的星座点分布，因此，经典的星座点分布可以被看作麦克斯韦–玻尔兹曼分布的一个特例。并且对于麦克斯韦–玻尔兹曼分布，外部点（能量较大的点）的选择频率永远不会高于内部点（能量小的点）。参数 λ 控制比特率和平均能量之间的权衡。

在统计力学中，各种物理系统中配分函数 $Z(\lambda)$ 的计算是很重要的，这是因为平均能量和熵很容易用 $Z(\lambda)$ 表示。归一化平均能量为

$$E(\lambda) = \frac{2}{N}\left(\frac{-\mathrm{d}\ln Z(\lambda)}{\mathrm{d}\lambda}\right) \tag{5-30}$$

归一化比特率可以表示为

$$\beta(\lambda) = \frac{2}{N}\left[-\lambda^2 \frac{\mathrm{d}}{\mathrm{d}\lambda}\left(\frac{\mathrm{lb}\,Z(\lambda)}{\lambda}\right)\right] = \frac{2}{N}\mathrm{lb}\,Z(\lambda) + \frac{\lambda E(\lambda)}{\ln 2} \tag{5-31}$$

根据星座的级数或欧氏权值分布很容易得到配分函数 $Z(\lambda)$。

与统计力学类似，可以把 λ 称为麦克斯韦–玻尔兹曼分布的"逆温度"即 $\lambda = 1/(kT)$，在统计力学中，k 是玻尔兹曼常数，T 是温度。当 $\lambda = 0$（无穷大的温度）时，可以得到与给定星座的最大可能熵对应的均匀分布（在统计力学中，一个系统的所有状态在无限温度下都是相等的）。当 $\lambda \to 0$（或"温度"冷却到绝对零度）时，由于选择能量较大的点的频率较低，比特率和平均能量也会降低，"极限星座点"（在绝对零度"温度"下获得）仅由原始星座的最里面的点（统计力学中的基态）组成，这些点的选择频率相同。

5.5.2　归一化广义互信息

在方差为 σ^2 无记忆的 AWGN 辅助信道中，前向纠错（Forward Error Correction，FEC）并没有利用接收信号中包含的所有信息。对于实际光通信应用中最受关注的二进制 SD-FEC 码，最相关的信道度量是比特交织共编码调制（Bit-Interleaved Co-Coded Modulation，BICM）和比特度量解码（Bit Metric Decoding，BMD）的 GMI。GMI 被认为是表征 BICM 和 BMD 系统后 FEC 容量的有效评价因子。由于辅助 AWGN 与实际的非 AWGN 信道之间可能存在失配，所测量的 GMI 仅估计可实现信息速率（AIR）的下界。发射信号为 x 时，接收信号 y 的概率分布由式（5-32）表示[17]。

$$q_{Y|X}(y \mid x) = 1 \Big/ \sqrt{2\pi\sigma^2}\, e^{-\frac{|y-x|^2}{2a^2}} \tag{5-32}$$

使用一个方形的 M-QAM 星座点调制，携带 $m = \mathrm{lb}\, M$ bit/symbol 的信息，在比特度量解码（BMD）下的 GMI 可以由式（5-33）估计。

$$\mathrm{GMI} \approx -\sum_{x \in \chi} P_X(x)\mathrm{lb}P_X(x) + \frac{1}{N}\sum_{k=1}^{N}\sum_{i=1}^{m} \mathrm{lb}\frac{\displaystyle\sum_{x \in \chi_{b_{k,i}}} q_{Y|X}(y_k \mid x)P_X(x)}{\displaystyle\sum_{x \in \chi} q_{Y|X}(y_k \mid x)P_X(x)} \tag{5-33}$$

其中，χ 表示 M-QAM 符号集，$b_{k,i} \in \{0,1\}$ 是第 k 个传输符号的第 i 个比特。$\chi_{b_{k,i}}$ 是 χ 中第 i 个比特等于 $b_{k,i}$ 的符号。GMI 也可以使用按位的对数似然比进行估计。对于均匀的 QAM 来说，式（5-33）中第一项星座点的熵就变成 $-\sum_{x \in \chi} P_X(x)\mathrm{lb}P_X(x) = \mathrm{lb}M = m$。第二项是信道噪声的影响。GMI 量化理想二进制 FEC 解码情况下 BICM-AWGN 辅助信道中每个发射符号的信息比特的最大数目。一旦 GMI 被估计，通过简单归一化，就能获得均匀 QAM 中每个发送比特的信息比特的最大值。

$$\mathrm{NGMI} = \mathrm{GMI}/m \tag{5-34}$$

其中，$0 \leqslant \mathrm{NGMI} \leqslant 1$。注意，二进制 FEC 码的速率具有与归一化广义互信息（Normalized Generalized Mutual Information，NGMI）完全相同的物理（即信息论）含义，即该码速率还量化每个发送比特的信息比特数。因此，如果信道质量满足 $\mathrm{NGMI} > R_c$，则码率为 R_c 理想的二进制 FEC 码可以保证无错误解码。实际的二元 FEC 码与理论极限有一定的差距，因此一般情况下，有 $\mathrm{NGMI}^* = R_c + \Delta$，$\Delta \geqslant 0$。

通过概率振幅整形（Probabilistic Amplitude Shaping，PAS）对 M-QAM 信号进行概率整形时，FEC 和概率整形的过程实际上是分开的，然而在固定长度的数据帧中能提供近乎最优的整形增益。星座图包括两个正交双极性 $\sqrt{M}$-ASK（幅度键控）的星座点。

$$\chi_{\mathrm{ASK}} = \{\pm 1, \pm 3, \cdots, \pm(2^{m/2}-1)\} \tag{5-35}$$

用 $P_{X,\mathrm{ASK}}$ 表示 $\sqrt{M}$-ASK 的概率质量函数，几何整形 M-QAM 符号在速率编码系统中可以携带的信息位由式（5-36）给出。

$$R_{\mathrm{PS}} = 2H(P_{X,\mathrm{ASK}}) - (1 - R_c)m \tag{5-36}$$

其中，$H(P_{X,\mathrm{ASK}})$ 是 $P_{X,\mathrm{ASK}}$ 的熵。在没有编码和噪声的情况下，当 $R_c = 1$ 时，几何整形 M-QAM 可达到最大容量 $R_{\mathrm{PS,max}} = 2H(P_{X,\mathrm{ASK}})$。在 AWGN 信道中，当 $P_{X,\mathrm{ASK}}$ 满足麦克斯韦-玻尔兹曼分布时，R_{PS} 近似达到最大。码率可以写为

$$R_c = 1 - [2H(P_{X,\text{ASK}}) - R_{\text{PS}}]/m \tag{5-37}$$

将 R_c 和 R_{PS} 用 NGMI 和 GMI 代替，可以得到几何整形 M-QAM AWGN 信道下的 NGMI 表达式为

$$\text{NGMI} = 1 - [2H(P_X) - \text{GMI}]/m \tag{5-38}$$

5.5.3 概率幅度整形

图 5-44 所示为 PAS 系统的发射机和接收机框图。该系统可以形成每维 2^m 个取值的基本星座图[20]。以 64-QAM 为例，有 $m = 3$，数据源分为两个支路，分别由 U_1 和 U_2 比特组成。上面的支路被送入分布匹配器（Distribution Matcher, DM），将 U_1 个平均分布的数据比特转换为 V_1 个满足麦克斯韦–玻尔兹曼分布的符号。Schulte 和 Georg 在文献[21]中提出了由固定长度、可逆的、低复杂度编码器和解码器的恒定组成分布匹配器（Constant Composition Distribution Matcher，CCDM）。它是渐近最优的，并且基于由算术编码索引的常数合成码。分布匹配器有一个速率 $R_{\text{DM}} = U_1/V_1$，表示 DM 输入比特数与输出符号数的比值。每个符号采用格雷映射，经过格雷映射后的比特流与图 5-44 中下方的均匀分布的支路 U_2 合起来输入 FEC 编码器。FEC 也有一个码率 $R_c = k/n$，表示输入比特数与输出比特数的比值。并且，输入比特完全包含在码字中。在图 5-44 中，经过 FEC 编码器，输入 $k = (m-1)U_1/R_{\text{DM}} + U_2$ 个信息比特可以得到 $n-k$ 个奇偶校验位，这些近似平均分布的奇偶校验位与 U_2 信息比特复用在一起，根据映射 $(-1)^p$ 形成符号位，即 $0 \to +1$，$1 \to -1$。然后将这些符号位与幅度相乘，生成星座的一个维度。符号的数量必须等于幅度的数量。即 $V_1 = n-k+U_2$。因此可以确定

$$U_1 = \frac{n}{m}R_{\text{DM}}, \quad U_2 = \frac{n-(n-k)m}{m} \tag{5-39}$$

最终得到一个系统的 R_{tot}

$$R_{\text{tot}} = (U_1 + U_2)/V_1 = 1 + R_{\text{DM}} - m(1 - R_c) = R_{\text{DM}} + \gamma \tag{5-40}$$

其中，$\gamma = 1 - m(1 - R_c) = U_2/V_1$ 表示用于符号位中数据位的占比。如果使用这个系统来独立产生 2D 信号的 I 和 Q 两部分，可以发射 $2R_{\text{tot}}$ 比特每 2D 符号或等效的 $4R_{\text{tot}}$ 每 4D 符号的信息。同时可以看出，$U_2 = 0$ 时，FEC 分量的 R 达到下界 $m-1/m$。PAS 系统的美妙之处在于，星座的形成是独立于 FEC 进行的，这使得使用传统的 FEC 方案成为可能。

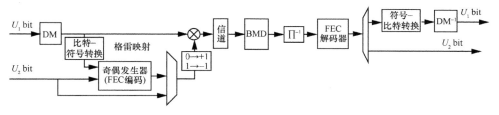

图 5-44　PAS 系统的发射机和接收机框图

经过信道传输后，信号经过 BMD、前向纠错解码和逆分布匹配器，可以得到原始的信号。

5.5.4　实际应用

图 5-45 所示为 PS-256-QAM DFT-S OFDM 5 km 标准单模光纤（Standard Single Mode Fiber，SSMF）传输实验的实验装置图以及 PS 映射与解映射过程，关键过程是 DM。本实验采用 CCDM 方法作为 DM。在 PS 方案中，PAM 的能级分布依赖与 AWGN 信道相关的麦克斯韦–玻尔兹曼分布。在本实验中，PS 分布匹配器没有根据信道条件和调制方式进行相应的优化。通过修正形状分布得到 7 bit 每 QAM 码元的熵，等于均匀的 128-QAM。图 5-46 是 PS-256-QAM 的星座点的概率分布[22]。

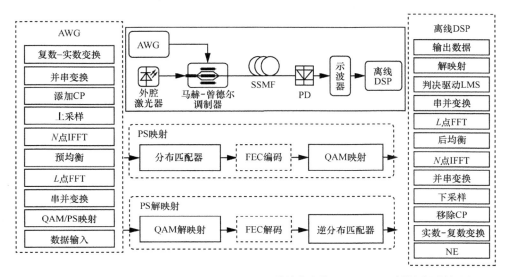

图 5-45　PS-256-QAM DFT-S OFDM 5 km SSMF 传输实验装置图以及 PS 映射与解映射过程

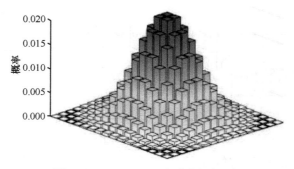

图 5-46　PS-256-QAM 星座点概率分布

图 5-45 显示了在 IM-DD 系统中 140 Gbit·s^{-1}·λ^{-1} PS-256-QAM DFT-S OFDM 在 5 km SSMF 上传输的实验设置。使用离线的 Matlab 程序，通过 80 GSa/s DAC 生成驱动信号。这些信号被一个电子放大器放大以驱动 30 GHz 强度调制器（IM）。SSMF 传输前后无掺铒光纤放大器（EDFA）使用。最后，在 50 GHz 光电探测器（PD）检测到信号后，用 80 GSa/s 采样率的 OSA 对信号进行采样。

在发射端 DSP 部分，首先将数据映射成均匀的 128-QAM 或 PS-256-QAM 的复数符号。在传输实验中，当聚焦于 MI 时，虚线框里的 FEC 编码模块被忽略。然后在预均衡后用 2 048 点 DFT-S FFT 生成 OFDM 信号。增加 CP 以减轻色散（CD）引起的 ISI。在并串变换之后，使用子载波调制来产生真实值的 OFDM。在本实验中，均匀 128-QAM 和 PS-256-QAM 的波特率均为 20 GBd（总数据速率为 7×20= 140 Gbit/s）。因此数据速率均为 140 Gbit/s，采用 DSP 对采样信号进行解调。在接收机的离线 DSP 中，使用基于 Volterra 级数的非线性均衡器（NE）估计非线性系统的响应，并捕获器件或光纤的记忆效应。非线性权值可以表示为 $N \times N$ 的矩阵，其中 N 是非线性抽头的个数。

为了在 IM-DD 系统中使用 PS 方法，通过计算 QAM 信号的高、低电平信号的符号概率密度函数（PDF），验证了信号传输后的噪声分布，结果如图 5-47 所示。图 5-47 还绘制了具有相同测量信号平均值和标准偏差的高斯曲线以进行比较。观察到接收信号在传输后的噪声分布接近高斯分布，证明了 PS 方法的正确性。

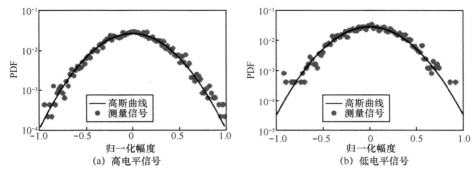

图 5-47　归一化信号传输后的 PDF

图 5-48（a）显示了在背靠背（Back to Back，BTB）、2 km 和 5 km SSMF 传输情况下的 MI 和净数据速率与接收光功率的关系。净数据速率由 MI×波特率测量。采用光衰减器调节接收光功率进行灵敏度测量，IM 的输出功率为 3.8 dBm。光纤传输 5 km 后采用 PS-256-QAM 格式，MI 为 6.440 9（净数据速率为 128.82 Gbit/s），而均匀的 128-QAM 为 6.374（127.48 Gbit/s）。在 BTB 情况下，PS 方法将网络数据传输速率提升为 1.36 Gbit/s，在 5 km 光纤传输下将网络数据速率提升为 1.338 Gbit/s。

图 5-48（b）显示了 2 km SSMF 传输情况下 MI 和净数据速率与 NE 算法的抽头数的关系。利用 NE 算法，均匀 128-QAM 的净数据速率可以得到 4.276 Gbit/s 的提升，而 PS-256-QAM 的净数据速率只有 1.456 Gbit/s 的提升，NE 抽头数的权重如图 5-49 所示。很明显，均匀 128-QAM 的性能较差，因为内存效应更严重。图 5-49 中还给出了 $N = 51$ 处的星座图。结果表明，PS 方法具有良好的非线性鲁棒性，为进一步提高低成本系统的性能提供了可行性。

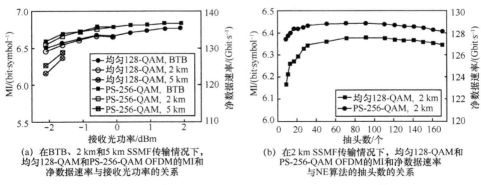

图 5-48　不同条件下均匀 128-QAM 和 PS-256-QAM OFDM 的

MI 和净数据速率与接收光功率和 NE 算法的抽头数的关系

由于水下可见光通信也是 IM-DD 系统，所以，以上实验中的概率整形的方法以及某些结论对水下可见光通信有着很大的参考意义。

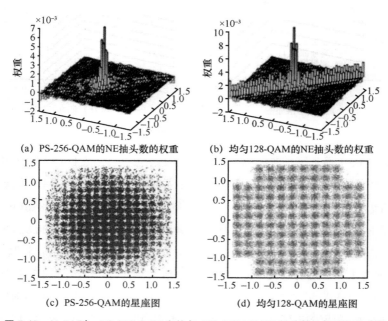

(a) PS-256-QAM的NE抽头数的权重　　　(b) 均匀128-QAM的NE抽头数的权重

(c) PS-256-QAM的星座图　　　　　　(d) 均匀128-QAM的星座图

图 5-49　N=51 时，PS-256-QAM 和均匀 128-QAM 的 NE 抽头数的权重和星座图

|5.6　本章小结|

本章围绕可见光通信系统信号调制技术进行了阐述，介绍了 OOK 等传统调制技术以及 PAM、DMT、OFDM、CAP 和 DFT-S OFDM 等先进高阶调制技术的原理、实现以及各自的优缺点。最后，本文通过实验验证了 3 种调制方式的可行性。

|参考文献|

[1]　GIULIO C, KHALID A M, CHOUDHURY P, et al. 2.1 Gbit/s visible optical wireless transmission[C]//European Conference on Optical Communication. Piscataway: IEEE Press, 2012.

[2]　GIULIO C, KHALID A M, CHOUDHURY P, et al. 3.4 Gbit/s visible optical wireless

transmission based on RGB LED[J]. Optics Express, 2012, 20(26): B501-B506.

[3]　COSSU G, WAJAHAT A, CORSINI R, et al. 5.6 Gbit/s downlink and 1.5 Gbit/s uplink optical wireless transmission at indoor distance (≥1.5 m)[C]//European Conference on Optical Communication. Piscataway: IEEE Press, 2014.

[4]　HAIGH P A, CHVOJKA P, ZVANOVEC S, et al. Experimental verification of visible light communications based on multi-Bd CAP modulation[C]//Optical Fiber Communication Conference. Washington: OSA Publishing, 2015.

[5]　HAIGH P A, BURTON A, WERFLI K, et al. A multi-CAP visible-light communications system with 4.85 bit/s/Hz spectral efficiency[J]. IEEE Journal on Selected Areas in Communications, 2015, 33(9): 1771-1779.

[6]　WANG Y Q, HUANG X X, ZHANG J W, et al. Enhanced performance of visible light communication employing 512-QAM N-SC-FDE and DD-LMS[J]. Optics Express, 2014, 22(13): 15328-15334.

[7]　COSSU G, CORSINI R, KHALID A M, et al. Experimental demonstration of high speed underwater visible light communications[C]//The 2nd International Workshop on Optical Wireless Communications. Piscataway: IEEE Press, 2013: 11-15.

[8]　TIAN P, LIU X, YI S, et al. High-speed underwater optical wireless communication using a blue GaN-based micro-LED[J]. Optics Express, 2017, 25(2): 1193-1201.

[9]　WEI J L, INGHAM J D. Update on performance studies of 100 GB Ethernet enabled by advanced modulation formats[EB]. 2012.

[10]　WEI J L, INGHAM J D, CHENG Q, et al. Experimental demonstration of optical data links using a hybrid CAP/QAM modulation scheme[J]. Optics Letters, 2014, 39(6): 1402-5.

[11]　WU F M, LIN C T, WEI C C, et al. 1.1 Gbit/s white-LED-based visible light communication employing carrier-less amplitude and phase modulation[J]. IEEE Photonics Technology Letters, 2012, 24: 1730-1732.

[12]　WU F M, LIN C T, WEI C C, et al. 3.22 Gbit/s WDM visible light communication of a single RGB LED employing carrier-less amplitude and phase modulation[C]//Optical Fiber Communication Conference and Exposition and the National Fiber Optic Engineers Conference. Piscataway: IEEE Press, 2013.

[13]　CHI N, SHI M. Advanced modulation formats for underwater visible light communications[J]. Chinese Optics Letters, 2018, 16(12): 120603.

[14]　ZHAO J, QIN C, ZHANG M, et al. Investigation on performance of special-shaped 8-quadrature amplitude modulation constellations in visible light communication[J]. Photonics Research, 4(6): 249-256.

[15]　HU F, ZOU P, WANG F, et al. Optimized geometrically shaped 16-QAM in underwater visible light communication[C]//2018 IEEE Globecom Workshops. Piscataway: IEEE Press, 2018: 1-3.

[16]　KSCHISCHANG F R, PASUPATHY S. Optimal nonuniform signaling for Gaussian channels[J]. IEEE Transactions on Information Theory, 1993, 39(3): 913-929.

[17] CHO J, SCHMALEN L, WINZER P J. Normalized generalized mutual information as a forward error correction threshold for probabilistically shaped QAM[C]//2017 European Conference on Optical Communication. Piscataway: IEEE Press, 2017.

[18] SHI J Y, ZHANG J W, CHI N, et al. Probabilistically shaped 1024-QAM OFDM transmission in an IM-DD system[C]//Optical Fiber Communication Conference. Washington: OSA Publishing, 2018.

[19] BUCHALI F, GEORG B, WILFRIED I, et al. Rate adaptation and reach increase by probabilistically shaped 64-QAM: an experimental demonstration[J]. Journal of Lightwave Technology, 2016, 34(7): 1599-1609.

[20] SCHMALEN L. Probabilistic constellation shaping: challenges and opportunities for forward error correction[C]//2018 Optical Fiber Communications Conference and Exposition. Piscataway: IEEE Press, 2018.

[21] SCHULTE P, GEORG B. Constant composition distribution matching[J]. IEEE Transactions on Information Theory, 2015, 62(1): 430-434.

[22] SHI J Y, ZHANG J W, LI X Y, et al. Improved performance of high-order QAM OFDM based on probabilistically shaping in the datacom[C]//2018 Optical Fiber Communications Conference and Exposition. Piscataway: IEEE Press, 2018.

第 6 章
水下光通信非线性均衡技术

在水下可见光通信中，水介质的吸收、散射、湍流以及光电器件不理想的响应特性会给系统带来很大的衰减和非线性失真，这将给高速水下可见光通信带来严重的影响。目前，基于自适应滤波器的均衡方法和机器学习的相关算法已经应用到水下光通信系统中，并在均衡非线性失真上取得了一定的效果。本章将重点介绍基于 Volterra 级数和多项式的非线性均衡原理以及系统实现，而基于深度神经网络（DNN）非线性均衡的方案将在第 8 章详细讨论。

|6.1 基于 Volterra 级数的非线性均衡 |

沃尔特拉（Volterra）级数最早由数学家 Volterra 在 1880 年提出，其是对泰勒（Taylor）级数的推广。可见光通信系统的非线性主要体现在接收到的信号中出现了原始发射信号的平方项、相邻信号的交叉项，甚至更高阶数的谐波分量，利用 Volterra 级数，可以对系统存在的非线性进行近似和展开，通过不同阶数的乘积项来模拟系统的非线性，完成非线性测量估计的功能，同时，可以捕获光电器件或者水介质的记忆效应。在文献[1]中，Agarossi 等利用 Volterra 级数实现了非线性光信道的均衡，并对比了几种不同均衡算法在均衡非线性方面的性能。

图 6-1 所示为基于 Volterra 级数的非线性均衡方法的原理框图，其中 $x(n)$ 是滤波器的输入信号，$y(n)$ 是经过滤波器非线性均衡后的输出信号。由图可见，基于 Volterra 级数的非线性滤波器包括只含一阶项的线性部分和含有多阶高次项的非线性部分，考虑到随着 Volterra 级数阶数的增大，系统的复杂度增大，计算量增加，将耗费更多的硬件资源，在实际的应用中，一般采用二阶 Volterra 级数来均衡系统的非线性[2]。滤波器在第 n 时刻的信号输出可由式（6-1）来表示。

$$y(n) = x_L(n) + x_{NL}(n) = \sum_{i=0}^{N_1-1} w_i x(n-i) + \sum_{i=0}^{N_2-1} \sum_{j=i}^{N_2-1} w_{ij} x(n-i) x(n-j) \qquad (6\text{-}1)$$

其中，$x_L(n)$ 是线性部分的输出，$x_{NL}(n)$ 是非线性部分的输出，N_1 和 N_2 分别是滤波器线性部分和非线性部分的阶数，w_i 和 w_{ij} 分别是滤波器线性部分和非线性部分的抽头权重系数。由于 Volterra 级数滤波器中存在一阶线性部分，其对系统的线性失真也有一定程度的补偿。

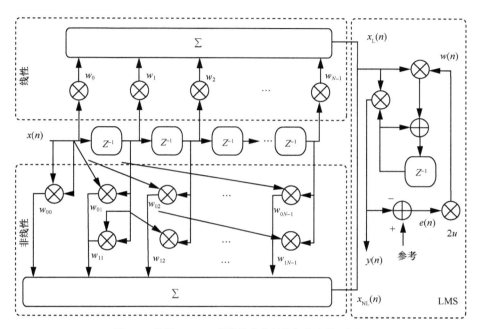

图 6-1　基于 Volterra 级数的非线性均衡方法原理框图

　　基于 Volterra 级数的非线性滤波器也需要权重更新算法完成滤波器抽头权重系数的更新，可以使用级联多模算法（Cascaded Multi-Mode Algorithm，CMMA）、改进的级联多模算法（Modified CMMA，MCMMA）、最小均方（Least Mean Square，LMS）和递归最小二乘（RLS）等算法，图 6-1 所示的原理框图中采用 LMS 线性均衡算法完成这一任务。此时，滤波器抽头权重系数的更新方程如式（6-2）所示。

$$w_{ij}(n+1) = w_{ij}(n) - 2ue(n)x(n-i)x(n-j) \tag{6-2}$$

其中，u 是自适应滤波器权重更新的步长。LMS 误差函数如式（6-3）所示。

$$e^2(n) = [d(n) - x(n)w(n)]^2 \tag{6-3}$$

其中，$e(n)$ 是先验误差，与当前时刻 n 的发射信号 $d(n)$、接收信号 $x(n)$ 和抽头权重系数 $w(n)$ 有关。通过与 LMS 算法结合，基于 Volterra 级数的非线性滤波器可以快

速更新抽头权重系数，完成对信号的非线性均衡。

|6.2 基于多项式的非线性均衡|

前面提到，可见光通信系统的非线性主要体现在接收到的信号中出现原始发射信号的平方项、相邻信号的交叉项、甚至更高阶数的谐波分量，为了补偿这种非线性失真，除了使用基于 Volterra 级数的均衡器，还可以使用高阶多项式进行拟合。基于数字多项式的均衡器是一种简化的非线性滤波器，通常用作数字预失真，也可以用作后均衡。

将数字多项式均衡器用作数字预失真，考虑了整个 VLC 系统非线性响应的统计特性，权衡计算复杂度和预失真性能之后，在 VLC 系统中一般不考虑信道的存储深度[3]。图 6-2 所示为基于无记忆幂级数（Memoryless Power Series，MPS）的自适应非线性预失真原理框图，假设 $x(n)$ 是第 n 时刻发射端经过 IFFT 之后的信号，$y(n)$ 是没有经过预失真的接收信号，k 是信道非线性的阶数。为了实现基于自适应 MPS 的预失真，需要进行信道多项式系数的估计和反演。通过式（6-4）可以实现对多项式系数 D_k 的估计。

$$x_d(n) = D_0 y_s(n) + D_1 y_s(n)|y_s(n)| + D_2 y_s(n)|y_s(n)|^2 + \cdots +$$

$$D_{K-1} y_s(n)|y_s(n)|^{K-1} = \sum_{k=0}^{K-1} D_k y_s(n)|y_s(n)|^k \tag{6-4}$$

其中，$y_s(n)$ 表示没有经过预失真的归一化的接收信号，$x_d(n)$ 是经过预失真的发射信号。$y_d(n)$ 是经过预失真的接收信号。

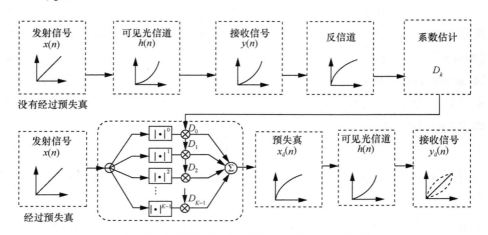

图 6-2　基于 MPS 的自适应非线性预失真原理框图

数字多项式（Digital Polynomial，DP）均衡器还可以用作后均衡，对接收信号进行非线性补偿[4]。图 6-3 所示为基于 LMS 的数字多项式滤波器原理框图，其中，$x(n)$ 是滤波器的输入信号，$y(n)$ 是经过滤波器非线性均衡后的输出信号。滤波器在第 n 时刻的输出信号可由式（6-5）来表示。

$$y(n) = x_L(n) + x_{NL}(n) = \sum_{l_1=0}^{N_1} w_{l_1}(n)x(n-l_1) + \sum_{l_1=0}^{N_2} w_{l_1,l_1}(n)x(n-l_1)x(n-l_1) \quad （6-5）$$

其中，$x_L(n)$ 是线性部分的输出，$x_{NL}(n)$ 是非线性部分的输出，N_1 和 N_2 分别是滤波器线性部分和非线性部分的阶数，w_{l_1} 和 w_{l_1,l_1} 分别是滤波器线性部分和非线性部分的抽头权重系数。在实际使用的过程中，一般仅考虑不同延迟信号的二次项，省略交叉项以减少计算复杂度。

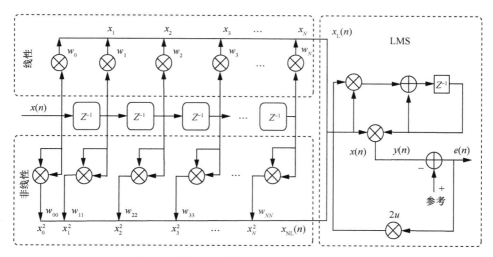

图 6-3 基于 LMS 的数字多项式滤波器原理框图

6.3 基于非线性自适应滤波器的水下可见光通信实验

本书作者进行了水下可见光通信实验[4]，并将基于 RLS 的 Volterra 滤波器（RLS-Volterra）、基于 LMS 的 DP 滤波器（LMS-DP）和基于 LMS 的 Volterra 滤波器（LMS-Volterra）之一用作非线性均衡，并对比了三者的均衡效果。

图 6-4 所示为水下可见光通信系统的实验框图，在实验中，首先通过任意波

形发生器产生发射电信号，信号经过硬件预均衡电路之后由功率放大器进行放大，最后通过偏置器进行交直流耦合，将信号调制到 LED 上。在实验中使用商用蓝光 LED 作为发射机，然后用透镜对光进行准直，并发射到水中。经过了 1.2 m 水下传输后，接收端对信号进行差分接收，将光信号转化为电信号，OSC 对信号采样量化。

在发射端，信号被调制成 64-QAM DMT 信号，在接收端离线处理的过程中，首先通过 MRC 算法对两个数据流进行合并，并在 DMT 解调之前，使用非线性均衡算法来减轻水传输对信号造成的影响。

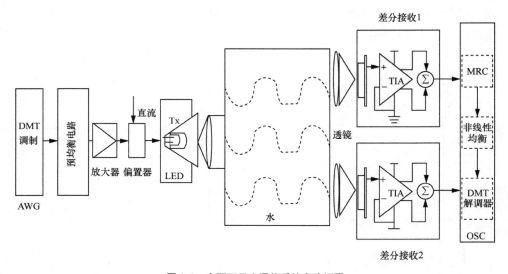

图 6-4   水下可见光通信系统实验框图

首先，测量了水下可见光通信系统中不同带宽下的误码性能，结果如图 6-5 所示，图中黑线表示 7%FEC 误码门限。对于 3 个非线性自适应滤波器而言，当抽头数量固定且信号带宽增加时，由于抽头数量有限，滤波器的均衡性能受限，因此 BER 会上升，如果抽头数量不够，则不能完全补偿不同符号间干扰引起的一些线性和非线性损伤，从而导致传输效果变差。当带宽更高时，随着抽头数量的增加，系统性能会变得更好。但是，当抽头数量增加到一定的程度，系统的性能将趋向稳定，这是因为干扰只发生在有限数量的符号之间，抽头数量超过了一定的数值后，滤波器的性能将不再提高。

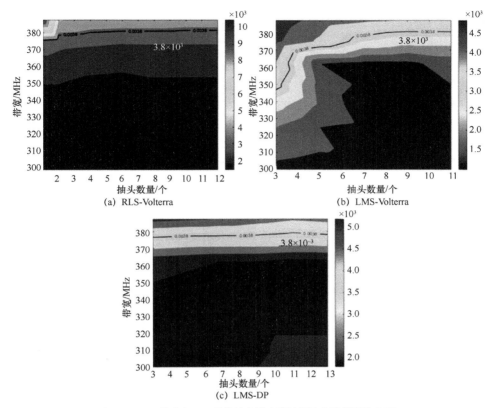

图 6-5 不同带宽和不同非线性自适应滤波器抽头数量下的 BER

在滤波器取得最佳抽头数量的情况下，我们测量了均衡后的发射信号和接收信号的时域波形。图 6-6 中的浅色和深色线分别表示发射和接收信号的时域波形。结果表明，所有的非线性自适应滤波器都可以在波形幅度上补偿接收信号。此外，可以发现 RLS-Volterra 是一种相对较好的非线性滤波器，经过均衡处理后的信号波形比 LMS-Volterra 和 LMS-DP 更平滑，并且与发射信号的波形更加匹配。图 6-6 中右侧的星座图也显示了它们的均衡性能。

|6.4 本章小结|

本章对水下可见光通信非线性均衡方法进行了阐述，介绍了基于 Volterra 级数的非线性均衡方法和基于多项式的非线性均衡方法，以及它们的系统实现。

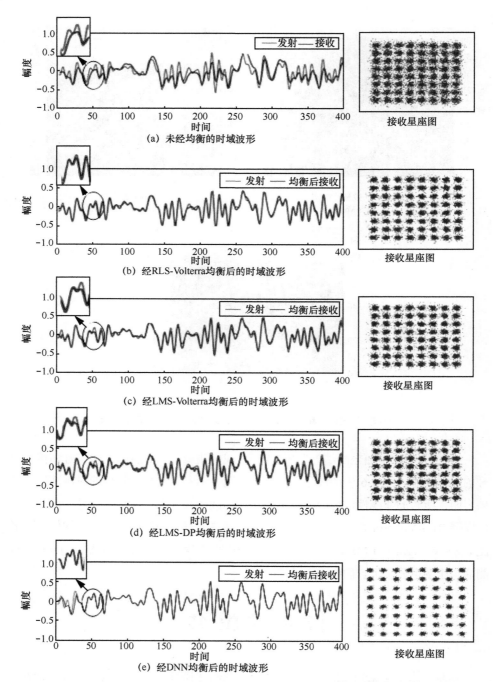

图 6-6　经过非线性自适应滤波器和文献[5]提出的 DNN 均衡后的发射信号和接收信号的时域波形比较

参考文献

[1] AGAROSSI L, BELLINI S, BREGOLI F, et al. Equalization of non-linear optical channels[C]//IEEE International Conference on Communications. Piscataway: IEEE Press, 1998.

[2] WANG Y, LI T, HUANG X, et al. Enhanced performance of a high-speed WDM CAP64 VLC system employing volterra series-based nonlinear equalizer[J]. IEEE Photonics Journal, 2015, 7(3): 1-7.

[3] ZHOU Y J, ZHANG J W, WANG C, et al. A novel memoryless power series based adaptive nonlinear pre-distortion scheme in high speed visible light communication[C]//Optical Fiber Communication Conference. Washington: OSA Publishing, 2017.

[4] CHI N, HU F C. Nonlinear adaptive filters for high-speed LED based underwater visible light communication[J]. Chinese Optics Letters, 2019, 17(10): 100011.

[5] CHI N, ZHAO YH, SHI M, et al. Gaussian kernel-aided deep neural network equalizer utilized in underwater PAM8 visible light communication system[J]. Optics Express, 2018, 26(20): 26700-26712.

第 7 章

水下 MIMO 光通信技术

近年来，应用光通信技术的水下通信成为研究重点。速率是衡量一个通信系统的重要指标，而提供高速水下传输也正是可见光通信的一个显著优势。相比于传统的水下声呐通信、无线电通信、激光器通信等，可见光通信由于其潜在的巨大带宽、不需要高精度的对准等，能够实现更为高速、远距离的水下通信传输。目前国际研究热点也集中在采用高阶调制、多维复用、MIMO 等技术实现水下可见光通信的高速传输。本章将围绕高速水下 MIMO 光通信系统，分别从多输入单输出（Multiple-Input Single-Output，MISO）系统、单输入多输出（Single-Input Multiple-Output，SIMO）系统、MIMO 系统等几个方面，详细介绍相应的技术原理，并介绍相关的高速系统实验结果。

| 7.1　多输入单输出系统 |

对于 UVLC 系统来说，最实用的传输方案是通过 LED 进行强度调制。由于 LED 的动态范围有限，因此调制信号必须满足一定的幅度限制，以克服 LED 的饱和效应。为了以可接受的复杂度改善线性区域，在水下可见光通信系统中采用了 MISO 技术。

7.1.1　等概率预编码 PAM7 调制的 2×1 MISO 水下可见光通信系统

传统的 MISO 在两个发射端发射 PAM4 信号，在接收端会产生 PAM7 信号。并且，接收端每个电平的概率是不相等的，这个过程可以看作是一种特殊的概率整形（PS）。通常，PS 信号非常适合传输。但是，由于在 PAM7 信号和两个原始 PAM4 信号之间没有一对一的映射，因此需要空时分组编码（Space Time Block Coding，STBC）方法来解码原始比特，但采用 STBC 方法将浪费宝贵的带宽资源。

本节提出一种新颖的唯一值映射和解映射方法——等概率预编码 PAM7 调制[1]，它可以节约带宽资源并且提高系统的传输速率。理论仿真和实验结果均表明，等概率预编码方法的性能优于传统的 STBC 方法。使用这种预编码方案，可以将系统容量提升多达 53%。接下来，将介绍传统 PAM4 MISO 系统和等概率预编码 PAM7 调制的原理、实验结果以及最后的结论。

1. 传统 PAM4 MISO 系统的原理

在 VLC 系统中，LED 的非线性是限制系统性能的主要因素之一。但是，LED 的非线性主要来自其伏安（V-I）特性曲线的非线性特性。由于 LED 具有开路电压，当输入电压小于开路电压时，LED 将进入截止区域。因此，需要施加偏置电压以驱动 LED。但是，当偏置电压太大或输入信号太大时，信号将进入 LED 的非线性工作区域，从而产生非线性效应。特别是对于具有大量信号电平的高阶调制信号来说，信号 PAPR 更高，并且更容易因 LED 的非线性而失真。另外，因为高阶调制信号的符号之间的相对距离变小，所以信号的符号间干扰也更加严重。

因此，对于具有多个 LED 光源的 MISO VLC 系统，可以在单个 LED 上调制低阶信号，并通过光信号的叠加在光域生成高阶信号，最终抑制系统的非线性失真和符号间干扰，有效地提升系统性能。以 2×1 MISO VLC 系统为例，分别在两个 LED 上调制 PAM4 信号，然后通过传输过程中光信号的叠加在接收端生成 PAM7 信号。

PAM 符号可以表达为

$$s(t) = \mathrm{Re}[A_m g(t) e^{j2\pi f_c t}] = A_m g(t) \cos 2\pi f_c t \tag{7-1}$$

其中，$A_m = (2m-1-M)d, m = 1,2,\cdots,M, 0 \leqslant t \leqslant T$，$T$ 为采样时间长度，A_m 表示对应于符号的 M 个可能的幅度，其值是离散的；$M = 2^k$，k 是每个符号所需的比特数；$2d$ 是相邻符号电平之间的距离。接收端接收到的叠加后的信号可以表示为

$$s_{\mathrm{Tx1}}(t) + s_{\mathrm{Tx2}}(t) = \mathrm{Re}[A_{m_1} g(t) e^{j2\pi f_c t} + A_{m_2} g(t) e^{j2\pi f_c t}] =$$
$$(A_{m_1} + A_{m_2}) g(t) \cos 2\pi f_c t, m_1, m_2 = 1,2,\cdots,M \tag{7-2}$$

根据式（7-1）和式（7-2），可以得到

$$A_{m_1} + A_{m_2} = (2m_1 + 2m_2 - 2 - 2M)d \tag{7-3}$$

为了简化分析，将 d 设置为 1，由于是两个发射端发射 PAM4 信号，故 $k=2$，$M=4$。对于传统的 PAM4 MISO 系统，发射端每个电平的概率相等（此处为 1/4），可以表示为

$$\sum_{m,n=1}^{M} P(s(t)) = \sum_{m,n=1}^{M} P(A_{m,n}) = 1 \tag{7-4}$$

$$P(A_m) = P(A_n) \tag{7-5}$$

图 7-1 是采用不同编码方式的 PAM 2×1 MISO 系统的原理示意。图 7-1（a）

是传统 PAM4 2×1 MISO 系统的原理示意。首先，生成 $6N$ 个随机原始比特。一个 PAM4 符号需要 2 bit 编码，因此原始比特分为 $3N$ 个组。然后采用 PAM 调制以生成 PAM4 符号。接下来，采用 STBC 方法在发射机中产生数据 Tx1 和 Tx2，并分别在两个 LED 上传输。经过传输，接收端将接收到来自两个发射端的叠加信号。

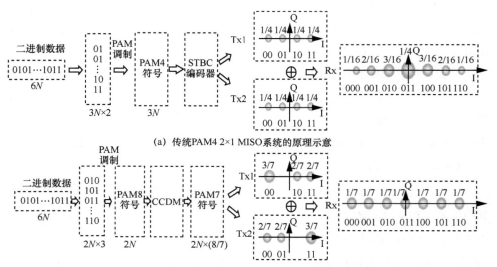

(a) 传统PAM4 2×1 MISO系统的原理示意

(b) 等概率预编码PAM3 2×1 MISO系统的原理示意

图 7-1　不同编码方式的 PAM 2×1 MISO 系统的原理示意

更具体地，可以从图 7-1（a）中看到，PAM4 信号的 4 个电平具有相等的概率，皆为 1/4，并且两个信号叠加产生一个新的 7 阶信号。理论上，每个 PAM4 信号发送 2 bit 信息，两个发射端共可以发送 4 bit 信息，因此共有 16 种映射方法。然而，在光信号的传输过程中，不同电平叠加可能产生相同的电平，故两个 PAM4 信号叠加最终只有 7 个电平，也即产生 PAM7 信号。由于 PAM7 信号可以用 3 bit 表示，因此将由两个信号叠加的 4 bit 信息映射到 3 bit 以提高编码效率。

叠加生成的 PAM7 信号中每个电平的概率是不相等的，这也可以从图 7-1（a）中看出。0 电平出现的概率最大（因为+3 和−3、+1 和−1 叠加都将产生 0 电平），为 1/4，而+6 和−6 电平出现的概率最小，为 1/16。

2. 等概率预编码 MISO 系统的原理

通过直接叠加两个标准 PAM4 信号生成的 PAM7 信号具有不相等的概率，这可以看作一种概率整形，是有利于传输的。然而，从接收端到发射端的映射不是唯一的。为了对符号进行解码以获得原始比特信息，需要采用浪费一半带宽资源的 STBC 方法。因此，这种传统的 PAM4 2×1 MISO 系统会浪费一半的带宽。除此之外，低电平符号的出现概率增加，高电平符号的出现概率减小，故而信号的 PAPR 增加。另一方面，接收端的各种器件（如功率放大器）也同样具有非线性特性。具有高 PAPR 的信号很容易受到设备非线性的影响，从而导致信号失真。因此，我们希望在接收端生成的 PAM7 信号的每个电平是等概率的。这里提出了一种新颖的编码方法，可以表达为

$$\sum_{m=1}^{M} P(s(t)) = \sum_{m=1}^{M} P(A_{m_1} + A_{m_2}) = 1 \tag{7-6}$$

$$P_a(A_{m_i} + A_{m_j}) = P_b(A_{m_i} + A_{m_j}) \tag{7-7}$$

其中，接收端的电平数是 7，所以 $P(A_{m_i} + A_{m_j}) = 1/7$。从图 7-1（b）可以看到，接收端收到每个电平的概率是相等的。反过来，发射端发送每个电平的概率则是不相等的。每个发射端只需要发送 3 个电平的 PAM3 信号即可在接收端生成等概率的 PAM7 信号。发射端的 PAM3 信号中，具有较小相邻符号间隔的两个电平符号具有较小的相等概率，而出现概率最高的电平符号与它相邻的电平之间间隔较大。因此，该编码方式可以有效地减少信号的符号间干扰。

图 7-1（b）是等概率预编码 PAM3 2×1 MISO 系统的原理示意。同样地，首先生成 6N 个随机原始比特。一个 PAM8 符号需要 3 bit，因此将原始比特分为 2N 组。遵循 PAM 调制生成 PAM8 符号。然后利用 CCDM 生成 2N×（8/7）个 PAM7 符号。接下来，根据唯一映射规则在发射端生成 Tx1 和 Tx2 发送数据，并由两个 LED 发射。经过传输，接收端将收到来自两个发射端的叠加信号。

3. 实验装置和实验结果

为了验证在 2×1 MISO UVLC 系统中提出的编码方案的优越性，这里进行了实际实验。图 7-2 是采用不同编码方式的 PAM 2×1 MISO UVLC 系统的实验装置和实验框图。在发射机端，原始二进制比特序列首先在 Matlab 中根据编码映射规则映射到 PAM4 符号。然后使用 PS-曼彻斯特编码方法对 PAM 符号编码进行频谱整形，以便可以在基带上直接发送 PAM 信号。编码的 PAM 符号上采样倍数为 4。

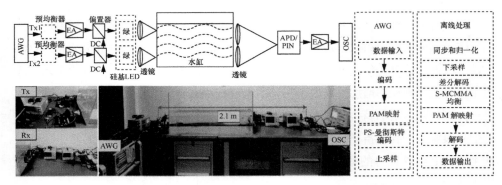

图 7-2　采用不同编码方式的 PAM 2×1 MISO UVLC 系统的实验装置和实验框图

在实验中，将两个 PAM4 数据输入到 AWG（型号：Tektronix AWG7122）的两个通道中以产生电信号。然后，通过预均衡电路分别补偿从 AWG 输出的两个 PAM 信号，以补偿信道的高频衰减，并通过 EA（25 dB 增益）放大均衡后的信号。放大后的电信号和直流偏置电压通过 AD-DC 耦合器耦合到 RGBYC 硅基 LED 灯的绿色（521 nm）芯片（南昌大学研究），以驱动 LED 发光产生光信号。

经过 2.1 m 的水下和自由空间传输之后，两个光信号叠加生成 PAM7 信号，并会聚到接收端。在接收端，PIN（型号：Hamamatsu 10784）用于检测接收到的光信号。为了使两个光信号更好地会聚到 PIN 检测器上，在接收机的前面放置了两个透镜以聚焦光，然后使用差分接收来减少系统中常见噪声的影响。接收到的光信号通过 PIN 转换为电信号，然后通过 EA 放大并通过 OSC（型号：Agilent DSO54855A）进行采样量化，以便离线处理采集的数据。

在离线处理中，依次执行信号同步、功率归一化、下采样和差分解码以获得标准化的 PAM7 信号。然后将 PAM7 信号通过基于标量改进的级联多模算法（Scalar-Modified CMMA，S-MCMMA）的自适应后均衡器，以消除符号间干扰。最后，根据编码映射规则，对 PAM7 信号进行解调以获得原始比特序列，并计算系统 BER。

在实验中，LED 的直流驱动电压为 2.74 V，电流为 150 mA。因此，两个 LED 在发射端的工作功率为 2.74×150 =411 mW。然后比较在相同比特率情况下等概率预编码方法和非等概率预编码方法的性能。测得的 BER 曲线如图 7-3 所示。可以容易地发现，与等概率编码方案（如图中 PAM3+PAM3 标注所示）相比，传统的不等概率预编码方法（如图中 PAM4+PAM4 标注所示）具有较高的误码率。由于采用了 4 倍上采样和 PS-曼彻斯特编码,当 AWG 中的发送速率为 2.8 GSa/s 时,有用带宽为 350 MHz。实际比特率由 350×3×(7/8)= 918.75 Mbit/s 计算得出,这是我们提出的等概率编码方法的最大实验传输速率。对于传统的 PAM4 MISO 系统,STBC 将占用一半的带宽资源。当 AWG 中的发送速率仍为 2.8 GSa/s 时,可用带宽为 2 800÷4(上采样)÷2(PS-曼彻斯特编码)÷2(STBC)= 175 MHz。然后可以通过 175×2 = 350 Mbit/s 计算比特率。从图中可以看到,通过等概率编码,比特率从 600 Mbit/s 提高到了 918.75 Mbit/s(提高了近 320 Mbit/s)。也就是说,与传统方案相比,等概率的预编码可实现总体约 53% 的容量提高。插图 a、b、c、d 是接收机中不同工作点的星座图。图 7-3 中的插图 c、d 显示,由于难以区分接收到的 PAM7 符号中的每个电平,因此 BER 增加。显然,单通道的性能优于两个通道性能的叠加,直观地展示了等概率编码方法的优点。

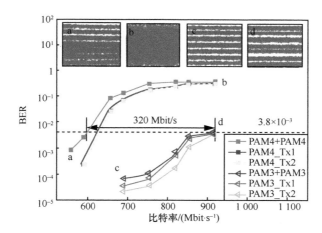

图 7-3　在 PAM 2×1 MISO UVLC 系统中测得的 BER 性能与不同编码方法的带宽的关系曲线

7.1.2　利用 DBSCAN 的机器学习算法增强 PAM7 MISO UVLC 系统性能

基于前面的研究,我们发现即使在之前的实验中采用的两个 LED 处于相同的工作点,它们的工作状态也存在差异,从而在两个发射端之间产生不匹配。两个 LED 之间的不匹配会破坏 PAM7 MISO 系统中的叠加信号,导致对接收符号的判决错误并损害性能。因此,需要研究两个发射机之间的不匹配问题。近来,一些 VLC 系统已经采用机器学习来提高系统性能。具有噪声的基于密度的聚类(Density-Based Spatial Clustering of Applications with Noise,DBSCAN)算法是机器学习中最典型的

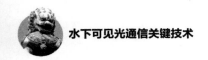

基于密度的聚类算法之一，它可以根据密度找到群集实际的中心点。

这里将研究 DBSCAN 算法在 PAM7 MISO UVLC 系统中的应用[2]。首先，对两个发射端之间的功率不匹配问题进行详细分析。同时，使用 DBSCAN 算法在接收端处理信号，可以解决由于两个 LED 不匹配而导致的错误判决（误判）问题。为了降低使用 DBSCAN 算法的复杂性，可以将一部分数据用作训练序列，以获得每个级别的实际中心。然后计算剩余数据的新判决级别。最后，在硬判决前向纠错（Hard-Decision FEC，HD-FEC）阈值为 3.8×10^{-3} 的情况下，在 1.2 m 的 PAM7 MISO UVLC 系统中传输速率达到了 1.22 Gbit/s。

首先，由两个特殊的 PAM3 信号直接叠加生成的 PAM7 信号可采用前面提出的等概率预编码方法表示为

$$\mathrm{Rx(PAM7)} = a\mathrm{Tx1(PAM3)} + (1-a)\mathrm{Tx2(PAM3)} \qquad (7\text{-}8)$$

$$\mathrm{Tx1} = \{-3,1,3\}, \mathrm{Tx2} = \{-3,-1,3\} \qquad (7\text{-}9)$$

其中，a 是两个发射端的不匹配程度。当 $a=0.5$，PAM7 信号是标准的等概率信号。

表 7-1 显示了接收端 PAM7 信号的原始电平、概率、新电平和每个电平的偏差。在理想情况下，PAM7 信号中 7 个电平的概率等于 1/7。但是，实际系统中存在不匹配问题。根据式（7-8）计算，可以得到 PAM7 符号中每个电平的新表达式。新电平分别为 $+6$、$-4a+6$、$8a-2$、$-12a+6$、$8a-6$、$-4a-2$、-6。在 PAM 的传统数字信号处理中，如果一个电平偏离标准电平超过 0.5 幅度，它将被误判为另一电平并产生错误符号。

表 7-1　接收端 PAM7 信号的原始电平、概率、新电平和每个电平的偏差

编号	原始电平	概率	新电平	偏差
1	+6	1/7	+6	0
2	+4	1/7	$-4a+6$	$\lvert-4a+2\rvert$
3	+2	1/7	$8a-2$	$\lvert8a-4\rvert$
4	0	1/7	$-12a+6$	$\lvert-12a+6\rvert$
5	-2	1/7	$8a-6$	$\lvert8a-4\rvert$
6	-4	1/7	$-4a-2$	$\lvert-4a+2\rvert$
7	-6	1/7	-6	0

图 7-4 是采用 DBSCAN 算法的 PAM7 MISO 系统的原理示意。在发射端，PAM3 信号的概率不相等。在场景 1（理想情况）中，叠加两个 PAM3 信号之后，可以生成等概率的 PAM7 信号，PAM7 信号的各电平间距相等。因此，采用传统的硬判决

很容易区分每个电平。但是，在场景 2（实际情况）中，两个发射端之间总是存在功率不匹配的情况，从而使得叠加生成的 PAM7 信号的间距可能不相等。而且当两个电平彼此靠近，无法使用传统硬判决来准确区分。重要的是，符号密度是不同的。通过使用 DBSCAN 算法，可以将具有不同密度的信号归到不同的类中。为了降低复杂性，我们使用一定百分比的数据作为训练序列，以应用 DBSCAN 算法查找每个群集的实际中心。然后按顺序计算每个级别和新判决级别的平均值。最后，使用新的判决曲线来重新判决非收到的 PAM7 信号。

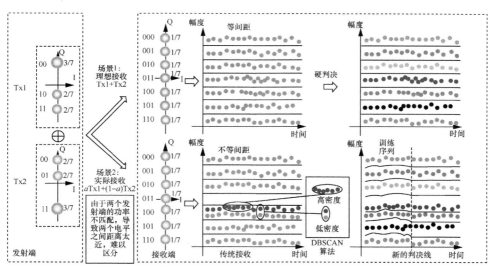

图 7-4　采用 DBSCAN 算法的 PAM7 MISO 系统的原理示意

图 7-5 展示了每个电平的偏差随着 a 值的变化情况，从图中可以发现，代表 PAM7 信号中 +6 和 −6 电平的 d7、d1 一直都不会被误判。原因是数据处理中采用了归一化，两个电平始终确定为 +6 和 −6。当 a 的值大于 0.5 时，d2、d3、d4、d5、d6 的偏差水平会随着 a 值的增加而增加。相反地，当 a 值小于 0.5 时，d2、d3、d4、d5、d6 的偏差水平会随着 a 值减小而减小。如前所述，当偏差大于 0.5 幅度时，信号将被误判。因此在图 7-5 中添加了一条虚线。这样，a 就可以被划分成 5 个区域。

表 7-2 是具体的 a 值和相应范围内误判的电平。举例来说，区域（1）中的 a 值为 [0.46,0.54]。当 a 值在这个范围（理想情况）时，没有电平会被误判。然而当 a 值为 [0.44,0.46] 或者 [0.54,0.56] 时，代表 PAM7 符号最中间的电平 d4（也即 0 电平）

会因为发射端不匹配而被误判。更严重的是，当不匹配程度继续增加，a 值为 [0.38,0.44]或者[0.56,0.62]时，误判的电平数会增加到 3，d3、d4、d5 电平都会被误判。在这种情况下，由于太多的电平堆叠在一起，很难提高系统 BER 性能。所以，这里仅考虑当 a 值为[0.44,0.54]时，如何纠正误判的电平。

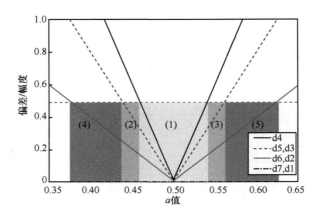

图 7-5　每个电平的偏差随着 a 值的变化

表 7-2　不同 a 值和相应范围内误判的电平

区域	a 值	误判的电平
（1）	[0.46, 0.54]	—
（2）	[0.44, 0.46]	d4
（3）	[0.54, 0.56]	d4
（4）	[0.38, 0.44]	d3、d4、d5
（5）	[0.56, 0.62]	d3、d4、d5

DBSCAN 算法被用来处理接收到的数据。图 7-6 显示了在 PAM7 MISO UVLC 系统中使用的 DBSCAN 算法的流程。首先，定义和初始化参数。DBSCAN 算法中有两个重要参数：MinPts 表示给定区域中的最小点数；ε 表示给定点的最小邻域半径。然后计算

$$N_\varepsilon(x) = \{y \in X : d(y,x) \leqslant \varepsilon\} \tag{7-10}$$

其中，$X=\{x(1), x(2), \cdots, x(N)\}$ 是数据集。$d(y,x)$ 是 y 和 x 之间的距离（这里采用的是欧氏距离）。$N_\varepsilon(x)$ 是半径小于 ε 的区域。接着，每个点都会依次被标记，直到没有被标记的数据点 $X_{\text{unmarked}}=\varnothing$。

$$\rho(x) = \left| N_\varepsilon(x) \right| \tag{7-11}$$

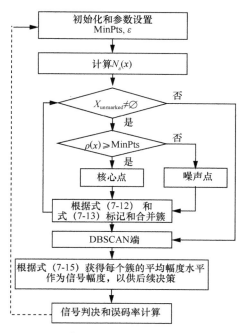

图 7-6　PAM7 MISO UVLC 系统中使用的 DBSCAN 算法流程

其中，$\rho(x)$ 是 ε 邻域的密度，如果 ε 邻域内有更多的点，则密度更大。对于每个点来说，需要根据式（7-12）判断它是核心点还是噪声点。

$$x \in \begin{cases} X_{\mathrm{Core}}, \rho(x) \geqslant \mathrm{MinPts} \\ X_{\mathrm{Noise}}, \rho(x) < \mathrm{MinPts} \end{cases} \qquad （7\text{-}12）$$

其中，X_{Core} 是所有核心点的集合，它对应密集区域内的一个点；而 X_{Noise} 是 X 中所有噪声点的集合，它对应稀疏区域中的一个点。噪声点是数据集中的干扰数据，它不属于任何簇。DBSCAN 算法的目标是将数据集 X 分为 K 个簇和噪声点集。我们需要根据式（7-12）和式（7-13）标记和合并簇。标签数组 m_i 可以通过式（7-13）生成。

$$m_i \in \begin{cases} k(k>0), x(i) \in \mathrm{cluster}_k \\ -1, \qquad x(i) \in X_{\mathrm{Noise}} \end{cases} \qquad （7\text{-}13）$$

$$\mathrm{cluster}_k = N_\varepsilon(x_i) \bigcup N_\varepsilon(x_j), x_{i,j} \in X_{\mathrm{Core}} \qquad （7\text{-}14）$$

其中，x_i 和 x_j 是相邻的核心点。一个新的簇类 $\mathrm{cluster}_k$ 将被相邻的核心点及其附属节点合并。接下来，重要的是根据式（7-15）获得每个簇的平均幅度水平，作为信号幅度，以用于之后的判决。

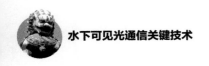

$$Y_{\text{out}\_i} = \frac{1}{n}\overline{\sum_{i=1}^{n} x_i}, \quad x_i \in \text{cluster}_k \qquad (7\text{-}15)$$

其中，Y_{out_i} 是使用 DBSCAN 算法后的输出数据，它是同一簇中每个点的平均值。n 是 cluster$_k$ 内的点数。最后，更新判决电平，进行信号判决并计算已处理数据的 BER。

图 7-7 是 a 值在不同区域时，接收端采用或不采用 DBSCAN 算法的 PAM7 信号星座图。正如之前讨论的那样，区域（1）中的图 7-7（a）和（d）将具有零误差，因为不会出现任何电平误判。图 7-7（b）和（e）在区域（2）中，可以容易地发现，电平 0 和 –2 紧密堆叠，很难区分。采用 DBSCAN 算法后，误判的点数减少了，从而提高了系统 BER 性能。图 7-7（c）和（f）在区域（3）中，级别 0 和–2 太近以致无法正确区分。从图中可以看到，接收端的电平判决问题也可以通过使用 DBSCAN 算法得到提升和改进。

根据以上的分析，我们发现 DBSCAN 算法可以抵消两个发射端的不匹配产生的影响。为了知道在先前的实验中采用 DBSCAN 算法的效果如何，我们用前面的实验数据加上 DBSCAN 算法做处理。图 7-8 显示了采用或不采用 DBSCAN 算法时 PAM7 MISO 系统 BER 性能与 a 值的关系。a 值是根据前面实验中每个发射机的 Vpp 计算得出的。从图中可以发现，当 a 值太大或太小时，系统 BER 性能都会下降，这意味着发射端高度不匹配。重要的是，通过使用 DBSCAN 算法，可以扩大 FEC 阈值以下的区域，误判的点也会相应地减少。

为了知道不同 a 值时系统 BER 性能随着信道带宽增加的变化情况，进行了相关测试，结果如图 7-9 所示。首先，随着带宽的增加，系统 BER 性能变差。在所有情况下，DBSCAN 算法都可以增加 FEC 阈值门限下的最大带宽。当 a 为 0.5 时，采用 DBSCAN 算法的最大带宽为 466.5 MHz。实际比特率可以通过 $466.5 \times 3 \times (7/8) \approx 1224.6$ Mbit/s ≈ 1.22 Gbit/s 进行计算。值得一提的是，a=0.46 时与 a=0.54 时的效果（两种情况是对称的）不同。因为我们将高斯白噪声添加到较小的 PAM3 信号中，以模拟 2×1 MISO 系统的实际情况。在实际的 2×1 MISO 系统中，幅度较小的发射机对噪声更敏感。

最后，采用 DBSCAN 算法的 PAM7 MISO 系统可轻松实现 1.2 m UVLC 传输的 1.22 Gbit/s 传输速率。当两个发射端不匹配时，DBSCAN 算法可以提高系统性能，这表明，DBSCAN 算法是未来 UVLC 系统中潜在的后均衡技术。

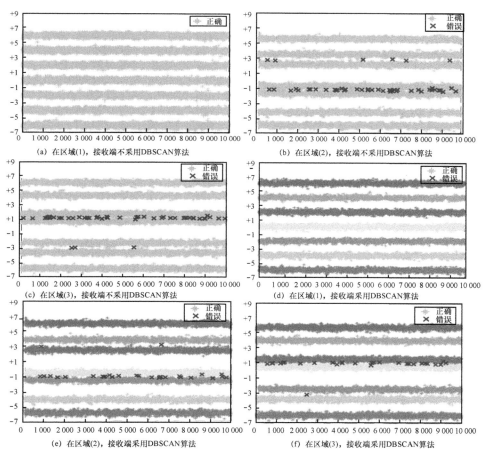

图 7-7　a 值在不同区域时，接收端采用/不采用 DBSCAN 算法的 PAM7 信号星座图

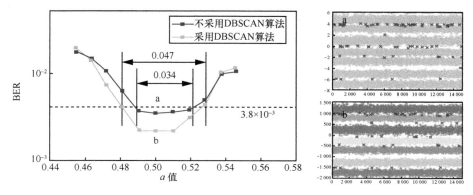

图 7-8　采用/不采用 DBSCAN 算法时，PAM7 MISO 系统 BER 性能与 a 值的关系

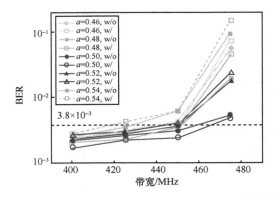

图 7-9　采用（w/）/不采用（w/o）DBSCAN 算法时，系统 BER 性能随带宽的变化

| 7.2　单输入多输出系统 |

如前文所述，采用多发或多收技术都能获得更好的系统传输性能。但在 SIMO 系统中，如何更好地处理接收端接收到的光信号是值得迫切研究的问题。本节将从该问题出发，重点介绍在水下开展单发多收技术的系统实验情况。

7.2.1　采用等增益合并技术集成 PIN 阵列的水下可见光通信系统

这里提出了一种利用正交调幅–离散多音频（QAM-DMT）和集成 2×2 PIN 阵列接收的 UVLC 系统[3]，以实现均等增益合并（Equal Gain Combination，EGC）接收。

DMT 技术使用子载波正交性实现频域分离、调制和解调。为了实现并行通信，这里将 LED 的可用频域分配为 256 个子载波信道，在 DMT 调制前首先进行串并变换，将高速的串行发射信号低速并行化。此外，将低频子载波空出置零。每个时域 DMT 符号可以写作

$$s(t) = \sum_{i=0}^{N-1} A_i \cos\left(2\pi \frac{i}{T} + \theta_i\right), 0 \leqslant t \leqslant T \tag{7-16}$$

因此，DMT 调制信号的采样序列可以表示为

$$s(k) = s\left(\frac{kT}{2N}\right) = \sum_{i=0}^{2N-1} A_i \cos\left(\pi k \frac{i}{N} + \theta_i\right) = \sum_{i=0}^{2N-1} B_i \cos\left(\pi k \frac{i}{N}\right) + C_i \sin\left(\pi k \frac{i}{N}\right), 0 \leqslant t \leqslant T \tag{7-17}$$

其中，$A_i\cos(\pi k\dfrac{i}{N}+\theta_i)$ 为第 i 个子载波调制的 QAM 符号。QAM 符号被调制在正频率虚拟载波上，与此对应的是 QAM 符号的复共轭调制在对应的负频率虚拟载波上。为了合并这对虚拟载波，有必要扩展 QAM 符号来满足厄米（Hermitian）对称特性，即

$$Q_i' = Q_i, i = 0,\cdots,N-1 \tag{7-18}$$

$$Q_i' = \mathrm{conj}(Q_{2N-i}), i = N,\cdots,2N-1 \tag{7-19}$$

对 Q_i' 做 $2N$ 点 FFT 可以发现

$$s(k) = \frac{1}{2N}\sum_{i=0}^{2N-1}Q_i'\mathrm{e}^{\frac{\mathrm{j}2\pi ki}{2N}} = \frac{1}{2N}\sum_{i=0}^{2N-1}N\left[(A_i-\mathrm{j}B_i)\mathrm{e}^{\frac{\mathrm{j}2\pi ki}{N}}+(A_i+\mathrm{j}B_i)\mathrm{e}^{\frac{\mathrm{j}2\pi k(2N-i)}{N}}\right]=$$

$$\frac{1}{2N}\sum_{i=0}^{2N-1}N\left[(A_i-\mathrm{j}B_i)\left(\cos\left(\frac{\pi ki}{N}\right)+\mathrm{j}\sin\left(\frac{\pi ki}{N}\right)\right)+(A_i+\mathrm{j}B_i)\left(\cos\left(\frac{\pi ki}{N}\right)-\mathrm{j}\sin\left(\frac{\pi ki}{N}\right)\right)\right]=$$

$$\sum_{i=0}^{2N-1}A_i\cos\left(\frac{\pi ki}{N}\right)+B_i\sin\left(\frac{\pi ki}{N}\right) \tag{7-20}$$

可以看出在接收端解调时，DMT 序列可直接通过 $2N$ 点 FFT 完成。发射端序列在经过数模转换后即可通过 LED 发出。

发射机由一个透镜组和一个蓝色发射硅衬底发光二极管组成，其峰值波长为 458 nm。在水下 1.2 m 传输后，在接收端形成直径为 25 cm 的光斑，在距离光斑中心 11 cm 偏差的位置上，成功实现超过 1 Gbit/s 的数据速率。而使用两个接收机并行进行光接收时，则最高可达 1.8 Gbit/s 的数据速率。据我们所知，这两者都是迄今为止在大范围 UVLC 系统中最高的数据速率，这表明使用带有 QAM-DMT 调制和 EGC 接收的集成 PIN 阵列的可行性和优势。

MRC 是一种显著提高 VLC 链路性能的有效技术之一。作为接收分集系统中最常见的线性组合技术，这种方法将所有通道的增益设置为相同，EGC 相对容易实现。这里假设来自所有通道的信号上添加的噪声是独立的，则等增益接收的系统可通过下式表示。

$$Y_{\mathrm{EGC}} = \frac{1}{N}\sum_{i=1}^{N}y_i = \frac{1}{N}\sum_{i=1}^{N}(x_i+n) \tag{7-21}$$

其中，Y_{EGC} 为接收端 PIN 阵列经过合并后的信号，n 为高斯自噪声。分集合并技术使得系统 BER 性能得到显著改善。

对于 UVLC 希望每个探测器能够具有相同的灵敏度性能。大直径光斑下采用阵列接收技术的 UVLC 系统的架构如图 7-10 所示。

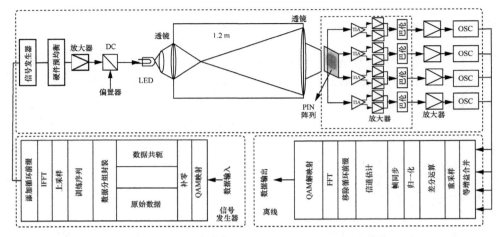

图 7-10　大直径光斑下采用阵列接收技术的 UVLC 系统架构

系统采用 QAM-DMT 调制方式。在发射端，二进制数据首先映射为 QAM 格式，并在信号的低频部分插零以克服低频信号频响较差的问题。这里使用 256 个子载波加载 QAM 符号，并使用 DMT 形成频域信号。发射信道的特性通过 DMT 信号和添加到数据中的训练序列获得。使用 4 倍上采样进行频谱压缩并扩展时域信号，以确保系统 BER 性能得到提高。在 IFFT 处理后，数据由频域转换到时域。然后，在信号中添加循环前缀以抵抗多径衰落。在接收端，采用 EGC 算法处理经过 OSC 的多路数据，并采用对应调制算法的解调算法获得二进制数据并计算 BER。为了提高系统性能，我们使用硬件预均衡来补偿高频衰落。在此使用单级 T 型桥 RLC 电路（T-Bridged RLC Circuit，TRLC）网络，并将谐振频率设置为 465 MHz，信号由电放大器放大，并通过偏置器与直流（DC）偏置组合，然后耦合至发射机。如图 7-11 所示，基于硅基的蓝色 LED 和透镜作为光发射端。LED 在 20 mA 时的开启电压为 2.5 V，正向电压为 3.2 V。封装后，LED 在 150 mA 时饱和，在 20 mA 时光输出功率为 2.8 mW。 LED 的中心波长 λ 为 458 nm，可以很好地适应水的透射窗口。在经过 1.2 m 的水下光传输后，2×2 PIN 阵列和后端放大电路如图 7-11（d）所示。接收 PIN（型号：Hamamatsu S10784）带宽为 300 MHz，在 650 nm 处灵敏度达 0.45 A/W。

(b) 蓝光 LED 和透镜作为光发射端

(a) 系统整体布局　　　　(c) 接收端 25 cm　　(d) 2×2 PIN 阵列
　　　　　　　　　　　　　直径的光斑　　　和后端放大电路

图 7-11　UVLC 系统实验设置

为了研究 LED 的 Vpp 及偏置电流与系统 BER 性能之间的关系，我们使用直射光在水下进行了研究。图 7-12 和图 7-13 给出了实验结果，其调制方式分别为 16-QAM 和 32-QAM。图 7-12（a）～（d）给出了单 PIN 工作的静态工作点，图 7-12（e）则给出了采用等增益合并算法的情况下，使用 2×2 PIN 阵列条件下的静态工作点。从图 7-13 可以看出，基于硅基的蓝光 LED 在使用 32-QAM 的最佳工作点是（2.0 V，40 mA）。此外，通过横向对比可以看出，采用单 PIN 接收机很难达到无误码传输，但是借助 EGC 接收则可以达到。

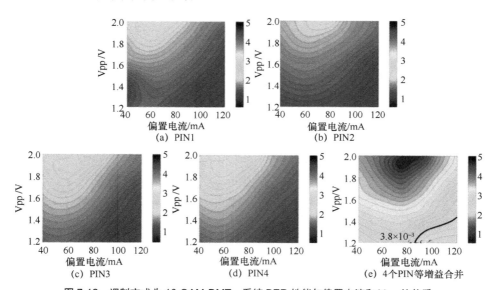

图 7-12　调制方式为 16-QAM-DMT，系统 BER 性能与偏置电流和 Vpp 的关系

此外，为了研究该 UVLC 系统的最高数据速率，我们研究了系统 BER 性能和系统通信数据速率的关系。水箱长度为 1.2 m，平行光束在水中传输。LED 端 Vpp

最大值设定为 2.0 V。图 7-14 给出了系统 BER 性能和通信数据速率分别在调制方式为 16-QAM 和 32-QAM 时的结果。其中图 7-14（a）所示为采用 16-QAM-DMT，LED 电流为 80 mA 的结果，图 7-14（b）所示为采用 32-QAM-DMT，LED 电流为 40 mA 的结果。从图中可以看出，等增益合并接收能有效提升系统 BER 性能，并显著提高在 7% FEC 阈值下的通信数据速率，使得最高通信数据速率达到 1.8 Gbit/s。

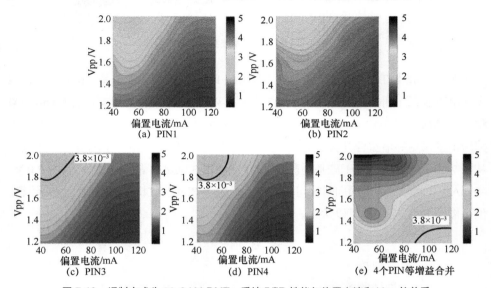

图 7-13　调制方式为 32-QAM-DMT，系统 BER 性能与偏置电流和 Vpp 的关系

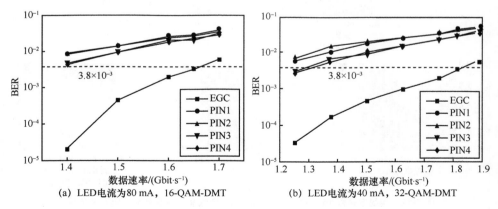

图 7-14　系统 BER 性能与通信数据速率的关系

在收发光路对齐问题上，我们提出的 UVLC 系统方案可以克服发射和接收不完

全对准情况下系统的通信性能显著降低的问题。使用透镜组调节接收端的光斑直径为 25 cm，LED Vpp 设置为 2.0 V。在给定的光斑尺寸下，定义光斑中心偏移量为 0。光接收机从 0 偏移量开始向外移动，每次 2 cm。为了观察系统在不同调制方式条件下的表现，我们测量了 16-QAM-DMT 和 32-QAM-DMT 调制方式下的系统性能，如图 7-15 和图 7-16 所示。从测试结果可看出，无论使用单 PIN 接收机还是 2×2 PIN 阵列的接收机，系统 BER 性能都随着偏移光斑中心的偏移量的增大而逐渐变差，但横向比较来看，2×2 PIN 阵列接收条件下的系统 BER 性能整体大幅优于单 PIN 接收。因此，UVLC 系统基于集成 PIN 阵列可提高系统 BER 性能，并实现大孔径通信。

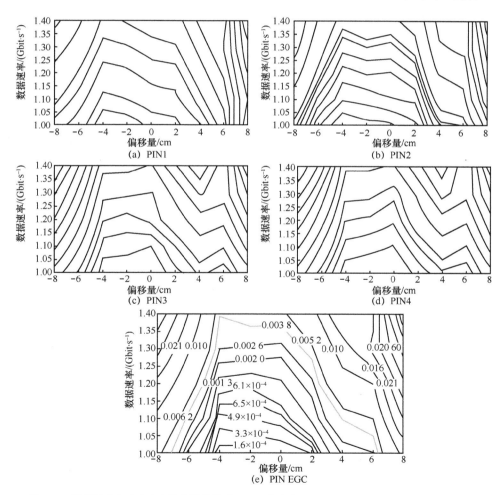

图 7-15　数据速率与光斑中心偏移量的关系（LED 电流为 80 mA，调制方式为 16-QAM-DMT）

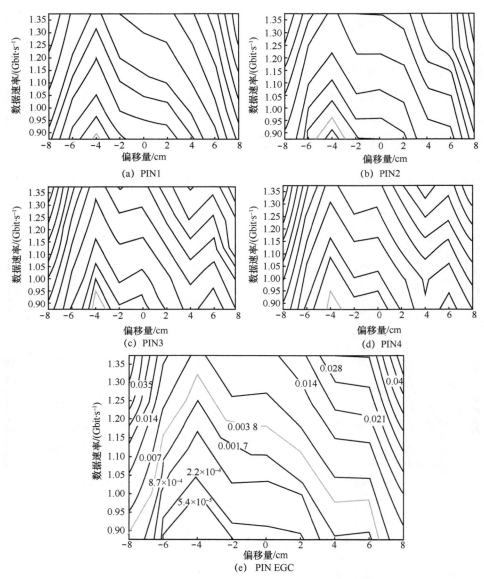

图 7-16　数据速率与光斑中心偏移量的关系（LED 电流为 40 mA，调制方式为 32-QAM-DMT）

7.2.2　基于接收最大比合并的多 PIN 高速水下可见光通信系统

本节提出一种利用 QAM-DMT 调制、多 PIN 接收、使用 MRC 的 UVLC 系统[4]。

发射端是一个 600 μm×600 μm 的绿色发射硅衬底 LED，其峰值发射波长为 521 nm。我们研究了 LED 的静态工作点、零填充数、符号内频域平均（Intra-Symbol Frequency-Domain Averaging，ISFA）算法抽头数量以及两个接收机对 VLC 系统的 BER 性能的影响。注意到两个接收机的功率比会显著影响系统的性能。此外，还测量了 32-QAM、64-QAM 和 128-QAM 调制方式的系统 BER 性能与信号带宽之间的关系，发现系统的最高数据速率可以达到 2.175 Gbit/s。据我们所知，它是目前使用商用 LED 和 PIN 接收机的纯水 VLC 系统中最高的数据速率。

在使用多 PIN 接收的情况下，采用分集技术，接收机利用 MRC 获得具有最大 SNR 的输出信号。假设每个信号能量为 E_s，第 n 个分支的幅度增益为 α_n，那么第 n 个分支接收的信号幅度为 $\alpha_n\sqrt{E_\mathrm{s}}$，每个符号的能量为 $\alpha_n^2 E_\mathrm{s}$。假设噪声功率密度为 N_0，第 n 个分支的 SNR 为 $\alpha_n^2 E_\mathrm{s}/N_0$。在 MRC 的计算过程中，每个接收分支的权重系数可表示为 $x_n, n=1,2,\cdots,N_r$，对应于第 n 个接收分支，其包含权重后的对应信号幅度为 $x_n\alpha_n\sqrt{E_\mathrm{s}}$，而第 n 路噪声功率对应信号幅值的平方（相应地放大了 x_n^2）。

将每个接收分支接收到的信号加在一起，可得合并后信号的信噪比为

$$\gamma(x_1,x_2,\cdots,x_{N_r})=\frac{\left(\sum\limits_{n=1}^{N_r}\alpha_n x_n\sqrt{E_\mathrm{s}}\right)^2}{\sum\limits_{n=1}^{N_r}x_n^2 N_0}=\frac{E_\mathrm{s}}{N_0}\frac{\left(\sum\limits_{n=1}^{N_r}\alpha_n x_n\right)^2}{\sum\limits_{n=1}^{N_r}x_n^2} \tag{7-22}$$

显然，接收端合并后信号的 SNR 是权重系数的函数。因此，该问题转换为对函数求极值的问题，极值点应当满足如下条件。

$$\frac{\partial\gamma(x_1,x_2,\cdots,x_{N_r})}{\partial x_i}=0, i=1,\cdots,N_r \tag{7-23}$$

因此有

$$\frac{E_\mathrm{s}}{N_0}\frac{2\alpha_i\sum\limits_{n=1}^{N_r}\alpha_n x_n}{\sum\limits_{n=1}^{N_r}x_n^2}-\frac{E_\mathrm{s}}{N_0}\frac{2x_i\left(\sum\limits_{n=1}^{N_r}\alpha_n x_n\right)^2}{\left(\sum\limits_{n=1}^{N_r}x_n^2\right)^2}=0, i=1,\cdots,N_r \tag{7-24}$$

简化式（7-24）可得

$$\alpha_i x_j \sum_{n=1}^{N_r} x_n^2 = \alpha_j x_i \sum_{n=1}^{N_r} x_n^2 \qquad (7\text{-}25)$$

经过推导，MRC 应满足

$$\frac{x_i}{x_j} = \frac{\alpha_i}{\alpha_j}, i, j = 1, \cdots, N_r, i \neq j \qquad (7\text{-}26)$$

基于以上结论，可以获得整合信号最大 SNR 应满足的条件。

对此，一些学者已经将激光作为发射机、硅 APD 作为接收机开展了水下通信实验。水槽使用反光镜以实现长距离传输，使用硅 APD 的光接收灵敏度可以支撑 4.8 Gbit/s 的通信数据速率经过 34.5 m。相比于 LD 的特性，LED 的通信带宽更窄。如今，一些通信样机使用 LED 作为发射机研究水下可见光通信性能，并使用带有电容滤波器的 SPAD 接收机和一个具有窄半功率角的 LED 作为发射机。在纯海水中，通信距离可以拓展到 500 m，但速率很低。这里使用 LED 作为发射机以及没有镜头的硅光电倍增管（SiPM）作为接收机。仿真结果表明该方案可以实现低数据比率的长距离传输。因此，我们提出使用单芯片绿色 LED 作为发射机、硅 PIN 作为接收机来进行水下可见光通信。这里使用 LED 作为发射机的高速水下数据传输，使用双接收机用于提升系统的 SNR，两个接收机 SNR 比为 0.5。

我们提出的一发两收 UVLC 系统架构如图 7-17 所示。对于高速通信，二进制数据首先被映射为 QAM 格式，然后将零插入信号。在此实验中，我们使用 256 个子载波加载 QAM 符号。然后，对待发射数据进行共轭操作，并且将原始数据与共轭数据合并以形成频域中的数据，此过程旨在生成 DMT 信号，并且在合并数据后应添加用于估计传输信道特性的训练序列。上采样用于抑制频谱并在时域内扩宽信号，从而使系统的 BER 性能变得更好，这里使用 4 倍上采样。IFFT 用于将数据从频域转换到时域。经过 IFFT 处理后，该信号为实值信号。为了抵抗多径衰落，应该在信号上添加 CP，并且在 VLC 通道中传输该信号。将数据文件加载到 AWG，可以更改采样率以控制信号的带宽。硬件预均衡用于补偿衰落信道，该衰落信道在高频部分的频率响应非常差。这里的均衡器是 TRLC 网络，该电路的谐振频率设置为 465 MHz。功率放大器用于增强信号的驱动能力，从而可以实现更大的调制深度。光信号通过 1.2 m 长的水箱传输。在此实验中，我们使用纯净水填充水箱。

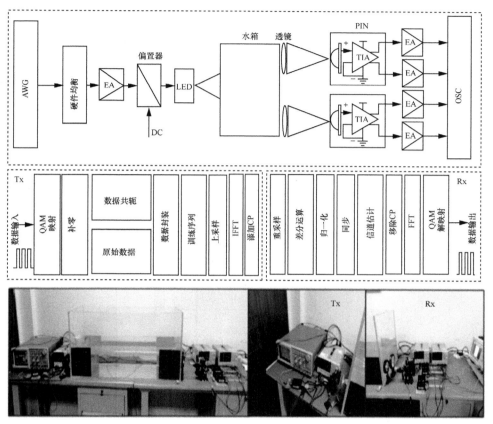

图 7-17　一发两收的 UVLC 系统架构

首先，通过偏置电流和 Vpp 的变化来测量系统 BER 性能，结果如图 7-18 所示，选择调制方式为 64-QAM。图 7-18（a）展示了接收机 1 的静态工作点，图 7-18（b）展示了接收机 2 的静态工作点，图 7-18（c）展示了接收机 1 和接收机 2 使用 MRC 后的静态工作点。值得说明的是，接收机 1 和接收机 2 的比率为 1:2。之所以选择该比率，是因为我们测量了接收机 1 和接收机 2 的 SNR，并且发现这两个 SNR 的比率为 1:2。从图 7-18 可以看出，有一个较大的区域可供选择 LED 的静态点，这意味着 LED 的动态范围很宽，这样就可以找到一个良好的静态工作点以获得最佳的 BER 性能。我们发现绿光 LED 的最佳工作点是（0.5 V，170 mA）。此外，还可以看到，在此数据速率下，无法使用单个接收机来实现无差错传输，但是借助 MRC 接收可以实现无差错传输。

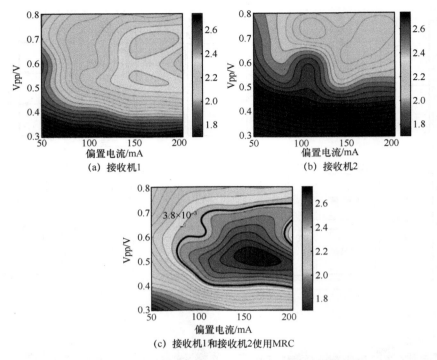

图 7-18　系统 BER 性能与偏置电流和峰峰值电压之间的关系

　　为了找出 UVLC 频道的最大容量，我们研究了系统的 BER 性能与带宽的关系。在本实验中，发射机和接收机之间的传输距离为 1.2 m，调制方式为 64-QAM-DMT。图 7-19 展示出了实验结果，其中图 7-19（a）显示了 BER 性能与带宽之间的关系，从该图知道 MRC 可以显著提高 BER 性能，并使得 7%FEC 阈值下获得更高的数据速率。本系统的最高数据速率可以达到 2.175 Gbit/s。图 7-19（b）～（d）展示了在最高但有效数据速率下的星座图。其中图 7-19（b）显示了接收机 1 的接收信号星座图，图 7-19（c）显示了接收机 2 的接收信号星座图，图 7-19（d）显示了接收机 1 和接收机 2 采用 MRC 后的接收信号星座图。接收机 1 与接收机 2 的比率为 1:2。显然，图 7-19（d）中的星座比图 7-19（b）和（c）中的星座更清晰。从图中可以发现，MRC 确实改善了系统 BER 性能，数据速率可以达到 2.175 Gbit/s。

　　为了研究系统如何在不同的调制方式下工作，我们测量了系统 BER 性能与 32-QAM 和 128-QAM 调制方式下的带宽之间的关系，结果如图 7-20 所示。

图 7-20（a）展示了使用 32-QAM 调制方式 BER 性能与带宽的关系。从图 7-20（a）可以看出，随着带宽的增加，BER 性能变差，最高数据速率约为 2.05 Gbit/s。图 7-20（b）和（c）分别展示了带宽为 362 MHz 和 425 MHz 的接收信号的星座图。图 7-20（d）展示了使用 128-QAM 调制方式的 BER 性能与带宽的关系。不难发现，最高数据速率为 1.82 Gbit/s。图 7-20（e）和（f）分别展示了使用 128-QAM 调制方式，带宽为 362 MHz 和 250 MHz 的接收信号星座图。

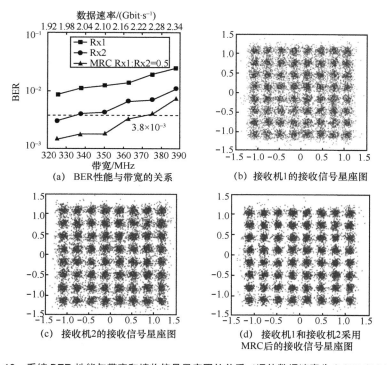

图 7-19　系统 BER 性能与带宽和接收信号星座图的关系（通信数据速率为 2.175 Gbit/s）

图 7-21（a）显示了使用 32-QAM 调制方式的 BER 性能与接收机 1 与接收机 2 的比率的关系。为了观察系统在其他调制方式下的性能，我们在 64-QAM 和 128-QAM 上测量了系统的 BER 性能，其结果如图 7-21（b）和（c）所示。从图 7-21 可以看出，接收机 1 和接收机 2 的最佳比率始终为 1:2，而 MRC 确实改善了系统的 BER 性能。

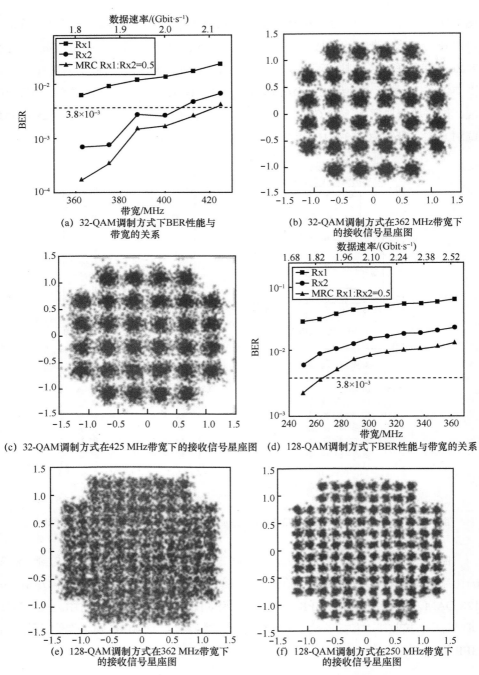

(a) 32-QAM调制方式下BER性能与带宽的关系

(b) 32-QAM调制方式在362 MHz带宽下的接收信号星座图

(c) 32-QAM调制方式在425 MHz带宽下的接收信号星座图

(d) 128-QAM调制方式下BER性能与带宽的关系

(e) 128-QAM调制方式在362 MHz带宽下的接收信号星座图

(f) 128-QAM调制方式在250 MHz带宽下的接收信号星座图

图7-20　BER性能和32-QAM、128-QAM调制方式下带宽的关系

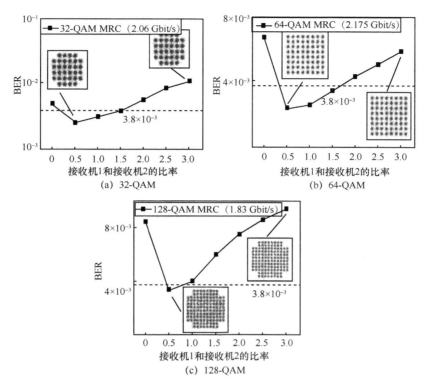

图 7-21　系统 BER 性能与接收机 1 和接收机 2 比率的关系

综上，我们研究了一个采用高阶 QAM-DMT 调制并基于 MRC 接收技术的 1.2 m UVLC 系统，该系统使用硅基绿色 LED 作为发射机和差分接收结构，以改善系统的 SNR。我们研究了静态工作点，以及两个接收机的比率对 VLC 系统的 BER 性能的影响。注意到两个接收机的比率会显著影响系统的性能，并且可以通过为其选择合适的值来达到更好的通信效果，系统最高数据速率可达 2.175 Gbit/s。据我们所知，这是目前使用商用 LED 和多 PIN 的纯水 VLC 系统的最高数据速率。

7.3　多输入多输出系统

正如前文所述，采用多发或多收技术均能提升系统的整体性能，本节从这个角度

深化，研究更为复杂的 UVLC 系统——MIMO 系统。

7.3.1 基于简化空时分组编码技术的可见光 MIMO 传输实验

我们提出了一种基于 Alamouti STBC 算法的两发两收的 VLC 系统[5]，其空时分组解码可通过式（7-27）完成。

$$\hat{c} = \arg\min \|\tilde{r} - \rho\hat{c}\|^2, \hat{c} \in \mathbf{C} \tag{7-27}$$

其中，$\hat{c}$ 是解码信号，$\tilde{r}$ 是接收数据，ρ 是信道响应系数。

对于 2×2 STBC 解码，最终数据是通过两个接收机接收信号的线性组合来实现的，这个过程可以表述为

$$\hat{c} = \arg\min \|(\tilde{r}_1 + \tilde{r}_2) - (\rho_1 + \rho_2)\hat{c}\|^2 \tag{7-28}$$

对式（7-28）求导可得，2×2 STBC 复杂度更高，需要两路接收机分别处理。然而，复杂度的增加却带来了线性组合的增益。

因此，我们提出了一种改进的 STBC 解码方案，以降低 STBC 算法的复杂度。使用 EGC 实现 2×1 STBC 的解码。根据上述分析，3 种不同的接收方案可以采用以下 3 种方式处理。

① 对于 2×1 STBC 方案，每个接收机能够计算自身 BER 性能。数据在经过 OFDM 解调后，通过式（7-27）处理。

② 对于 2×2 STBC 方案，两路接收机分别使用 OFDM 解调，并通过式（7-28）处理。

③ 对于 EGC-STBC 方案，两路信号通过 EGC 对合并后的信号进行解调，EGC 的原则是在信号同步的条件下，使用等权重系数来累加两路检测信号。合并后的信号通过 OFDM 解调和 2×1 STBC 解码获取最终结果。

使用 EGC-STBC 方案，两个接收机的数据在经过 OFDM 解调之前通过 EGC 处理。对 3 种方法进行横向比较可以看出，相比于 2×2 STBC 方案，2×1 的 STBC 方案更为简单。显然，通过 Matlab 仿真平均 CPU 计算时间可以看出（如图 7-22 所示），我们提出的 EGC-STBC 方案约为 2×2 STBC 方案计算时长的一半。

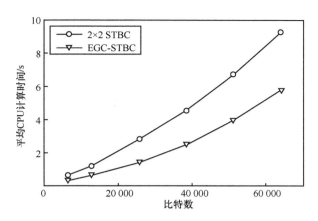

图 7-22　平均 CPU 运算时间与比特数的关系

为了展示我们提出的基于 EGC 的简化空时分组编码技术的优势，我们建立了一个可见光 MIMO 传输系统平台，图 7-23 所示为该系统平台的架构，发射端使用两个 LED 同时发射，接收端使用两个 PIN 进行接收。两个接收机间距离为 0.12 m。为了提高系统的信噪比，这里使用多个透镜，组成透镜组进行信号接收。

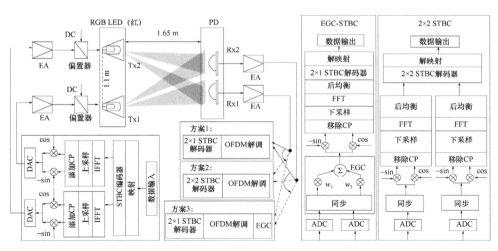

图 7-23　基于简化空时分组编码技术的可见光 MIMO 传输系统平台架构

在发射端 DSP 中，原始数据流首先映射成 16-QAM 信号，然后进入 STBC 编码器生成两个数据流，每个数据流分别进行 OFDM 调制和软件预均衡。生成的 STBC-OFDM 信号包含 128 个子载波，信号带宽为 200 MHz，因此每个 LED 的数据

量为 800 Mbit/s，传输距离为 1.65 m，总传输吞吐量为 1.6 Gbit/s。在这次实验中，我们使用的上采样倍数为 4，AWG 采样率为 800 MSa/s，示波器的采样率为 1 GSa/s。该可见光 MIMO 传输系统照片如图 7-24 所示。

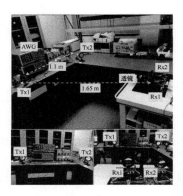

图 7-24　基于简化空时分组编码技术的可见光 MIMO 传输系统照片

在离线 DSP 过程中，对于使用 EGC-STBC 的情形来说，两个数据流会首先经过 EGC 合并，然后经过 OFDM 解调和 2×1 STBC 解码。对于 2×2 STBC 方案来说，收到的两个信号流会分别经过 OFDM 解调后进入 2×2 STBC 解码器。

在可见光 MIMO 系统中，我们首先测量了驱动信号振幅对 BER 性能的影响，如图 7-25 所示。我们设置两个 LED 的驱动信号振幅相同，然后根据图中的结果可以得到，最佳驱动信号振幅为 0.5 V。此外，还展示了不同方案下的星座图。可以看到两个接收机（Rx1 和 Rx2）的星座图性能略有差异，这是电路上的噪声误差导致的。

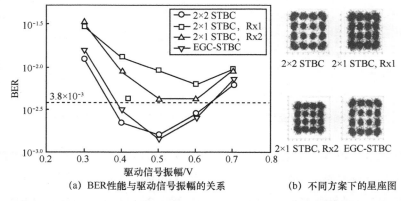

(a) BER性能与驱动信号振幅的关系　　(b) 不同方案下的星座图

图 7-25　BER 性能和驱动信号振幅的关系及不同方案下的星座图

图 7-26 展示了 BER 性能和 LED 偏置电压的关系。这里同样设置两个 LED 的偏置电压相同，以模仿实际家庭室内照明系统。从图中可得，最佳偏置电压为 2 V。当不断提高偏置电压时，接收亮度会增加，但接收机的 PIN 会进入饱和状态，从而导致性能变差。从上述 BER 性能图中，还可以看出 EGC-STBC 和 2×2 STBC 的 BER 性能远优于 2×1 STBC 的 BER 性能。此外，EGC-STBC 和 2×2 STBC 也有着相近的 BER 性能。

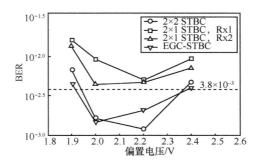

图 7-26　BER 性能和 LED 偏置电压的关系

图 7-27 展示了 BER 性能和带宽的关系。最终能够低于硬判决门限 3.8×10⁻³ 的调制带宽为 225 MHz，这就意味着吞吐量能够达到 1.8 Gbit/s。而从整个实验验证中，可以得到这样的结论：我们提出的基于 EGC 的简化空时分组编码技术与传统的 2×2 空时分组编码技术有几乎一样的性能，但计算复杂度可降低约一半。

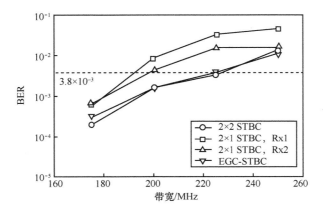

图 7-27　BER 性能和带宽的关系

最终我们成功实现了基于简化空时分组编码技术的可见光 MIMO 传输系统,提出的简化算法能够在低复杂度的前提下带来 MIMO 系统 BER 性能的提升。在实验中,我们成功实现了最大吞吐量 1.8 Gbit/s,传输距离为 1.65 m。该技术可与 5G 大规模使用的 MIMO 技术接轨,为未来可见光通信在室内的实际应用提出了一种新的可能。

7.3.2 基于双边带独立信号非线性串扰消除算法的光纤大容量传输实验

首先,基于双驱动推挽式马赫−曾德尔调制器(Dual-Drive Mach-Zehnder Modulator,DD-MZM)生成单边带(Single Side Band,SSB)信号,DD-MZM 的输出可以简化为 $I+jQ$ 的形式。设定电信号 I 为实数信号 x,信号 Q 作为其希尔伯特变换对 $\hat{x}$。$x+j\hat{x}$ 即可作为解析信号 x 的输出,并且其为一个右边带 SSB 信号[6]。右边带 SSB 信号可以表示为

$$E_{\text{out}} = E_{\text{in}}(x+j\hat{x}) \tag{7-29}$$

相应地,左边带 SSB 信号可以表示为

$$E_{\text{out}} = E_{\text{in}}(y-j\hat{y}) \tag{7-30}$$

因此,双边带信号可以表示为

$$E_{\text{out}} = E_{\text{in}}(x_r+j\hat{x}_r) + E_{\text{in}}(x_l-j\hat{x}_l) = E_{\text{in}}[(x_r+x_l)+j(\hat{x}_r-\hat{x}_l)] \tag{7-31}$$

两个独立的 DFT-S OFDM 信号 x_l 和 x_r 合并驱动上臂 DD-MZM,而两者相减后的希尔伯特变换则用于驱动 DD-MZM 下臂。两路并行相位调制器的偏置电压差是 $V_\pi/2$。

然而,对 DD-MZM 进行简化时忽略了非线性和干扰的影响,这种情况下输出可以表示为

$$
\begin{aligned}
E_{\text{out}} &= \frac{\sqrt{2}}{2}E_{\text{in}}\left\{-je^{j\left[\frac{\pi}{V_\pi}I(t)\right]}+e^{j\left[\frac{\pi}{V_\pi}Q(t)\right]}\right\} \approx \\
&\frac{\sqrt{2}}{2}E_{\text{in}}\left\{-j\left[1+j\frac{\pi}{V_\pi}I(t)\right]+\left[1+j\frac{\pi}{V_\pi}Q(t)\right]\right\} = \\
&\frac{\sqrt{2}}{2}E_{\text{in}}\left\{\frac{\pi}{V_\pi}[I(t)+jQ(t)]+1-j\right\}
\end{aligned}
\tag{7-32}
$$

式（7-32）表示 DD-MZM 输出信号的频域信息。式（7-32）的简化过程用到了 e^x 的泰勒展开。考虑到高阶项，输出可以表示为

$$
\begin{aligned}
E_{\text{out}} = \frac{\sqrt{2}}{2} E_{\text{in}} \Bigg\{ &-j\left[1+j\frac{\pi}{V_\pi}I(t)\right] + \left[1+j\frac{\pi}{V_\pi}Q(t)\right] - \\
&j\frac{\left[1+j\dfrac{\pi}{V_\pi}I(t)\right]^2}{2!} + \frac{\left[1+j\dfrac{\pi}{V_\pi}Q(t)\right]^2}{2!} - j\frac{\left[1+j\dfrac{\pi}{V_\pi}I(t)\right]^3}{3!} + \cdots \Bigg\} = \\
&\frac{\sqrt{2}}{2} E_{\text{in}} \Bigg\{ \frac{\pi}{V_\pi}\left[I(t)+jQ(t)\right] + \frac{\pi^2}{2V_\pi^{\,2}}\left[jI(t)^2 - Q(t)^2\right] + \\
&\frac{\pi^3}{6V_\pi^{\,3}}\left[I(t)^3 - jQ(t)^3\right] + \cdots + 1 - j \Bigg\}
\end{aligned}
\tag{7-33}
$$

其中，$[I(t)+jQ(t)]$ 作为一阶项，$[jI(t)^2-Q(t)^2]$ 作为二阶项，$[I(t)^3-jQ(t)^3]$ 作为三阶项，如果设置电信号 I 作为 x 的实部，信号 Q 作为其希尔伯特对 $\hat{x}$，式（7-33）即可生成右边带 SSB 信号，可以表示为

$$
I(t) = x(t)
\tag{7-34}
$$

$$
Q(t) = x(t)h(t)
\tag{7-35}
$$

$$
H(w) = \begin{cases} -j, & w > 0 \\ j, & w < 0 \end{cases}
\tag{7-36}
$$

$$
fI(t) + jQ(t) = X(jw) + jH(jw)X(jw) = \begin{cases} 2X(jw), & w > 0 \\ 0, & w < 0 \end{cases}
\tag{7-37}
$$

$$
f\{jI(t)^2 - Q(t)^2\} = jX(jw)X(jw) - [H(jw)X(jw)][H(jw)X(jw)] =
$$

$$
\begin{cases}
(j-1)\displaystyle\sum_{n=-\infty}^{\infty} X(jn)X[j(w-n)] + 2\displaystyle\sum_{n=0}^{w} X(jn)X[j(w-n)], & w > 0 \\[2mm]
(j-1)\displaystyle\sum_{n=-\infty}^{\infty} X(jn)X[j(-n)], & w = 0 \\[2mm]
(j-1)\displaystyle\sum_{n=-\infty}^{\infty} X(jn)X[j(w-n)] + 2\displaystyle\sum_{n=w}^{0} X(jn)X[j(w-n)], & w < 0
\end{cases}
\tag{7-38}
$$

其中，H 是希尔伯特变换的频率响应，f 是傅里叶变换。其中，式（7-37）展示了一阶频率响应，这也是能够获得 SSB 信号的原因。扩展二阶信号如式（7-38）所示，其中直流成分和非线性噪声在频域及式（7-38）中均得到了体现。为了更好地表明这种关系，一阶、二阶、三阶、合并一阶和三阶以及双边带信号频谱如图 7-28 所示。

在不考虑接收机非线性（如光探测器和电放大器）的情况下，五阶以及更高阶项对系统性能的影响可以忽略。

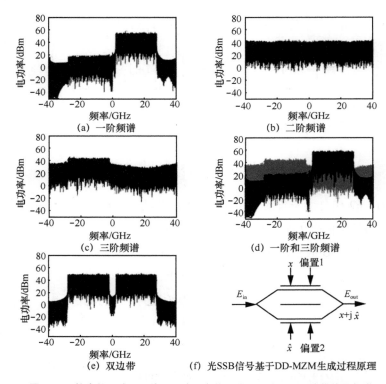

图 7-28　仿真的一阶、二阶、三阶、合并一阶和三阶以及双边带信号频谱

　　为了验证 MIMO-Volterra 算法能够减少双边带独立信号引入的非线性串扰，我们建立了一个光纤大容量传输系统平台，如图 7-29 所示。通过一个 80 Gsa/s 的 DAC 来生成驱动信号，它的带宽为 20 GHz。在驱动 DD-MZM 的上下臂前，信号会先经过一个 EA 和 6 dB 的电衰减来控制信号的振幅，从而满足调制器的线性区。发出的连续波激光器波长为 1 549.76 nm，然后进入 DD-MZM 调制器中，该调制器光带宽为 25 GHz，驱动电压为 1.8 V。在 40 km SSMF 传输前后，使用 EDFA 放大光信号，并使用光耦合器和光滤波器区分左右边带光信号，然后两个光信号分别进入两个 50 GHz 带宽的 PD。最终，探测信号由一个 80 Gsa/s 采样率、36 GHz 带宽的 OSC 进行采样。

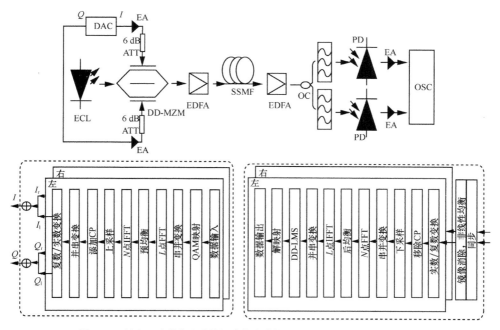

图 7-29　基于双边带信号非线性串扰消除算法的光纤大容量传输系统平台

在发射端 DSP 中，比特数据首先映射成 16-QAM 或者 32-QAM 信号。然后使用 2 048 点 FFT 来生成 DFT-S。紧接着使用 IFFT 生成具有 2 048 个子载波的 OFDM 信号。由于色散时延存在，因此需要添加 CP 来抑制符号内串扰。在并串变换后，我们使用副载波调制方式生成实数 DFT-S OFDM 信号，即将信号从基带搬到中频。在实验中，OFDM 信号的带宽为 24～30 GHz，我们会根据实验需要改变上采样倍数而改变带宽。

在离线接收 DSP 中，左右边带两个信号在同步后首先经过 MIMO-Volterra 均衡器，然后再分别经过 OFDM 解调和 DFT-S 解调，最终 BER 会在解映射后计算。

图 7-30 展示了双边带独立信号、左边带单边带信号和右边带单边带信号的光谱。这些信号的生成都是根据独立单边带生成技术实现的。从图中可明显看出左、右边带单边带信号（左右边带信号）会分别引入串扰。这也意味着，如果我们不能解决这一问题，系统性能将会受到很严重的影响。

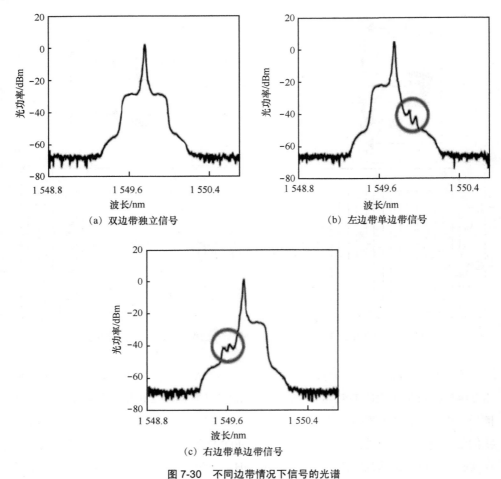

（a）双边带独立信号

（b）左边带单边带信号

（c）右边带单边带信号

图 7-30　不同边带情况下信号的光谱

　　图 7-31 展示了左右边带信号在背靠背条件下 BER 性能和传输数据速率的关系。从图中的星座图可得，MIMO 干扰消除算法比非线性均衡器有更好的效果。此外，两个边带的信号并不完全相同，这是因为我们使用的光滤波器没有完美滤出两个相同的单边带信号，但这样的误差是可以接受的。这里可以看出我们提出的 MIMO-Volterra 均衡器有很好的性能，能很好地消除双边带独立信号引入的非线性串扰。

　　图 7-32 则展示了不同算法下的 MIMO 系统通信容量比较。从图中可以看出，传统 SSB 信号明显有更大的斜率，这是因为对于 SSB 信号而言，要达到双边带独立信号同样的速率，需要更高的带宽或者更高的频谱效率，而无论哪种方式都达到

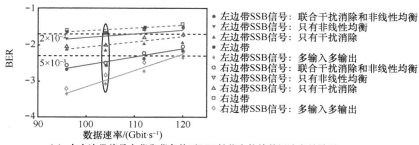

（a）左右边带信号在背靠背条件下BER性能和传输数据速率的关系

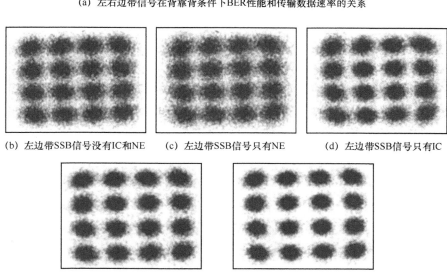

（b）左边带SSB信号没有IC和NE　　（c）左边带SSB信号只有NE　　（d）左边带SSB信号只有IC

（e）　左边带SSB信号有级联IC和NE　　（f）左边带SSB信号有MIMO-Volterra算法

图 7-31　左右边带信号在背靠背条件下 BER 性能和传输数据速率的关系

了系统平台的极限。然而，对于双边带独立信号而言，带宽只需要 30 GHz、调制阶数只需要 16-QAM，即可使通信速率达到 240 Gbit/s。通过使用 MIMO-Volterra 算法，我们成功实现了背靠背条件下 BER 低于 5×10^{-3} 门限的 240 $\mathrm{Gbit\cdot s^{-1}\cdot\lambda^{-1}}$ 双边带独立 DFT-S OFDM 信号的传输，而当没有 MIMO 算法时只能实现 165 $\mathrm{Gbit\cdot s^{-1}\cdot\lambda^{-1}}$，级联算法只能实现 224 $\mathrm{Gbit\cdot s^{-1}\cdot\lambda^{-1}}$，传统单边带只能实现 164 $\mathrm{Gbit\cdot s^{-1}\cdot\lambda^{-1}}$，远差于 MIMO-Volterra 算法的性能。因此，根据 7%冗余单 BCH 前向纠错编码，在门限 5×10^{-3} 下使用 MIMO-Volterra 算法能够实现 224 $\mathrm{Gbit\cdot s^{-1}\cdot\lambda^{-1}}$ 的传输净速率。该结果相比于 SSB 信号提高了近 45%。

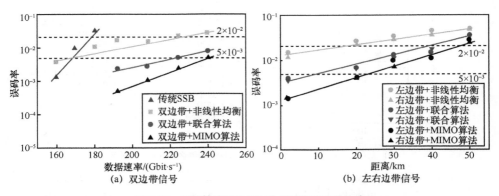

图 7-32   不同算法下的 MIMO 系统通信容量比较

最终，我们实现了单模光纤达 208 Gbit·s⁻¹·λ⁻¹ 的 DFT-S OFDM 传输，传输距离为 40 km。在没有色散补偿时，设定误码率门限 $2×10^{-2}$，算法性能如图 7-32（b）所示。在 40 km 光纤传输后，左右边带信号的误码率分别为 $1.138×10^{-2}$ 和 $1.229×10^{-2}$。因此 40 km 之后的传输，考虑使用 20%冗余 FEC 编码，传输净速率为 173 Gbit·s⁻¹·λ⁻¹。该双边带非线性串扰消除算法的提出在低成本直调直检的系统前提下，为短距离大容量接入网通信提供了新的选择。

7.3.3   叠加编码在 MIMO VLC 系统中的技术研究

本节提出并演示了一种功率分集方案联合叠加信号，以在制定的 2×2 MIMO VLC 系统中实现空间复用[7]。通过设置比例因子，可以实现各种信号的叠加，该比例因子用于与发射信号相乘。随后，我们使用查找表（Lock-Up Table，LUT）法来分离每个接收机中的叠加信号。在 1.05 m 范围内可实现门限阈值下 1.75 Gbit/s 的数据速率。

为了追求更高的传输数据速率，本节将 PD 接收机扩展到 2 个，对加载到 LED1 上的信号采用 8-QAM，对加载到 LED2 上的信号采用 16-QAM。在基于 QAM-OFDM 的 MIMO VLC 系统中，$x_1(t)$ 的实部和虚部在频域中可表示为

$$\begin{cases} I_{x_1} = \{-3, -1, +1, +3\} \\ Q_{x_1} = \{-1, +1\} \end{cases} \tag{7-39}$$

输送到 LED1 上的信号可表示为

$$x_1 = I_{x_1} + jQ_{x_1} \tag{7-40}$$

定义比例因子 ∂_1 并将其在频域上与 X_1 相乘，即

$$\partial_1 X_1 = \partial_1 (I_{x_1} + jQ_{x_1}) \tag{7-41}$$

相应地，$x_2(t)$ 的实部或虚部为

$$I_{x_2} = Q_{x_2} = \{-3, -1, +1, +3\} \tag{7-42}$$

用 ∂_2 乘以 X_2，有

$$\partial_2 X_2 = \partial_2 (I_{x_2} + jQ_{x_2}) \tag{7-43}$$

每个 PD 接收机接收到的信号都可以看作来自两个 LED 的信号叠加，即

$$Y = \sum_{l=1}^{2} \boldsymbol{H}_l \boldsymbol{S}_l + N_l \tag{7-44}$$

其中，$\boldsymbol{S}_l$ 是发射端信号，$\boldsymbol{H}_l$ 是个 2×2 的矩阵，N_l 是热噪声，$l=1,2$。因此，每个 PD 接收到的信号可以表示为

$$Y = \partial_1 x_2 + \partial_2 x_2 = \partial_1 (I_{x_1} + jQ_{x_1}) + \partial_2 (I_{x_2} + jQ_{x_2}) \tag{7-45}$$

根据式（7-45），可以通过将 ∂_1 或者 ∂_2 设置为合适的值来获取一个 128-QAM 的叠加信号。

针对 LOS 场景中信道之间的强相关性，先对叠加信号进行均衡，随后使用检测算法将叠加信号予以分离。在不考虑噪声的情况下，对叠加信号进行均衡时，其信道矩阵 $\boldsymbol{H}$ 可表示为

$$\boldsymbol{H} = \frac{Y}{X} = \frac{Y}{\partial_1 X_2 + \partial_2 X_2} \tag{7-46}$$

式（7-47）中，可以通过改变 ∂_1 和 ∂_2 之间的比例关系将其简化为

$$\boldsymbol{H} = \frac{Y}{X} = \frac{Y}{X_1 + \partial X_2} \tag{7-47}$$

本节利用迫零均衡器对叠加信号进行均衡。$\tilde{X}$ 表示对叠加信号 X 的估计。定义加权因子 $\boldsymbol{W}_{zf}$，每个 PD 接收机上均衡之后的叠加信号可通过式（7-48）得到。

$$\tilde{X} = \boldsymbol{W}_{zf} Y = \boldsymbol{W}_{zf} \left(\sum_{l=1}^{2} (\boldsymbol{H}_l X_l + N_l) \right) = \sum_{l=1}^{2} X_l + \tilde{N}_{zf} \tag{7-48}$$

其中，$\tilde{N}_{zf} = (\boldsymbol{H}^H \boldsymbol{H})^{-1} \boldsymbol{H}^H N$。

规定 $x_1(t)$ 在 PD1 中恢复，$x_2(t)$ 在 PD2 中恢复。在获取 $\tilde{X}$ 之后，利用 LUT 法根据一对一的映射关系将其分离。同样地，LUT 法罗列出的理想状态下叠加信号的

全部组合可供系统完成 MIMO 分离。

首先对所提出的算法和系统进行仿真,具体的参数设定如下:采用 OFDM-QAM 调制方式,对加载到 LED1 上的信号采用 8-QAM,LED2 上的信号采用 16-QAM,且 OFDM 的个数为 200,FFT 的大小为 256,用一个 OFDM 符号作为训练符号,CP 的长度为 FFT 大小的 12.5%,使用 4 倍的上采样,并使用 I-Q 调制器将复数信号转换成实数信号。在接收端,使用迫零均衡器对接收到的叠加信号进行均衡,随后,使用 LUT 法将信号一一恢复。

通过改变比例因子 ∂_1 或 ∂_2 的值可以改变加载到每个 LED 上的信号功率。具体地,在图 7-33(a)中,定义 $\partial_1=1$,∂_2 拥有 4 和 5 两个值,也就是说,在频域中把数值 4 或 5 分别乘以 16-QAM 信号。因此,X_2 的实部或虚部分别为 (±4,±12) 和 (±5,±15)。当信号 $x_1(t)$ 的功率是信号 $x_2(t)$ 功率的 4 倍且信噪比高于 23 dB 时,系统的 BER 能够降到门限以下。但是,当信号 $x_1(t)$ 的功率是信号 $x_2(t)$ 功率的 5 倍且信噪比高于 23 dB 时,具有高功率的 16-QAM 信号可以被恢复,但是低功率的 8-QAM 信号却无法被成功恢复,这是因为 8-QAM 信号因功率过低而被高功率的 16-QAM 信号所淹没。

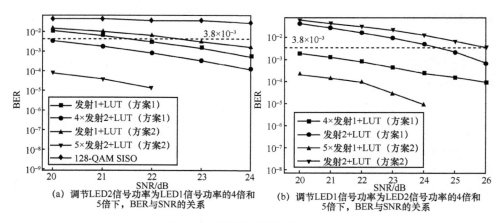

图 7-33　不同 SNR 下的 BER 曲线

图 7-33(b)中,定义 $\partial_2=1$,∂_1 设置成 4 或者 5 两个值。类似于图 7-33(a)中的处理方式。在 $\partial_1=4$、$\partial_2=1$ 的情况中,当 SNR 超过 24 dB 之后,16-QAM 信号和 8-QAM 信号都能够使用所提出的算法进行解调和恢复;在 $\partial_1=5$、$\partial_2=1$ 的情况中,加载到 LED1 上的信号因功率较大而可以获得比较好的 BER 性能,但是较低功率的信号很难达到门限要求。此外,实验也给出了 SISO VLC 系统中,128-QAM 的 BER 曲

线，如图 7-33（a）128-QAM SISO 曲线所示。SNR 小于 24 dB 时，系统无法在误码率门限的要求下成功解码 128-QAM。这也说明了，MIMO 系统通过空间域可以提高系统的可靠性。

同样地，实验只对算法的正确性进行了研究，并没有考虑可见光通信传输链路中的线性和非线性效应。因此，随后又搭建了一个由两个 LED 灯珠和两个 PD 接收机组成的 MIMO VLC 系统，如图 7-34 所示。其中，离线 Matlab 的处理方式和实验中设置的一样。处理好的信号被输送至采样频率为 1 GSa/s 的 AWG（型号：泰克 AWG520）中。在分别经过 CH1 通道和 CH2 通道，且被硬件预均衡和放大处理之后，通过偏置器与直流电相结合加载到不同的 RGB LED 上。打开红光，关闭绿光、蓝光和黄光。LED1 和 LED2 之间的距离为 1.0 m，为了确保光线沿 1.05 m 的直线方向实现可视距传输，在 LED 和 PD 前面各分别放置一块放大镜。在接收端，PD1 和 PD2 之间的距离为 0.15 m，每个 PD 接收机接收到的信号都是来自两个 LED 的线性组合。随后，将接收到的每路信号进行放大处理之后输送到 OSC（型号：Agilent DSO 54855A）中。最后，将信号传至计算机，并通过离线 Matlab 执行同步、下采样、均衡、解码、分离和解映射等操作。

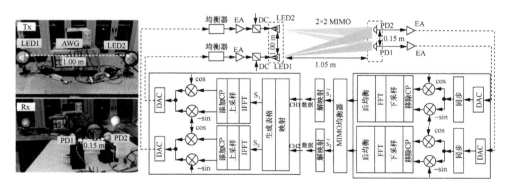

图 7-34　MIMO VLC 系统实验流程图

图 7-35 首先呈现的是不同 PD 接收机解调出的星座图。需要说明的是，受器件的影响，在实际的 VLC 传输环境中，很难获得图 7-35（a）、（b）、（d）和（e）所示的星座图（这里，它们分别通过仿真获取）。具体来说，它们依次表示的是 $\partial_1=4\partial_2$、$\partial_1=5\partial_2$、$\partial_2=4\partial_1$ 和 $\partial_2=5\partial_1$ 的情况。在 ∂_1 大于 ∂_2 的系统中，随着 ∂_2 的增大，星座图接近于一个 8-QAM 信号，如图 7-35（a）～（c）所示，此时，加载到 LED1 上的信号的

功率大于 LED2 上的信号功率。同样地，当 ∂_2 大于 ∂_1，且差值逐渐增大时，其星座图接近于一个 16-QAM 信号，如图 7-35（d）～（f）所示，此时，加载到 LED2 上的信号的功率大于 LED1 上的信号功率。也就是说，随着一路信号的功率无限增大，另一路信号因为功率较小将被淹没以至无法被检测和成功解调。

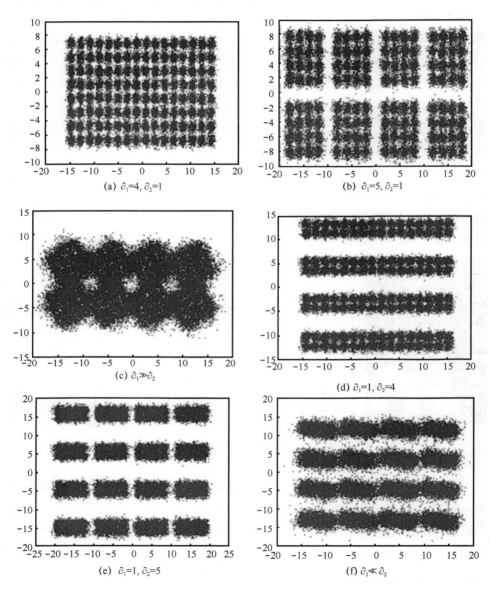

图 7-35　不同 PD 接收机解调出的星座图

在实际系统中，∂_1 和 ∂_2 的值可由 DC 电压和 Vpp 控制，这两个变量的取值直接影响 OSC 上的平均电压值，定义偏置电压为改变其中一个电压之后，OSC 上显示的电压差值。该偏置电压所处的范围即可被看成可实现空分复用的工作区间。因此，接下来的工作是寻找偏置电压的工作区间，偏置电压与 BER 的关系如图 7-36 所示。这里，给出了 OSC 上 520～560 mV 上的偏置电压范围。因为前面已经规定 PD1 用来解调来自 LED1 上的 8-QAM 信号，PD2 用来解调来自 LED2 的 16-QAM 信号。因此，图 7-36 中的点 A 和点 B 的星座点的结构分别如图 7-35（f）和图 7-35（c）所示。在 PD1 和 PD2 处均衡之后的信号分别是 16-QAM 信号和 8-QAM 信号，这是因为低功率信号被高功率信号所覆盖导致信号的幅度过小而无法被解调。

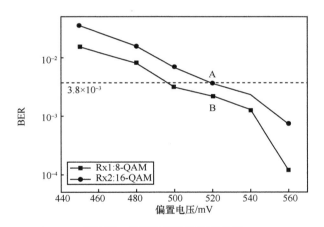

图 7-36　偏置电压与 BER 的关系

值得注意的是，本实验使用均衡叠加的信号。其中，对叠加信号进行均衡时，$\boldsymbol{H}$ 为信道矩阵，表达式为

$$\boldsymbol{H} = \frac{\boldsymbol{Y}}{\boldsymbol{X}} = \frac{\boldsymbol{Y}}{\partial_1 \boldsymbol{X}_2 + \partial_2 \boldsymbol{X}_2} \tag{7-49}$$

可以通过改变 ∂_1 和 ∂_2 之间的比例关系将其简化成

$$\boldsymbol{H} = \frac{\boldsymbol{Y}}{\boldsymbol{X}} = \frac{\boldsymbol{Y}}{\boldsymbol{X}_1 + \partial \boldsymbol{X}_2} \tag{7-50}$$

本节利用 ZF 均衡器对叠加信号进行均衡。$\tilde{\boldsymbol{X}}$ 表示对叠加信号 $\boldsymbol{X}$ 的估计。定义加权因子 $\boldsymbol{W}_{\text{zf}}$，每个 PD 接收机上均衡之后的叠加信号可通过式（7-52）计算获取，即

$$\tilde{X} = W_{zf}Y = W_{zf}\left(\sum_{l=1}^{2}(H_l X_l + N_l)\right) = \sum_{l=1}^{2} X_l + \tilde{N}_{zf} \qquad (7\text{-}51)$$

其中，$\tilde{N}_{zf} = (H^H H)^{-1} H^H N$。

针对图 7-36 中 Rx2：16-QAM 曲线所示的 16-QAM 信号的情况，当偏置电压大于 560 mV 时，如果在式（7-50）中用 $\partial_2 X_2$ 替代 X，即

$$H_2 = \frac{Y}{\partial_2 X_2} \qquad (7\text{-}52)$$

此时，有

$$W_2 = (H_2^H H_2)^{-1} H_2^H \qquad (7\text{-}53)$$

用 W_2 替代式（7-51）中的 W_{zf}，有

$$\tilde{X} = W_2 Y = \partial_2 X_2 + \tilde{N}_2 \qquad (7\text{-}54)$$

也就是说，如果只均衡具有高功率的 16-QAM 信号，则不需要再对其使用查找表法予以分离。此时 PD2 上所表现出的 BER 性能强于本节提出的算法。同样的道理，对于 PD1 上的叠加信号，如果只用高功率的 8-QAM 信号予以均衡，也会获得不错的 BER 性能。但此时，传统的 MIMO 系统退化成了 2×1 SISO 系统。

在 VLC 系统中，由于传输信号主要由 Vpp 控制，并且传输信号将叠加在 DC 电压上，与 DC 电压相比，偏置电压更容易受到 Vpp 的影响。因此，当 Vpp 的电压差值满足如下条件时，系统可以获得最优性能。具体如下。

- PD1 中检测到的来自 LED1 上 Vpp 高于来自 LED2 上的 Vpp 0.1 V 左右时，可以实现空分复用。
- PD2 中检测到的来自 LED2 上 Vpp 高于来自 LED1 上的 Vpp 0.39 V 左右时，可以实现空分复用。

| 7.4 本章小结 |

本章围绕高速 UVLC 系统，分别详细介绍了 MISO 系统、SIMO 系统、MIMO 系统的技术原理，并给出了相关的高速系统实验结果。

┃ 参考文献 ┃

[1] SHI M, ZHANG M J, WANG F M, et al. Equiprobable pre-coding PAM7 modulation for nonlinearity mitigation in underwater 2 × 1 MISO visible light communications[J]. Journal of Lightwave Technology, 2018, 36(22), 5188-5195.

[2] SHI M, ZHAO Y H, YU W X, et al. Enhanced performance of PAM7 MISO underwater VLC system utilizing machine learning algorithm based on DBSCAN[J]. IEEE Photonics Journal, 2019, 11(4): 1-3.

[3] LI J H, WANG F M, ZHAO M M, et al. Large-coverage underwater visible light communication system based on blue-LED employing equal gain combining with integrated PIN array reception[J]. Applied Optics, 2019, 58(2): 383-388.

[4] WANG F M, LIU Y F, JIANG F Y, et al. High speed underwater visible light communication system based on LED employing maximum ratio combination with multi-PIN reception[J]. Optics Communications, 2018, 425: 106-112.

[5] SHI J Y, HUANG X X, WANG Y G, et al. Improved performance of a high speed 2×2 MIMO VLC network based on EGC-STBC[C]//European Conference on Optical Communication. Piscataway: IEEE Press, 2015: 1-3.

[6] SHI J Y, ZHOU Y J, XU Y M, et al. 200 Gbit/s DFT-S OFDM using DD-MZM-based twin-SSB with a MIMO-volterra equalizer[J]. IEEE Photonics Technology Letters, 2017, 29(14): 15.

[7] QIAO L, LIANG S Y, JIANG Z H, et al. Spatial multiplexing by joint superposed signal and power diversity for a 2×2 MIMO VLC system[C]//2018 International Symposium on Intelligent Signal Processing and Communication Systems. Piscataway: IEEE Press, 2018.

第 8 章
水下可见光通信的机器学习算法

可见光通信系统中 LED 调制带宽非常有限，目前商用 LED 的−3 dB 带宽只有几兆赫兹。为了提升系统的传输速率，除了从 LED 结构、驱动电路设计、高频谱效率的调制技术上拓展其带宽之外，采用机器学习算法也是重要途径之一。本章将重点阐述水下可见光通信系统中的机器学习算法，包括无监督的聚类算法、有监督的支持向量机算法以及基于神经网络的算法。

|8.1 基于无监督的聚类算法 |

8.1.1 K-Means 算法

1. K-Means 算法的原理

图 8-1 显示了基于 K-Means 算法的感知判决原理的流程。首先，从接收（Rx）数据中选择一个子序列。可见光通道是慢速衰减通道。在计算复杂度和性能之间进行折中，可以使用合适的子序列来替换整个 Rx 序列，而性能几乎不会降低。然后，随机初始化簇质心 $c_1, c_2, \cdots, c_j, \cdots c_n$。特别地，为了使质心收敛更快，可以选择标准星座点作为初始值。最后，用式（8-1）计算 x_i 与每个簇质心 c_j 之间的最短距离 d^i。

$$d^i = \arg\min_j f(\boldsymbol{x}_i, \boldsymbol{c}_j) \tag{8-1}$$

其中，$\boldsymbol{x}_i$ 是由其 I/Q 数据样本对形成的二维向量 $[x_i(n), x_q(n)]$。$\boldsymbol{c}_j$ 是当前的中心点。$f(\boldsymbol{x}, \boldsymbol{c})$ 是距离函数，可以由欧氏距离、曼哈顿距离、马哈拉诺比斯距离等定义。这里选择欧氏距离作为距离函数，如式（8-2）所示。

$$f(\boldsymbol{x}_i, \boldsymbol{c}_j) = |\boldsymbol{x}_i - \boldsymbol{c}_j|^2 \tag{8-2}$$

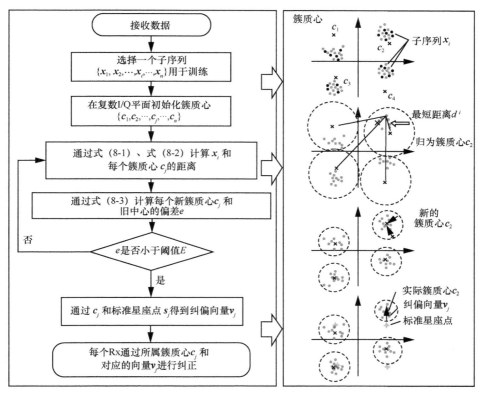

图 8-1　基于 K-Means 算法的感知判决原理的流程

通过式（8-3）迭代各个中心点，直到前后两次中心点的偏差小于阈值 E。否则，不断重复式（8-1）～式（8-3）。

$$c_j \rightarrow \frac{\sum_{i=1}^{m} 1\{d^i = j\} x_i}{\sum_{i=1}^{m} 1\{d^i = j\}} \quad (8\text{-}3)$$

2. 基于 K-Means 算法感知判决的多带 CAP VLC 系统的非线性补偿

VLC 系统存在非线性的原因有很多，包括 PIN 光电检测器、发送器驱动电路和放大器。因此，通过机器学习模型补偿整个 VLC 系统的非线性是一种可行而有效的方法。图 8-2 直接显示出了 VLC 信道的发射数据和接收数据之间的背对背关系的传输曲线。

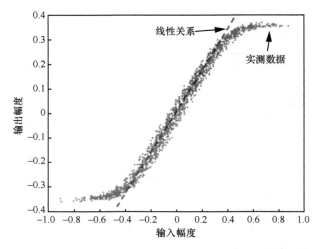

图 8-2　VLC 信道的发射数据和接收数据之间的背对背关系的传输曲线

K-Means 感知判决模型（CAPD）是一种仅考虑接收到的数据本身的统计定律，而不关心系统的哪一部分导致非线性效应产生的算法。

图 8-3（a）所示为传统判决准则。从图中的圆圈可以看出，如果整个系统产生非线性效应，则可能会出现局部簇畸变，因此会出现很多误差。如图 8-3（b）所示，CAPD 可以通过聚类算法找到每个聚类的中心，并通过纠偏向量来补偿整个聚类。因此，CAPD 在一定程度上补偿了非线性对系统的影响。

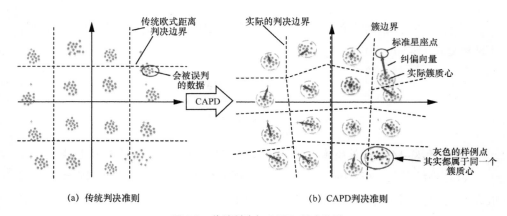

图 8-3　传统判决与 CAPD 判决准则

过多的子序列会极大地增加算法的复杂性，而子序列太少会影响算法的准确性，因此我们以合适的子序列长度测量了 16-QAM CAP VLC 系统。如图 8-4 所示，当子序列数小于 1 000 时，中心点不准确并且误差是不可接受的。当子序列数小于 2 000 时，该算法中可能会出现图 8-3(b)所示的一些不稳定性。当子序列数为 2 000～3 000 时，系统误差在可接受的范围内。

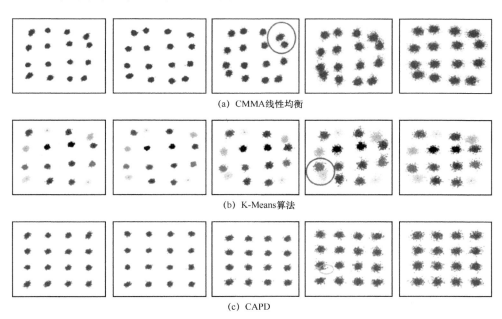

(a) CMMA线性均衡

(b) K-Means算法

(c) CAPD

图 8-4　不同数量子序列经过不同算法后的星座图

　　为了进行清晰的比较，我们测量了每个子带的 Q 值与偏置电压的关系。应当注意的是，利用 CAPD 纠正后的前两个子带的 BER 可以实现无误差，Q 值至无穷大。因此，人为地将其 Q 值设置为 14 dB，以便于演示 Q 值。如图 8-5 所示，可以发现子带 1、2 的性能明显优于接下来的 3 个子带。因为整个调制电压都落在线性区域内，所以子带 2 仅在线性均衡下具有良好的性能。随着子带索引值的增加，子带被携带在更高的子载波频率中。因此，由于高频衰减引起的低 SNR，会使系统性能严重恶化。此外，我们比较了有无 CAPD 的 Q 值。测量结果表明，通过使用 CAPD 补偿非线性失真，可以显著改善整体系统性能。每个子带的 Q 值至少可以提高 0.8 dB。特别是对于子带 1、3 和 4，Q 值的最大改善可以达到 2.5 dB。当采用 CAPD 时，子带 2 可以实现与子带 1 相同的性能。

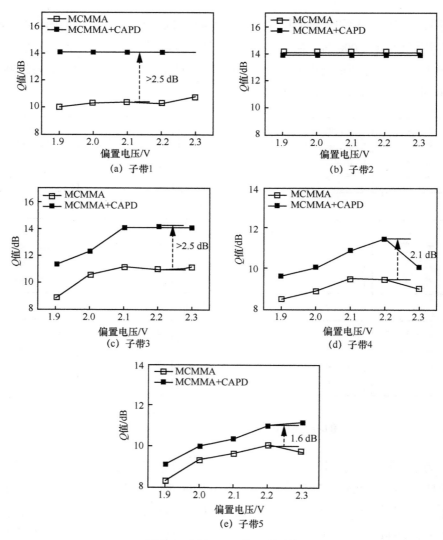

图 8-5　有无 CAPD 的 Q 值比较

　　为了进一步测试 CAPD 的抗非线性，我们比较了 CAPD 和 Volterra 均衡器。特别地，人为地将零误码的 BER 设置为 $1×10^{-6}$，以便于演示 BER 性能。从图 8-5 可以看出，线性区域中的第二个频段具有很好的效果，在实验中仅使用线性均衡就可以实现零误码。另外，可以看出子带 3～5 的性能相似，因此我们选择子带 4 进行性能测试。严格来说，CAPD 是一种判决方法，而不是均衡器。由于具有高复杂度，

Volterra 均衡器在实验中仅实现 2 或 3 阶[1]，并且在更复杂的非线性中，拟合性能受到限制。如图 8-6 所示，利用非线性和线性补偿的系统比线性补偿具有更好的性能。对于非线性补偿，CAPD 的性能优于 Volterra 均衡器，因为 BER 平均下降到 10%。低 SNR（在较低的偏置电压和信号 Vpp 时）和非线性（在较高的偏置电压和信号 Vpp 时）都会降低系统性能。根据实验结果，最佳的工作点是 2.2 V 偏置电压和 1.2 V 输入信号 Vpp，它可以满足所有 5 个子带的需求。具体而言，在高光强度的环境中，CAPD 还可以改善系统的工作范围。

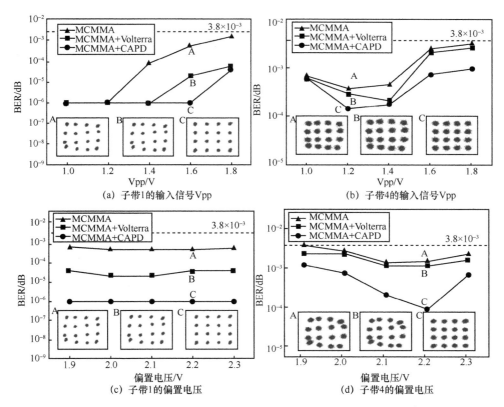

图 8-6　MCMMA、MCMMA+Volterra 和 MCMMA+CAPD 的 BER 比较

3. 水下可见光通信中基于 K-Means 的几何整形 8-QAM 的相位估计

如图 8-7 所示，我们改进了 Thomas 等[2]提出的星座整形方案，并提出了一种基于 K-Means 聚类的异型 8-QAM 信号相位偏移校正算法。通过相位校正可以改善异型 8-QAM 信号的传输性能。

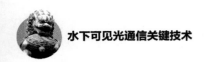
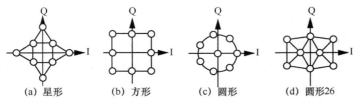

图 8-7　异型 8-QAM 信号星座图

机器学习训练一系列样本，是推断数据集的潜在有用结构特性或数据趋势的函数。因此，训练序列的长度直接影响机器学习的效果。由于发射端非线性的影响，GS 信号具有相位偏差。此部分计算了不同训练序列长度下的异型 8-QAM 星座点的相位偏差。K-Means 聚类的相位校正算法用于估计和校正通道传输后的异型 8-QAM 信号的相位偏差。通过不同训练序列长度下的 K-Means 聚类的相位校正算法对相位偏差进行了仿真和校正。在模拟过程中相位偏移稳定下来的最小训练长度称为饱和训练序列长度。圆形、星形、方形和圆形 26 的饱和训练序列长度分别为 3 000、3 000、8 000 和 4 000。当偏差角误差小于一定范围时，还存在最小训练序列长度。圆形、星形、方形和圆形 26 的最小训练序列长度分别为 300、600、3 000 和 3 000，仿真结果如图 8-8 所示。图 8-8 中的插图分别对应于最小训练序列长度和饱和训练序列长度下的接收信号星座图。

星座图的相位偏差是噪声和非线性造成的。我们在不同数据速率下使用 K-Means 聚类的相位校正算法前后测量了 Q 值，结果在图 8-9 中显示。相位校正前后的星座图在图 8-9 的插图中显示。靠近代表星座点偏转方向的箭头的起始位置的"×"表示相位校正之前的星座聚类中心，靠近代表星座点偏转方向的箭头的结束位置的"×"代表相位校正后的星座聚类中心。使用基于 K-Means 聚类的相位校正算法后，每个星座图的 BER 性能都有了一定程度的提高。当数据速率为 1.2 Gbit/s 时，圆形的 BER 性能提高了几个数量级，相应的相位偏差为 3.927 6°。在 1.125 Gbit/s 的数据速率下，星形的 BER 得到了显著改善，并且相应的相位偏差为 11.518 6°。圆形 26 的相位偏差为 14.241 6°，并在数据速率为 1.312 5 Gbit/s 时实现了最大的 BER 性能改善。在实验的最大数据速率为 1.5 Gbit/s 时，方形的相位偏差为 12.257 9°，并且具有最大的 BER 性能增益。图 8-10 表示圆形的性能具有最大的性能改进。对于圆形而言，当数据速率约为 1.2 Gbit/s 时，Q 值的改善为 1.494 1 dB。当数据速率达到 1.13 Gbit/s 时，星形的 Q 值将提高 2.127 dB。与星形相比，方形 Q 值的提升更为明显，在相同数据速率下达到了 2.343 6 dB。对于圆形 26，当数据速率为 1.312 5 Gbit/s 时，Q 值的提高为 1.652 1 dB。在使用基于 K-Means 聚类的相位校正算法之前，圆形可以达到的最高数据速率为 1.387 5 Gbit/s。使用基于

K-Means 聚类的相位校正算法后，最高数据速率增加到了 1.462 5 Gbit/s。

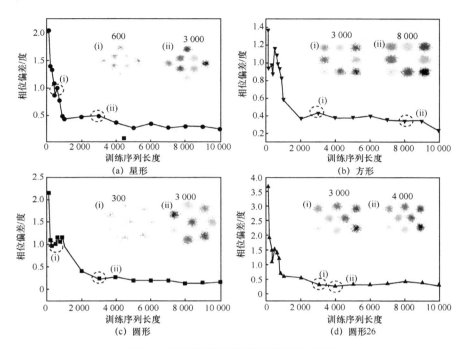

图 8-8　相位偏差与训练序列长度之间的关系

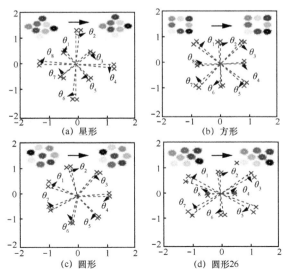

图 8-9　相位校正前后的星座图

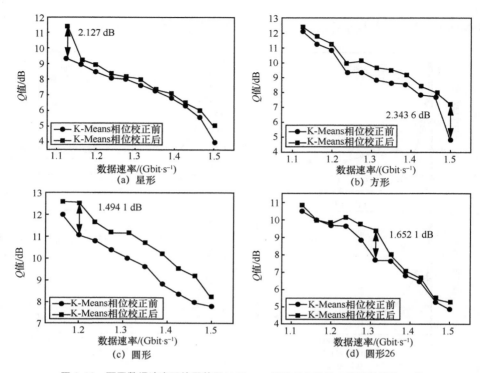

图 8-10　不同数据速率下使用基于 K-Means 聚类的相位校正算法前后的 Q 值

8.1.2　DBSCAN 算法

1. DBSCAN 算法原理

DBSCAN 算法是 Ester 等[3]于 1996 年提出的一种基于密度空间数据聚类方法，该算法是最常用的一种聚类方法。该算法将具有足够密度的区域作为距离中心，并不断生长该区域。该算法基于一个事实：一个聚类可以由其中的任何核心对象唯一确定[4]。该算法利用基于密度的聚类的概念，即要求聚类空间中的一定区域内所包含对象（点或其他空间对象）的数目不小于某一给定阈值。该方法能在具有噪声的空间数据库中发现任意形状的簇，可连接密度足够大的相邻区域，能有效处理异常数据，主要用于对空间数据的聚类。

相关的重要概念如下。

① E 邻域：给定一个点，以该点为中心，半径为 E 内的区域叫作这个点的 E

邻域。

　　② 核心点：当给定的一个样本点的 E 邻域内的点数（包含这个点自身）不少于最少点数 minPts 的时候，这个点叫作核心点。

　　③ 直接密度可达：如果点 b 在点 a 的 E 邻域中，并且 a 属于核心点，那么可以说点 b 从点 a 直接密度可达。

　　④ 密度可达：如果有一串点 b_1, b_2, $\cdots$, b_n, c，如果点 b_i 从点 b_{i-1} 直接密度可达，那么点 c 从点 b_1 密度可达。

　　举个例子，图 8-11 中使用 DBSCAN 算法的扫描半径为 E，包含的 minPts 为 3。图中 $A_1 \sim A_5$ 均为核心点，因为其 E 邻域之内都包含至少 3 个点，A_1 和 A_2、A_2 和 A_3 相互直接密度可达，而 A_1 和 A_3 相互密度可达；$B_1 \sim B_2$ 均为非核心点，但是和 $A_1 \sim A_5$ 同属一类，B_1 从 A_1 密度可达，但 A_1 不能从 B_1 密度可达；N 为噪声点，因为 N 本身不是核心点，同时也不在任何一个核心点的 E 邻域之内。

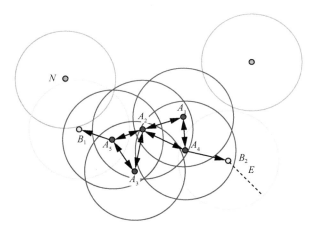

图 8-11　MinPts 为 3 时的聚类效果

　　DBSCAN 算法首先从一个未被访问过的（unvisited）任意起点开始，通过遍历查验这个点的 E 邻域，如果它包含足够多的点（不少于 minPts），则从这个点开始形成一个簇。否则，若 E 邻域内点数少于 minPts，则该点暂时被标记为噪声点。不过该点可能稍后会在另一个不同点的 E 邻域中被找到，从而成为另一个簇中的一个点。使用算法时，若发现一个点属于一个簇的密集部分，则这个点的 E 邻域也是该簇的一部分。因此，将在该点 E 邻域内发现的所有点都加进这个簇，如果新加入的

这些点自身也是密集的，那么把这些点的 E 邻域也都加进这个簇。如此递归，不断扩大簇的范围，直到找到属于这个簇的所有点。然后，用同样的方法检索一个新的未被访问过的点并做同样处理，从而发现一个新的簇或者噪声。

DBSCAN 算法有 3 个参数：待处理的数据集、扫描半径 E 和形成密集区域所需的最小点数 minPts。数据为实验获得，不需自己进行设置或调整。在实际进行具体实验时，如何设置 E 和 minPts 这两个参数的数值是一个需要思考的问题。

DBSCAN 算法步骤如下。

① 从一个标记为未被访问过的点开始，找出在其 E 邻域内的所有点。

② 若点数大于等于 minPts，则该点为核心点，它会形成一个新的簇，E 邻域内所有点都属于这个簇。若点数小于 minPts，则将该点暂时标记为噪声点。

③ 从簇内其余点开始依次找出对应的 E 邻域，判断是否为核心点，重复步骤②，直到找到属于该簇的所有点。所有已经被判定为属于某个簇的点都标记为已访问（visited）。

④ 找到下一个标记为未被访问过的点，回到步骤②。若已经遍历所有点，则把所有标记为未被访问过的点都归为噪声。

⑤ 算法结束。

DBSCAN 算法优点如下。

① DBSCAN 算法不需要提前知晓数据集合中的聚类种类，会根据规定的密度（由 E 和 minPts 决定）自主发现所有簇，不像 K-Means 算法需要设定数据一共有几类（K-Means 算法是基于中心的，需要设置中心点的个数）。

② DBSCAN 算法可以发现任意形状的簇，哪怕一个簇被另一个簇包围（比如数据集是两个同心圆环形状的），而且由于 minPts 参数的存在，不同簇之间要是有个别点相连也并不会影响聚类的效果。

③ DBSCAN 算法能区分噪声数据点，对找出数据集合中的异常值有很大帮助。

④ DBSCAN 算法只需要人工设置两个参数值，并且对数据集中绝大多数数据点的排列顺序并不敏感（但是，如果是处在相邻簇中间边缘的点，不同的数据排序可能会导致这些点被归到不同的簇中）。

⑤ 如果对数据集的总体分布理解比较透彻，DBSCAN 算法的两个参数 E 和 minPts 就很容易设置。

DBSCAN 算法的缺点如下。

① DBSCAN 算法对同一组数据的运行结果并不是完全确定的，比如位于两个相邻簇边界位置的点，同时属于这两个簇的 E 邻域之内而自己又不是核心点，那么该点被归为哪个簇就取决于它先被哪个簇遍历到。但是这种情况并不常见（极个别现象），对聚类结果的影响也不大。

② DBSCAN 算法中的 E 参数，使用的最常见的距离度量指标就是欧氏距离。但是对于受到所谓"维度诅咒"的高维数据来说，欧氏距离基本没有意义，这时要找到合适的 E 值相当困难。当然，这个缺点也存在于任何基于欧氏距离的算法中。

③ DBSCAN 算法对于密度差异比较大的数据集聚类效果并不是非常理想，因为 E 和 minPts 这两个参数并不是动态变化的，无法满足对不同密度数据点聚类的需求。

2. 基于 DBSCAN 算法的 PAM8 VLC 系统的二维振幅抖动补偿

在 PAM8 VLC 系统中，不同的幅度代表不同的 PAM 符号，具有幅度抖动的符号可能会导致基于传统的绝对欧氏距离的判决方法做出错误的判决。如图 8-12 所示，尽管在某些系统中使用了自适应判决边界，但无法区分脉冲抖动。如今，CPU 的处理速度和 FPGA 缓冲区容量已呈指数级增长，允许将较大抽头长度的有限脉冲响应滤波器（FIR）应用于系统。因此，一定数量的时间延迟内存可用于进行基于密度的重新估计。在某种程度上，这是一种新的软判决形式。

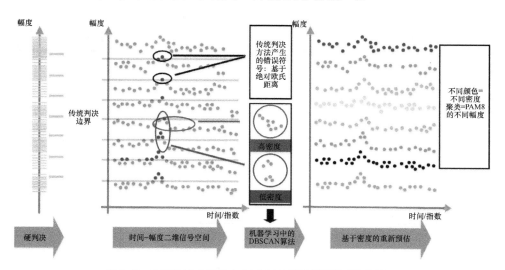

图 8-12　PAM8 VLC 系统中 DBSCAN 算法振幅抖动补偿原理

图 8-13 说明了使用和不使用 DBSCAN 算法振幅抖动补偿（2DDB）重新估

计的 Q 值比较。在低抖动情况下，对系统性能的主要限制是 SNR。当归一化抖动幅度为 0.061 6 时，Q 值增加了 2.299 dB，当归一化抖动幅度增加至 0.106 9 时，该值增加了 3.229 dB。当归一化的抖动幅度超过某个值时，系统性能主要受抖动幅度而不是 SNR 的约束。因此，使用具有较高抖动的 2DDB 可获得更好的系统性能。

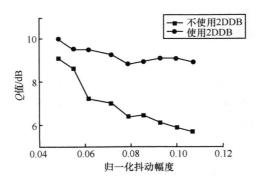

图 8-13 不同抖动幅度下的系统性能比较

为了进一步测试系统性能，我们比较了使用和不使用 2DDB 改变偏置电压和输入信号 Vpp 的系统。如图 8-14 所示，使用 2DDB 的系统比不使用该算法的系统具有更好的性能。低 SNR（在较低的偏置电压和 Vpp 时）和非线性（在较高的偏置电压和 Vpp 时）都会降低系统性能。根据实验结果，2.0 V 偏置电压和 0.6 V 输入信号 Vpp 是最佳工作点。

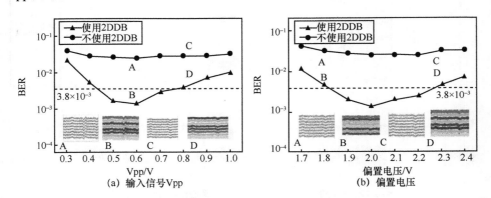

图 8-14 使用和不使用 2DDB 时的 BER 比较

3. CAP VLC 系统中 IQT DBSCAN 后均衡算法

与传统的 IQ 坐标相比,增加时间维度的 IQT 坐标可以有效地提供更多信息来区分不同的符号。如图 8-15 所示,在振幅波动是限制性能的主要因素的传输系统中,具有适当振幅时间坐标的星座图可以直观、清晰地区分不同的符号。

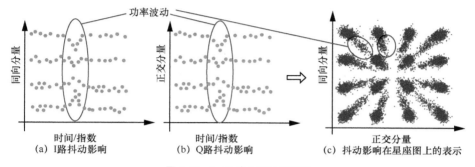

图 8-15　I、Q 路上的抖动影响

增加时间维度后的星座图以及在此三维基础上应用 IQT DBSCAN 算法的聚类效果如图 8-16 所示。

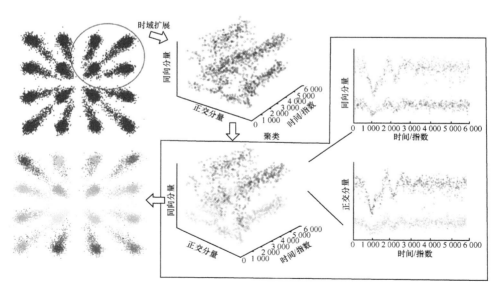

图 8-16　IQT DBSCAN 算法的原理

如图 8-17 所示,我们在实验中选择了一个典型案例。在图 8-17(a)中,受波动影响的系统使符号容易与一般的非线性效应混淆，这也损害了 VLC 系统的 BER 性能。通过扩展 IQT，可以很容易地通过星座点来区分损坏的类型。如图 8-17（c）、（d）所示，当确定系统的瓶颈来自波动而不是由其他系统损坏引起的高斯噪声时，IQT DBSCAN 算法可以很好地提高系统的传输性能。

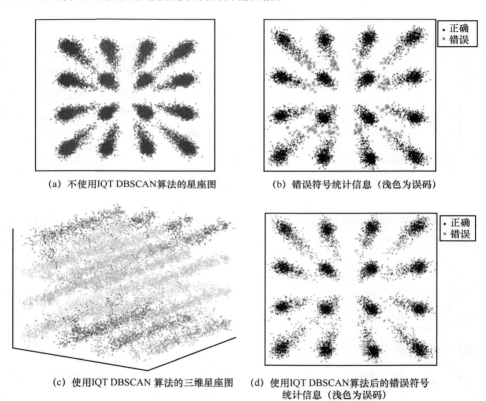

(a) 不使用IQT DBSCAN算法的星座图   (b) 错误符号统计信息（浅色为误码）

(c) 使用IQT DBSCAN 算法的三维星座图   (d) 使用IQT DBSCAN算法后的错误符号
统计信息（浅色为误码）

图 8-17　使用和不使用 IQT DBSCAN 算法的星座图及错误符号统计信息

使用 IQT DBSCAN 算法，系统的 Q 值提高了 1.5～2.5 dB。此外，我们研究了极端波动条件下 16-QAM CAP VLC 系统中 IQT DBSCAN 算法的极限。使用传统的判决模式时，系统性能会大大降低，而使用 IQT DBSCAN 算法则可以保持稳定。峰值幅度的波动为信号的 70%以下时，BER 可以始终低于 7% HD-FEC 的误码门限（3.8×10^{-3}）。

8.1.3　高斯混合模型

高斯混合模型（Gaussian Mixture Model，GMM）是将一个样本的概率密度函数分解为若干个高斯概率密度函数的比例组合，来实现样本概率密度函数的精确量化。当样本的概率分布较为复杂时，单个高斯概率密度函数不足以描述，GMM 能够融合若干个高斯概率密度函数，使得模型能够拟合更加复杂的概率分布。理论上，如果高斯混合模型包含的高斯概率密度函数足够多，且权重设定合理，该模型可以对任意分布的样本进行拟合[5]。

1. GMM 原理

GMM 的参数估计是最大期望（Expectation-Maximization，EM）算法的一个重要应用。EM 算法是 Dempster 等[5-6]提出的，通过迭代求解含有隐变量的似然函数的最大值，对概率模型的参数进行估计[7]。EM 算法每次迭代分为两步：求似然函数的期望值；求最大化似然函数的参数[5]。

GMM 的表达式为

$$p(x|p,\pmb{\mu},\pmb{\Sigma}) = \sum_{k=1}^{K} p_k N(x|p,\pmb{\mu}_k,\pmb{\Sigma}_k) \tag{8-4}$$

其中，$N\left(x|p,\pmb{\mu}_k,\pmb{\Sigma}_k\right)$ 是 GMM 中的第 k 组分，p_k 为第 k 组分在高斯混合模型中的比例系数并且满足 $\sum_{k=1}^{K} p_k = 1 (0 \leqslant p_k \leqslant 1)$，$x$ 为观测样本，$\pmb{\mu}_k$ 和 $\pmb{\Sigma}_k$ 表示第 k 组分的均值和方差。

GMM 的对数似然函数为

$$\ln L(x,z\,|\,\pmb{\mu},\pmb{\Sigma},p) = \sum_{k=1}^{K} \left(\sum_{n=1}^{N} z_{nk}\right)\ln p_k +$$

$$\sum_{n=1}^{N} z_{nk}\left(-\ln(2p) - \frac{1}{2}\ln|\pmb{\Sigma}_k| - \frac{1}{2}(x_n - \pmb{\mu}_k)^{\mathrm{T}}(\pmb{\Sigma}_k)^{-1}(x_n - \pmb{\mu}_k)\right) \tag{8-5}$$

其中，z_{nk} 是一个隐变量，该变量表示第 n 样本 x_n 属于第 k 个高斯模型。

EM 算法用于 GMM 的参数估计，包括下面这些步骤。

① 求期望：初始化混合系数 p_0、均值 $\pmb{\mu}_0$ 和方差 $\pmb{\Sigma}_k$。定义一个函数表示对数似然函数的期望，如下所示。

$$H\left(\boldsymbol{\mu},\boldsymbol{\Sigma},p,\boldsymbol{\mu}^i,\boldsymbol{\Sigma}^i,p^i\right)=E_z\left(\ln L\left(x,z\mid\boldsymbol{\mu},\boldsymbol{\Sigma},p\right)\mid X,\boldsymbol{\mu}^i,\boldsymbol{\Sigma}^i,p^i\right)=$$

$$\sum_{k=1}^{K}\left(\sum_{n=1}^{N}E(z_{nk}\mid x_n,\boldsymbol{\mu}^i,\boldsymbol{\Sigma}^i,p^i)\right)\ln p_k+ \tag{8-6}$$

$$\sum_{n=1}^{N}E(z_{nk}\mid x_n,\boldsymbol{\mu}^i,\boldsymbol{\Sigma}^i,p^i)\left(-\ln(2p)-\frac{1}{2}\ln|\boldsymbol{\Sigma}_k|-\frac{1}{2}(x_n-\boldsymbol{\mu}_k)^{\mathrm{T}}(\boldsymbol{\Sigma}_k)^{-1}(x_n-\boldsymbol{\mu}_k)\right)$$

其中，i 表示迭代的次数，$E\left(z_{nk}|x_n,\boldsymbol{\mu}^i,\boldsymbol{\Sigma}^i,p^i\right)$ 是对隐变量的估计。

$$E\left(z_{nk}|x_n,\boldsymbol{\mu}^i,\boldsymbol{\Sigma}^i,p^i\right)=\frac{p_k^i N(x_n;\boldsymbol{\mu}_k^i,\boldsymbol{\Sigma}_k^i)}{\sum\limits_{k=1}^{K}p_k^i N(x_n;\boldsymbol{\mu}_k^i,\boldsymbol{\Sigma}_k^i)} \tag{8-7}$$

② 求最大化似然函数的模型参数。

$$\boldsymbol{\mu}^{i+1},\boldsymbol{\Sigma}^{i+1},p^{i+1}=\arg\max H\left(\boldsymbol{\mu},\boldsymbol{\Sigma},p,\boldsymbol{\mu}^i,\boldsymbol{\Sigma}^i,p^i\right) \tag{8-8}$$

令 $H\left(\boldsymbol{\mu},\boldsymbol{\Sigma},p,\boldsymbol{\mu}^i,\boldsymbol{\Sigma}^i,p^i\right)$ 的导数为 0，得到 $\boldsymbol{\mu}^{i+1}$、$\boldsymbol{\Sigma}^{i+1}$、$p^{i+1}$。

$$\boldsymbol{\mu}_k^{i+1}=\frac{\sum\limits_{n=1}^{N}\dfrac{p_k^i N(x_n;\boldsymbol{\mu}_k^i,\boldsymbol{\Sigma}_k^i)}{\sum\limits_{k=1}^{K}p_k^i N(x_n;\boldsymbol{\mu}_k^i,\boldsymbol{\Sigma}_k^i)}x_n}{E\left(z_{nk}|x_n,\boldsymbol{\mu}^i,\boldsymbol{\Sigma}^i,p^i\right)}$$

$$\boldsymbol{\Sigma}_k^{i+1}=\frac{\sum\limits_{n=1}^{N}\dfrac{p_k^i N(x_n;\boldsymbol{\mu}_k^i,\boldsymbol{\Sigma}_k^i)}{\sum\limits_{k=1}^{K}p_k^i N(x_n;\boldsymbol{\mu}_k^i,\boldsymbol{\Sigma}_k^i)}(x_n-\boldsymbol{\mu}_k^i)^2}{E\left(z_{nk}|x_n,\boldsymbol{\mu}^i,\boldsymbol{\Sigma}^i,p^i\right)}$$

$$p_k^{i+1}=\frac{E\left(z_{nk}|x_n,\boldsymbol{\mu}^i,\boldsymbol{\Sigma}^i,p^i\right)}{N} \tag{8-9}$$

2. 基于高斯混合模型的强非线性可见光通信系统的性能改进

机器学习中的非线性算法为处理 VLC 系统中的非线性问题提供了新思路。在通信系统接收端使用聚类算法对接收信号进行聚类，以使其收敛，提高传输性能；K-Means 算法作为光通信中的新兴技术，可以减轻非线性相位噪声[8-9]；但这些研究都是针对低阶调制的。在高阶 QAM 调制 VLC 系统中，非线性的影响更为显著。如图 8-18 所示，在强非线性的情况下，高阶 QAM 信号的外环星座点可能不是规则的圆形分布，这可能会导致性能显著下降。K-Means 算法通过最小化距离进行聚类，却不考虑接收信号的概率分布。而高斯混合模型考虑数据的概率分布。在强非线性情况下，当聚类呈现椭圆形时，与 K-Means 算法相比，高斯混合模型对可见光系统的性能提升更明显，并且通过一系列实验进行了验证。

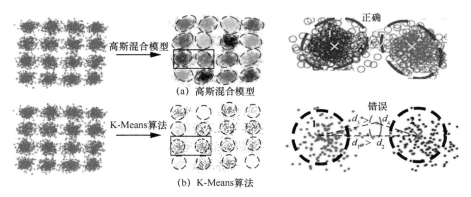

(a) 高斯混合模型

(b) K-Means算法

图 8-18　非线性情况下，使用高斯混合模型和 K-Means 算法进行聚类的结果

我们测量了使用不同聚类算法后 BER 与信号 Vpp 的关系，发现在不同的 Vpp 下，使用高斯混合模型聚类后的 BER 均小于使用 K-Means 算法聚类后的 BER，并且使用高斯混合模型聚类可以实现更大的 Vpp 范围。图 8-19 表明，数据速率为 1.4 Gbit/s 和 1.5 Gbit/s 时，使用高斯混合模型聚类的 Vpp 范围分别比 K-Means 算法聚类大 0.03 V、0.12 V。这也表明非线性越强，高斯混合模型对系统性能的提升越明显。

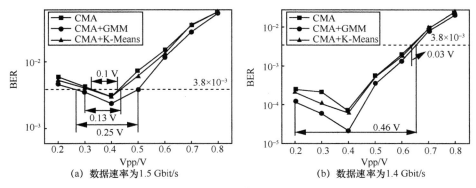

(a) 数据速率为1.5 Gbit/s

(b) 数据速率为1.4 Gbit/s

图 8-19　BER 与信号 Vpp 的关系

我们还测量了使用不同聚类算法后 BER 与信号偏置电流 I 的关系，实验结果如图 8-20 所示。当偏置电流较小时，结果主要受噪声影响；偏置电流较大时，结果主要受非线性影响，这两种情况下系统性能均较差。实验结果表明，在系统性能较差的情况下，高斯混合模型的聚类效果比 K-Means 算法好。

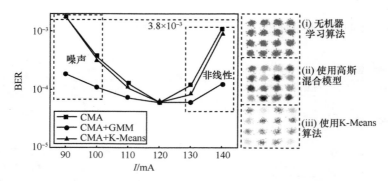

图 8-20　数据速率为 1.4 Gbit/s 时 BER 与信号偏置电流的关系

实验结果表明，在 Vpp 为 0.4 V 和 0.3 V 的情况下，使用高斯混合模型的可达数据速率分别比 K-Means 算法高 0.1 Gbit/s 和 0.15 Gbit/s，如图 8-21 所示。

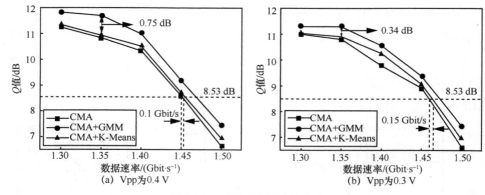

图 8-21　Q 值与数据速率的关系

3. 高斯混合模型在 PAM8 水下可见光通信系统中解决符号间干扰的应用

研究表明，均衡后相邻符号之间存在相关性。而传统的软判决或硬判决会直接去除符号之间的相关性，导致线性和非线性损伤，造成信息的缺失，并导致系统性能下降。为了减少由于信息不足而导致的系统性能下降，我们在 PAM8 水下可见光通信系统中使用高斯混合模型模拟相邻符号之间的相关性。用高斯混合模型对连续符号形成的观测矢量进行聚类，获得连续符号之间的分布关系。观测向量如式（8-10）[10]所示。

$$v_i = \left[s_{i-D}, \cdots, s_{i-1}, s_i, s_{i+1}, \cdots, s_{i+D} \right] \qquad (8\text{-}10)$$

其中，v_i 为第 i 个观测向量，s_i 第 i 个符号，D 是所考虑的相邻符号的数量。此时高斯混合模型如式（8-11）所示。

$$T = \sum_{j=1}^{8} \sum_{c=1}^{C} p_{j,c} \varphi\left(\boldsymbol{v}_i | \boldsymbol{\mu}_{j,c}, \boldsymbol{\Sigma}_{j,c}\right) \tag{8-11}$$

其中，$\varphi\left(\boldsymbol{v}_i | \boldsymbol{\mu}_{j,c}, \boldsymbol{\Sigma}_{j,c}\right)$ 如式（8-12）所示。

$$\varphi\left(\boldsymbol{v}_i | \boldsymbol{\mu}_{j,c}, \boldsymbol{\Sigma}_{j,c}\right) = \frac{1}{\sqrt{(2\pi)^{2D+1} |\boldsymbol{\Sigma}_{j,c}|}} \exp\left[-\frac{1}{2}\left(\boldsymbol{v}_i - \boldsymbol{\mu}_{j,c}\right)^{\mathrm{T}} \boldsymbol{\Sigma}_{j,c}^{-1} \left(\boldsymbol{v}_i - \boldsymbol{\mu}_{j,c}\right)\right] \tag{8-12}$$

其中，$\varphi\left(\boldsymbol{v}_i | \boldsymbol{\mu}_{j,c}, \boldsymbol{\Sigma}_{j,c}\right)$ 是高斯混合模型中的第 i 个高斯分布函数，φ 的均值向量和方差矩阵分别为 $\boldsymbol{\mu}_{j,c}$ 和 $\boldsymbol{\Sigma}_{j,c}$。数据点属于某一个子聚类的概率为 $p_{j,c}$。模型中的 j 表示 PAM 符号的状态数，c 表示观测向量所属的子聚类的数量。对该高斯混合模型求对数似然函数后，用 EM 算法可以估计其参数。

我们考虑了连续两个相邻符号和连续 3 个相邻符号这两种情况，如图 8-22 所示。利用相邻符号之间的相关性，能够有效提升系统性能，并且考虑连续的符号越多，性能提升越明显。

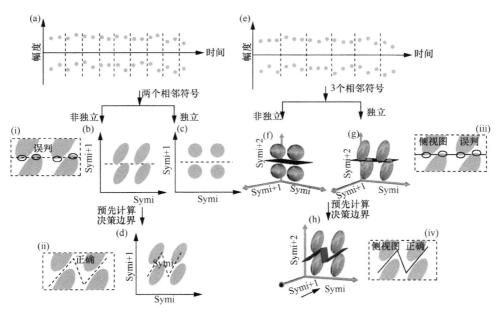

注：（a）连续两个符号；（b）连续 3 个符号。具有硬判决或预判决边界的两个连续符号的高斯混合模型：（b）独立；（c）相关；（d）独立。具有硬判决或预判决边界的 3 个连续符号的高斯混合模型：（f）独立；（g）相关；（h）独立。考虑连续两个符号时，使用硬判决或预判决边界错误：（i）、（ii）；考虑连续 3 个符号时，使用硬判决或预判决边界错误：（iii）和（iv）三维图形的侧视图。

图 8-22　时域符号

我们测量了考虑两个和 3 个相邻符号后偏置电流及 Vpp 与 BER 性能的关系。实验结果如图 8-23 所示。考虑 3 个相邻符号进行聚类后的 BER 性能均小于考虑两个相邻符号进行聚类后的 BER 性能,并且考虑 3 个相邻符号进行聚类相较于考虑两个相邻符号进行聚类可以实现更大的偏置电流和 Vpp 范围。在 1.2 Gbit/s 的数据速率和 0.6 V 的 Vpp 下,考虑 3 个相邻符号的聚类比考虑两个相邻符号的聚类的偏置电流范围大 3 mA。在 1.2 Gbit/s 的数据速率和 120 mA 的偏置电流下,考虑 3 个相邻符号的聚类比考虑两个相邻符号的聚类的 Vpp 范围大 30 mV。

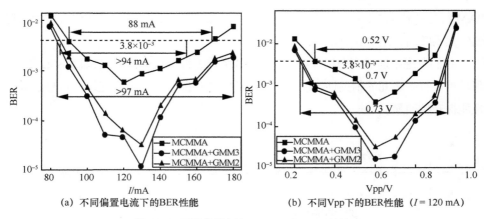

(a) 不同偏置电流下的BER性能　　　　(b) 不同Vpp下的BER性能 ($I = 120$ mA)

图 8-23　不同偏置电流及 Vpp 下的 BER 性能

当数据速率为 1.2 Gbit/s 时,我们在不同的偏置电流和不同 Vpp 下测量 BER 性能,结果如图 8-24 所示。图中的黑线表示 7% FEC 误码门限 3.8×10^{-3}。从图 8-24 (a)～(c)中可以看出,使用 GMM 后可以获得更大的操作范围。在 3 种情况下,与 3 个连续符号的 GMM 聚类相对应的操作范围最大。

最后,在偏置电流为 120 mA 且 Vpp 为 0.6 V 时,在不同的速率下测量了相应的 BER,结果如图 8-25 所示。实验结果表明,连续的符号越多,性能提升越明显。在不使用高斯混合模型聚类的情况下,系统在 FEC 误码门限下可以实现的最大数据速率小于 1.45 Gbit/s,而使用高斯混合模型聚类后最高数据速率可超过 1.5 Gbit/s。考虑 3 个相邻符号的高斯混合模型的 Q 值比无聚类算法时提升了 1.19 dB。在相同的数据速率下,考虑 3 个连续符号时,高斯混合模型聚类的性能优于考虑两个连续符号时的高斯混合模型聚类。

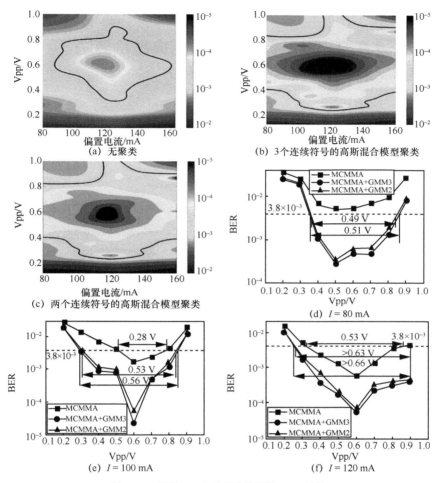

图 8-24　不同 Vpp 和偏置电流下的 BER 性能

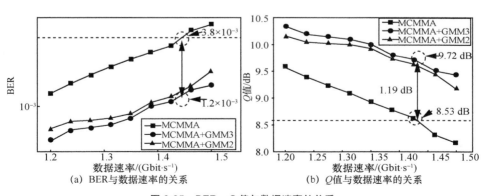

图 8-25　BER、Q 值与数据速率的关系

|8.2 基于有监督的支持向量机算法 |

8.2.1 支持向量机原理

假设一个有 n 个点的训练数据集 $(x_1, y_1), \cdots, (x_n, y_n)$，其中 x_i 为 p 维实向量，也称为特征向量，y_i 为 1 或 -1。y_i 的值表示 x_i 所属的类别[11]。通过将离超平面最近的数据点与超平面距离最大化进行分类。因此，线性分类器称为最大余量分类器，超平面称为最大余量超平面。两侧离超平面最近的点称为支持向量。为了求解最佳的超平面，用式（8-13）表示一个超平面。

$$\omega x - b = 0, \omega \in \mathbf{R}^M, b \in \mathbf{R} \tag{8-13}$$

其中，ω 为超平面的法向向量。如果数据是线性可分的，我们可以找到两个平行的超平面并将两类分离。

$$\omega x - b \geqslant 1, y_i = 1$$
$$\omega x - b \leqslant -1, y_i = -1$$

由两个超平面界定的区域称为"边缘"，最大余量超平面位于它们中间。

接下来，我们通过确定 ω 和 b 来解决优化问题[12]。

$$\min \left[\frac{1}{n} \sum_{i=1}^{n} \zeta_i \right] + \lambda \|\omega\|^2$$

$$\text{s.t} \ \ y_i(\omega x - b) \geqslant 1 - \zeta_i, \ \zeta_i \geqslant 0 \tag{8-14}$$

其中，$\zeta_i = \max(0, 1 - y_i(\omega x - b))$。参数 λ 用于在确定边距大小和准确性之间进行折中[12]。图 8-26 是基于欧氏距离的常规分类平面与基于支持向量机（Support Vector Machine，SVM）的分类平面的对比。由于存在噪声和非线性失真，星座会变形，基于欧氏距离的分类可能导致边缘点被错判。而基于支持向量机的分类通过训练数据，可以根据当前的星座分布调整分类平面。

可以使用拉格朗日对偶、次梯度下降和坐标下降等方法计算 SVM 分类器。在 1992 年，提出了使用核函数作为创建非线性分类器。输入特征向量通过核函数映射到更高维的空间，然后在变换后的特征空间中进行线性分离。常见的核包括线性核、多项式核、高斯（RBF）核等。可以通过计算式（8-15）来预测新输入数据的分类。

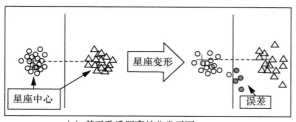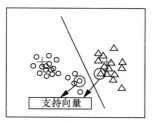

（a）基于欧氏距离的分类平面　　　　　　　（b）基于支持向量机的分类平面[18]

图 8-26　基于欧氏距离和基于支持向量机的分类平面

$$z \mapsto \mathrm{sgn}(\omega\varphi(z)-b) \tag{8-15}$$

其中，z 是输入数据的特征向量，$\varphi(z)$ 是变换后的特征。

8.2.2　基于支持向量机的多频带 CAP VLC 系统相位估计新方案

VLC 具有高安全性、高数据容量和抗电磁干扰的优势，相关人员已经进行了广泛的研究[13-14]。但有限的调制带宽和系统的非线性限制了系统性能的提升。而机器学习方法可以减轻线性噪声和非线性噪声导致的失真，因此在通信系统中得到了广泛的应用，并且已经成功地以较低的复杂度在多种通信场景中实现[14-17]。

可见光通信在短距离光数据链路的无载波幅度和 CAP 方面进行了一系列研究，发现多带 CAP 能显著提高频谱效率[18-19]。经典的均衡算法 CMA 等能使星座点有效收敛，但 CMA 对载波频偏和相偏不敏感，可能引入相位偏移，从而增加误判的可能性。支持向量机仅需要较少训练数据，并且通过核函数获得非线性判决边界，可以降低噪声和非线性失真对 VLC 系统的影响。牛文清和哈依那尔等[20]通过实验证明了支持向量机可以有效地进行相位估计，降低 CMA 引入的相位偏移造成的系统性能劣化。

对于 CAP4，信号分为 4 类，特征向量的维数等于 2（I/Q 分量）。因此，可以使用一对一（OVO）策略进行多类分类。如图 8-27（b）所示，在 n 类数据集的每两个类之间建立 $\frac{n(n-1)}{2}$ 个分类器。输入新的特征向量时，每个分类器都会返回一个分类。星座图中的 4 种点通常是线性可分离的，因此我们采用线性核。

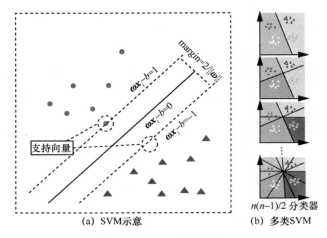

图 8-27 SVM 示意和多类 SVM

实验结果表明，相位偏移得到了明显的校正。图 8-28 显示了每频段在使用和未使用 SVM 时在 400 Mbit/s 下的 BER 性能，其中数据数量与相位偏移有关。右侧显示两种极端情况下的星座图。曲线 A、C 对应未使用 SVM 的星座，而曲线 B、D 对应已经纠正相位偏移的星座。实验结果表明 SVM 在相位估计中效果很好，实现了 400 Mbit/s 的总数据速率，并且降低了两频带 CAP4 VLC 系统的误码率。

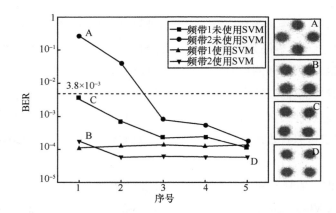

图 8-28 不同频带和算法在 400 Mbit/s 下的 BER 性能，以及未使用和使用 SVM 时的星座图

此外，在每个数据速率下选择 BER 最差的数据时，频带 1 和频带 2 使用 SVM 都可以有效降低 BER。由于衰减，提高传输速率时，频带 2 的 SVM 性能会变差，超过 430 Mbit/s 时，BER 超出了 7%FEC（3.8×10^{-3}）的阈值。

8.2.3　基于支持向量机的车辆照明多路访问互联网几何星座分类的机器学习方案

随着越来越多的车辆连接到物联网（Internet of Things，IoT），传统的车辆自组织网络（Vehicle Auto-Organized Network，VANET）正在转变为车联网（Internet of Vehicles，IoV）。通信的质量是 IoV 的基础，它决定着系统的性能[21]。如图 8-29 所示，当通过车灯进行通信时，IoV 中的多用户访问将导致相互干扰，并使系统更加复杂。

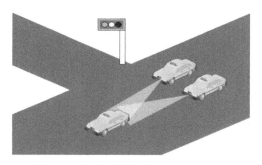

图 8-29　车联网中基于车灯的 VLC 应用

DFT-S OFDM 具有高频谱效率，可以降低 PAPR，因此在抗非线性方面十分有效。本文提出了图 8-30 所示的 16-QAM 的 GS 方案，以最大化最小欧氏距离，减少噪声影响。但当星座失真时，基于蒙特卡洛欧氏距离的星座分类效果不佳。

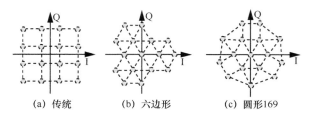

| (a) 传统 | (b) 六边形 | (c) 圆形169 |

图 8-30　传统和 GS 16-QAM 的星座

我们提出了一种在 GS 16-QAM DFT-S OFDM VLC 系统中采用支持向量机进行星座分类的新方案。车头灯用作发射机，引入了两个子带来模拟 MISO 系统，并进行了实验验证。

图 8-31 和图 8-32 显示了 250 Mbit/s 时的 SER 性能与发射信号的平均功率的关系。

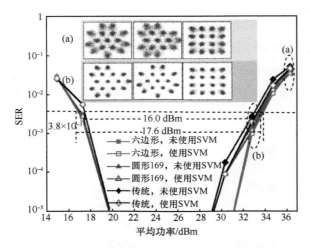

图 8-31　子带 1 SER 性能与平均功率的关系

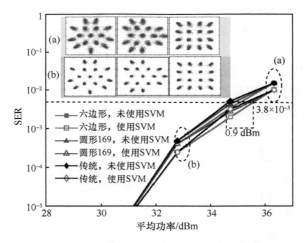

图 8-32　子带 2 SER 性能与平均功率的关系

实验结果表明，SVM 能有效降低 SER，特别是在强非线性情况下。在 7%FEC（3.8×10^{-3}）的 BER 阈值下，使用 SVM 的六边形的信号平均功率动态范围扩展到 17.6 dBm，比未使用 SVM 的传统 16-QAM 信号高 1.6 dBm。在图 8-33 中，黑点表示误差，并且 SVM 的精度显著提高处已用圆圈标记。

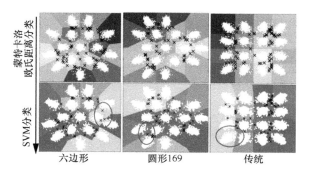

图 8-33　基于蒙特卡洛欧氏距离和 SVM 分类的分类平面

| 8.3　基于神经网络的算法 |

8.3.1　神经网络的原理

神经网络是在 1986 年由以 Rumelhart 和 McClelland 为首的科学家小组提出的，是一种按误差逆传播算法训练的多层前馈网络，它以反向传播算法作为主要网络训练方法，是目前应用最广泛的神经网络模型之一。神经网络能够学习和存储大量的输入–输出模式映射关系，而不需要提前揭示这种映射关系的数学方程。它的学习规则是利用各种梯度下降算法（如高斯牛顿法、自然梯度法等）来反向传播不断调整网络的权重与阈值，使得网络的误差函数最小，目前常用的误差函数有均方误差函数与平均绝对误差等。如图 8-34 所示，基于反向传播算法的神经网络模型主要包括输入层、隐藏层与输出层。

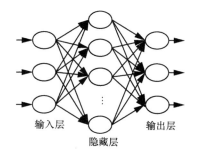

图 8-34　基于反向传播算法的神经网络模型

在神经网络中，若 $x_1, x_2, x_3, \cdots, x_n$ 分别表示神经元的 n 个输入，$w_{j1}, w_{j2}, \cdots, w_{jn}$ 则表示神经元 1, 2, $\cdots$, n 与第 j 个神经元的连接强度，即权值。b_j 是阈值，$f(\cdot)$ 表示激活函数，y_j 是第 j 个神经元的输出。第 j 个神经元的输入值 S_j 为

$$S_j = \sum_{i=1}^{n} w_{ji} x_i + b_j \qquad (8\text{-}16)$$

第 j 个神经元的输出为

$$y_j = f(s_j) = f(\sum_{i=1}^{n} w_{ji} x_i + b_j) \qquad (8\text{-}17)$$

其中，激活函数是单调上升函数，而且必须是有界函数，例如 Sigmoid 函数、双曲正切（tanh）函数、纠正线性单元（ReLU）函数。

8.3.2　函数连接人工神经网络在水下可见光通信系统中的应用

基于 LED 的水下可见光通信系统为了实现高速远距离传输，大功率 LED 灯是必不可少的，但是大功率 LED 灯和其他器件的非线性效应会造成严重的信号损伤，许多方法已经被用于解决这个问题，查找表预均衡算法是其中一种解决非线性的方法。另外，基于 Volterra 级数的后均衡器也是解决非线性问题的方法，并实现了 8 Gbit/s 的波分复用无载波相位幅度调制系统[22]。最近，关于神经网络的研究众多，而函数连接人工神经网络（Function Link Artificial Neural Network，FLANN）是一个很好的滤波器，并且复杂度很低。为了在未来 5G 网络中增加子带的数量来支持多用户的要求，本文考虑用 FLANN 滤波器作为第一级后均衡器来提升多带无载波幅度相位调制系统的性能。

图 8-35 是函数连接人工神经网络框图，图 8-36 所示为 11 个子带 64-QAM CAP 水下可见光通信系统，水下可见光通信系统的非线性损伤主要来自 LED 光源、PIN 接收机、放大器以及驱动电路。为解决其中的非线性问题，首先将接收到的串行信号 $X_{\text{in}} = [X_1, X_2, X_3]$ 输出到第一层，做非线性映射，第一层的输出为 $X_{\text{out}} = [X_1, X_2, X_3, X_1^2, X_2^2, X_3^2]$，这个非线性映射是根据 Polynomial 多项式展开的。然后，X_{out} 输出到一个线性回归器，这个线性回归器通过反向传播算法训练得到最优的权重 w。前向传播的方程可以表达如下。

$$y(n) = \sum_{j=0}^{a} \sum_{k=0}^{b} w_{jk} x(n-k) \left| x(n-k) \right|^j \qquad (8\text{-}18)$$

其中，w_{jk} 代表了神经网络中的训练参数，k 和 j 分别代表了记忆深度与非线性阶数。

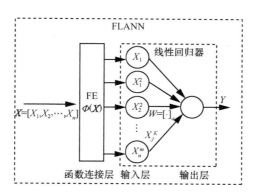

图 8-35　函数连接人工神经网络的框图

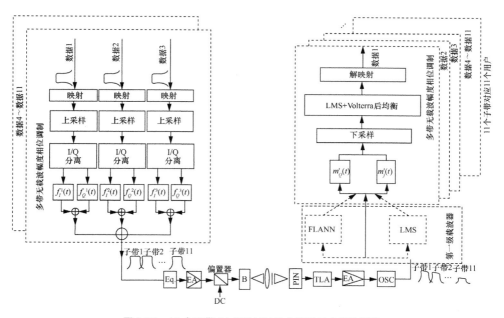

图 8-36　11 个子带 64-QAM CAP 水下可见光通信系统

为了获得最优的均衡性能，**FLANN** 滤波器应该被训练并估计出最好的信道参数 w_{jk}。图 8-37 是可见光通信系统中发射信号和接收信号的频谱，发射频谱的整体响应很平坦，接收频谱的频谱响应不平坦，这说明在可见光信道中，信号会被线性与非线性噪声损伤。

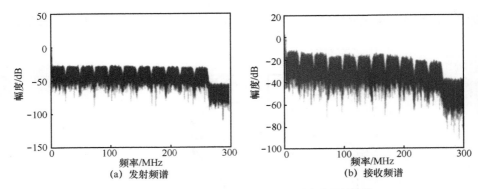

图 8-37 可见光通信系统中发射信号和接收信号的频谱

在研究单带 64-QAM CAP-QAM 信号在可见光通信系统中的传输时，我们发现记忆深度和非线性阶数是影响整体神经网络性能的两个主要参数，于是我们研究了非线性阶数、记忆深度与 BER 的关系，并绘制了图 8-38。从图 8-38 中可以看出，增加记忆深度和非线性阶数，能够给系统的性能带来一定的提升。但是随着记忆深度与非线性阶数的提升，系统的计算复杂度也会相应地提升，出于性能和复杂度的考虑，7 阶记忆深度与 7 阶非线性阶数被选择作为系统最优的参数。在 FLANN 滤波器的训练过程中，我们首先生成一串信号序列，选择其中的 80%作为训练序列来训练 FLANN 模型。其余的数据作为测试集来计算误码率。

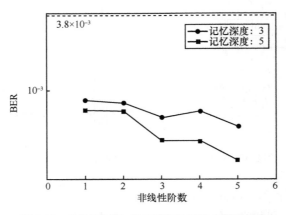

图 8-38 非线性阶数、记忆深度与 BER 之间的关系

为了评价可见光通信系统在未来 5G 网络中支撑多用户的能力，我们产生了 11 个子带的 64-QAM CAP 信号，并且每个子带的带宽设置为 20 MHz。如图 8-36 所示，

产生的信号经过硬件预均衡来补偿频域的衰减，然后信号通过放大，再与直流信号耦合输入到 LED 灯。在接收端，光电探测器将接收到的光信号转换成电流信号，这个电流信号经过放大器放大，从示波器上重采样的数据再进行数字信号处理。图 8-39 是发射信号归一化幅值和其对应的接收信号归一化幅值（AM/AM）之间的关系，可以反映系统的线性度。当存在非线性效应时，响应曲线将不再是直线。当信号功率设置较高时，3 种不同子载波的单频段 64-QAM CAP 信号都存在严重的非线性损伤。与传统的自适应 LMS 滤波器相比，在 $K=7$ 和 $M=7$ 的情况下，FLANN 滤波器对响应曲线的拉直变薄效果更好。当副载波的中心频率受低频噪声的限制而稍低，且高功率光引起的非线性损伤太严重时，补偿效果不明显。在这种情况下，应该增加 K（非线性阶数）和 M（记忆深度）值来减轻 ISI 并补偿非线性损伤。

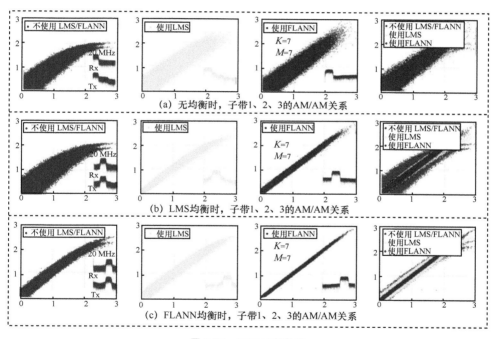

图 8-39　AM/AM 的关系

图 8-40（a）～（d）为采用 FLANN 滤波器的 11 个子带 64-QAM CAP 发射信号、接收信号和均衡信号的频谱。图 8-40（a）中的黑色圆圈区域反映了严重的非线性效应。该滤波器较好地补偿了高频的非线性损伤，使频谱与原始信号的频谱更加匹配。

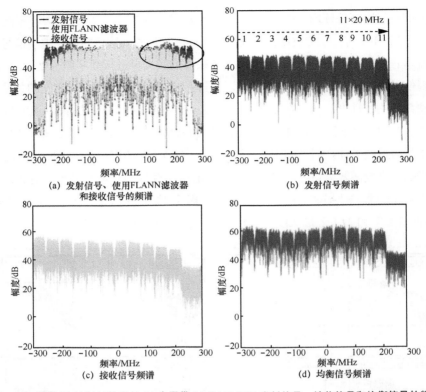

(a) 发射信号、使用FLANN滤波器
和接收信号的频谱

(b) 发射信号频谱

(c) 接收信号频谱

(d) 均衡信号频谱

图 8-40 采用 FLANN 滤波器的 11 个子带 64-QAM CAP 发射信号、接收信号和均衡信号的频谱

图 8-41 描绘了高非线性效应情况下不同子带的误码率。VLC 系统最多可实现 9 个子带 64-QAM CAP 传输，误码率低于 7% FEC 门限。图 8-41 所示为使用和不使用 FLANN 滤波器均衡的不同子带数的 BER，有助于验证 FLANN 滤波器的良好性能。

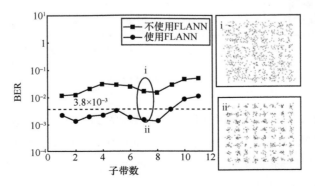

图 8-41 使用和不使用 FLANN 滤波器均衡的不同子带数的 BER 和星座图

图 8-42 显示了 20 MHz 带宽时 3 个子带信号的 BER 与 Vpp，以及 Vpp 为 0.7 V 时的 BER 与传输数据速率。将零误码率设置为 1×10^{-5} 和 1×10^{-4}，以方便演示 BER 性能。比较了不使用和使用 FLANN 滤波器的 BER。结果表明，采用 FLANN 滤波器进行非线性补偿后，整体性能得到了明显改善。然而，当 Vpp=0.1 时，由于严重的噪声损伤和有限的记忆深度，FLANN 滤波器效果不好。当 Vpp 为 0.3～0.5 V 时，应用 FLANN 滤波器可以将 BER 降低到零。当 Vpp 大于 0.6 V 时，由于严重的非线性损伤具有较高的信噪比，但有限的 NL 阶使得 FLANN 滤波器效果不如 Vpp=0.5 V 时好。当偏置电压为 170 mA、Vpp 为 0.7 V 时，VLC 系统会受到严重的非线性影响。在这种情况下，不使用 FLANN 滤波器，子带 3 的 BER 总是不好的。图 8-42（b）说明使用 FLANN 滤波器的 3 个子带 64-QAM CAP 可以获得 0.8 Gbit/s 的传输速率。当传输速率低于 0.5 Gbit/s 时，子带的性能主要受非线性损伤的影响。由于子带具有较高的光功率，因此在低频段的误码率较差。因此，不使用 FLANN 滤波器的子带 1 和子带 2 的 BER 随着数据数率的增加而提高。尽管如此，随着数据数率的降低，使用 FLANN 滤波器的所有子带的整体 BER 性能都有所提高，因为非线性效应得到了补偿，低频子带的信噪比高于高频子带。

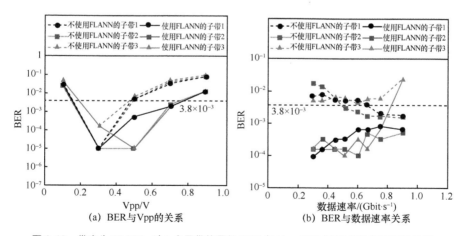

(a) BER 与 Vpp 的关系　　　　　(b) BER 与数据速率关系

图 8-42　带宽为 20 MHz 时 3 个子带信号的 BER 与 Vpp 以及 BER 与数据速率的关系

　　总体而言，在多频段 64-QAM CAP VLC 系统中，我们提出并演示了一种基于多项式 FLANN 滤波器的非线性补偿方案，根据 4G 的技术规范，将每个子带的带宽设置为 20 MHz。实验证明，采用 FLANN 滤波器的多波段 CAP VLC 系统的性能提高了 9 个子

带。通过与 LMS 滤波器的比较，证明了该滤波器具有良好的非线性补偿能力。采用 FLANN 滤波器的多频段 64-QAM CAP VLC 系统在高非线性损伤的情况下可以通过 3 个子带达到 0.8 Gbit/s 的传输数据速率。

8.3.3 深度神经网络在可见光通信系统信道估计中的应用

近年来，高速水下无线通信受到了越来越多的关注，这对海底石油勘探、海底地貌、海水水质检测等领域的发展都有一定的贡献[23-25]。虽然声波通信在水下得到了广泛的应用，但其有限的带宽已经不能满足日益增长的高比特率的需求[13]。基于发光二极管和基于激光二极管的可见光通信系统可以为水下无线通信提供长距离和高比特率的传输[26-28]。为了在仿真过程中为实际的 UVLC 信道设计一个稳定、宽频带的系统，必须对 UVLC 信道进行仿真。然而，海洋是一个由生物和非生物组成的复杂系统。不同的海洋环境参数、颗粒物和溶质在不同波长[29]下具有复杂的光吸收和散射衍射特性。因此，UVLC 信道的复杂性给信道估计带来了很大的困难。特别是在高阶调制 CAP 和 DMT UVLC 系统中，由于电子器件的脉冲响应、水的散射和水下湍流等因素的影响，高非线性畸变 UVLC 信道难以仿真。文献[24, 30-31]模拟的静态 UVLC 系统信道可以作为设置系统参数的参考，保证系统性能最佳和最稳定。由于真实的水下信道是湍流的，Oubei 等[32]用温度诱导的弱湍流对 UVLC 通道进行了建模。最近，Huang 等[33]建立了一个 UVLC 信道模型，该模型考虑了温度和压力引起的弱湍流。然而，这些信道估计关注的是光在水下传输时遇到的不同信道衰减。事实上，在信道估计的过程中，需要考虑放大器的响应、偏置电流和 LED 的非线性响应与调制格式。具体来说，单载波和多载波信号在水中会经历不同的衰减。由于 LED 有限的响应范围与本身具有的非线性效应，如果信号有比较高的 PAPR 就会有更高的损伤。多载波调制技术，例如 OFDM 和 DMT 会有比单载波调制技术更高的 PAPR，因此，水下可见光模型需要将温度、湍流以及非线性效应都考虑进去，这是一个非常复杂的过程，早期在无线通信中证明了 DNN 是一种有效的信道估计的方法[34-39]。

本文推荐一种双臂混合神经网络（TTHnet）用于水下信道的建模，而且这种神经网络被证明是适用于水下可见光信道的单载波与多载波信号的。我们讨论了这种神经网络的设计与优化，还进一步比较了 CNN 与空心多层感知机（Multi-Layer

Perception，MLP）的信道估计性能。实验证明，这种 TTHnet 不仅提供了更好的估计结果，还具有更低的计算复杂度。

通过对传统神经网络的研究，我们发现传统神经网络不仅不能很好地估计信道响应，而且计算复杂度很低，这是因为神经网络的研究重点在于计算机视觉和自然语言处理领域。但是，目前关于信道估计的研究非常有限，直接将神经网络搬到信道估计领域不能满足当前的需求，所以我们推荐用 TTHnet 来进行信道估计，不仅可以包含一部分的先验知识来提升估计性能，还可以保证较低的计算复杂度。图 8-43 描述了 TTHnet 的前向传播过程。

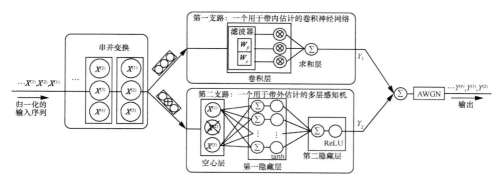

图 8-43　TTHnet 的前向传播过程

在传输信号输入基于 TTHnet 的信道仿真器之前，需要对其进行归一化处理，以保证信道仿真器的鲁棒性。TTHnet 中使用的归一化函数表示为

$$N_{\text{Max-Abs}}(x) = x / \max(\text{Abs}(x)) \tag{8-19}$$

其中，x 表示发射信号。

然后将串行传输的信号转换成并行信号，再将其输入 TTHnet 的输入层。值得注意的是，为了简化前向传播过程的流程，我们将滑动窗口的长度设置为 3。通过实验得知，在目前的 UVLC 系统中，191 是滑动窗口的最佳取值。TTHnet、CNN、MLP 的超参数与结构如图 8-44 所示。

之后，信号被发送到两条不同的支路。在第一支路中，利用一个卷积层和一个稠密层的卷积神经网络（Convolutional Neural Network，CNN）来模拟信号带宽中的线性失真。在第二支路中，采用一个空心算子层和两个密集层的 MLP 来模拟信号带宽的非线性失真。也就是说，第二支路 Y_2 的输出将对第一支路 Y_1 的输出进行

非线性校正。最后，为了模拟真实的时变 UVLC 信道，将高斯白噪声加在整个 TTHnet 的输出信号 Y_{out} 上，整个网络的传输方程可以表示为

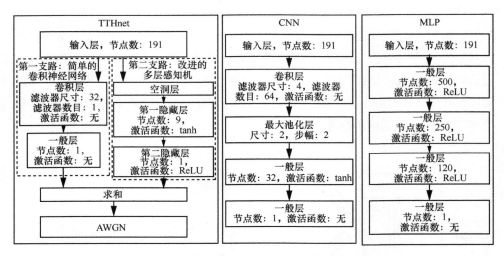

图 8-44 TTHnet、CNN、MLP 的超参数与结构

$$Y_{out} = W^{(3)\mathrm{T}}\begin{bmatrix} W_1^{(2)\mathrm{T}}(\mathrm{conv}(X,W_1^{(1)})+b_1^{(1)})+b_1^{(2)} \\ \tanh(W_2^{(2)\mathrm{T}}\tanh(W_2^{(1)\mathrm{T}}\ \mathrm{hollow}\ (X)+b_2^{(1)})+b_2^{(2)}) \end{bmatrix} + b^{(3)} + \mathrm{AWGN} \qquad (8\text{-}20)$$

其中，W 和 b 是训练的参数与偏置；Y_{out} 是模拟输出的信号，hollow (X) 代表了移除中心特征值的操作，$\tanh(x)$ 可以在参考文献[37]中找到。

$$\tanh(x) = \frac{e^x - e^{-x}}{e^x + e^{-x}} \qquad (8\text{-}21)$$

hollow (X) 用于移除中心特征，这是为了保证第二个分流重点用于估计带外的非线性效应，可以具体用下式表征。

$$\mathrm{hollow}\left(\left[X^{\left(i-\frac{l-1}{2}\right)},\cdots,X^{(i-1)},X^{(i)},X^{(i+1)},\cdots,X^{\left(i+\frac{l-1}{2}\right)}\right]\right) = $$
$$\left[X^{\left(i-\frac{l-1}{2}\right)},\cdots,X^{(i-1)},X^{(i+1)},\cdots,X^{\left(i+\frac{l-1}{2}\right)}\right] \qquad (8\text{-}22)$$

其中，l 为奇数，表示滑动窗口的长度。

在经过正向传播后，我们使用最小均方误差作为损耗函数来计算接收信号和仿真信号分布的差值。W 和 b 的权值可由下式求得。

$$W, b = \underset{W,b}{\arg\min} \frac{1}{m} \sum_{i=1}^{m} \left\| \hat{Y}^{(i)} - Y_{\text{out}}^{(i)} \right\|^2 \tag{8-23}$$

其中，$\hat{Y}^{(i)}$ 是第 i 个发送信号的接收信号，$Y_{\text{out}}^{(i)}$ 是相应的输出估计信号，m 是一个批中的信号的数目。

　　为了使实验更有信息性，我们在实验中将 TTHnet 与传统的 CNN 和 MLP 进行了比较，如图 8-44 所示。在 TTHnet 方面，我们将 191 个 feature 输入 TTHnet 中，并同时传给了第一支路和第二支路。在第一支路中，我们用一个含有 32 个元素的滤波器对特征进行卷积。然后，将卷积层的输出通过一个全连接层传递，生成一个标量输出。在第二支路中，空心操作将消除中心特征（第 96 个特征）。然后，空心层的输出将经过两个隐藏层，第一隐藏层有 9 个节点，使用 tanh 函数作为激活函数；第二隐藏层有一个节点，使用 tanh 函数作为激活函数。第二隐藏层的输出是一个标量。最后，将两条支路的输出加入适当的加性高斯白噪声中，得到仿真信号。TTHnet 的可训练参数为 1 932 个，用于比较的 CNN 和 MLP 分别有 194 945 和 251 491 个参数。换句话说，TTHnet 的空间复杂度仅为 CNN 的 1% 和 MLP 的 0.8%。MLP 的结构和可训练参数借鉴了文献[36]中的研究。由于在信道估计方面对 CNN 还没有研究，所以我们设计了一个基于 CNN 的信道仿真器，其性能优于基于 MLP 的信道仿真器。由于可训练参数的数量直接决定了计算资源的消耗，本文推荐的 TTHnet 消耗了最小的计算资源。

　　根据图 8-45 所示的实验设置，将 64-QAM CAP 调制信号或 64-QAM DMT 调制信号作为发射信号发射到 AWG 中。同时，每 191 个相邻信号作为特征输入神经网络。在真实的水下信道中，AWG 输出的信号经过均衡、放大，并通过偏置器与直流电流耦合，用于驱动蓝色 LED。然后，LED 将电信号转换成光学信号，通过凸透镜将其准直成平行光。然后，在 25℃的水温下，光通过装有 3% 盐水的 1.2 m 的水箱。在接收端，我们使用凸透镜将平行光信号会聚到针脚上，将光信号转换成电信号。然后利用 OSC 对电信号进行采样，得到相应的数字信号。将同步信号作为标签发送到 TTHnet，同时将同步信号作为接收信号发送到相应的解调算法（离线处理）。离线处理将解调接收到的信号并计算误码率。由于实验条件的限制，我们还没有对 UVLC 的湍流信道进行估计。在接下来的研究中，我们将基于神经网络算法模拟受湍流影响的 UVLC 信道。

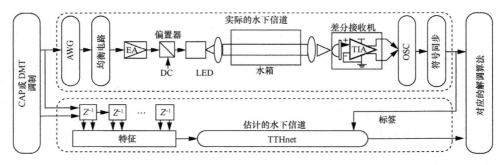

图 8-45　实验装置

在仿真 UVLC 信道中，特征 X 与相应的标签 $\hat{Y}^{(i)}$ 被合起来，并且用作反向传播过程中的训练集，反向传播过程就是为了找到最优的 W 与 b 来最小化均方误差（MSE）。然后，W 和 b 确定训练好的基于神经网络的信道仿真器。为了防止过拟合，提高神经网络的鲁棒性，我们使用新的独立信号对训练好的基于神经网络的信道仿真器（MSE 和 BER 的计算）进行了测试。简而言之，真实的 UVLC 信道、反向传播过程和测试（信道估计）分别用不同的箭头表示。

由于 AWG 用最大绝对值对信号进行归一化，假设最大绝对值归一化函数式（8-19）能够给信道仿真器带来最好的性能和鲁棒性。通过实验将式（8-19）与其他归一化方程进行比较。

最大值–最小值（Max-Min）归一化

$$N_{\text{Max-Min}}(x) = [x - \min(x)] + [\max(x) - \min(x)]$$

Z-Score 归一化

$$N_{\text{Z-Score}}(x) = [x - \text{mean}(x)] / \text{std}(x)$$

根据图 8-46（a），与其他归一化基础估计相比，基于 Max-Min 归一化方法的仿真频谱是对实际接收频谱的更准确估计。但是，不同的频谱之间的差异无法通过肉眼观察到。每个仿真频谱与接收频谱之间的绝对失配计算如下。

$$\text{SpectrumMismatch} = \text{Abs}\left(\text{FFT}(\hat{Y}) - \text{FFT}(Y_{\text{out}})\right)$$

如图 8-46（b）所示，在频域中，基于 Max-Abs 的神经网络仿真器预测的信号与实际接收的信号之间的失配比其他仿真器小得多。Max-Abs、Max-Min 和 Z-Score 的平均失配分别为 0.83 dB、1.90 dB 和 0.95 dB。因此，选择 Max-Abs 归一化算法作为 UVLC 信道模拟器。

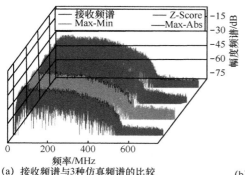

(a) 接收频谱与3种仿真频谱的比较

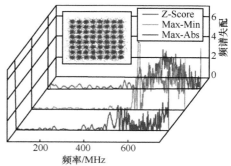

(b) 接收频谱与3种仿真频谱相应的频谱失配

图 8-46　接收频谱与仿真频谱的对比

首先，我们设计了一个 TTHnet 的第一个分支线性卷积网络来模拟内部频带失真现象。TTHnet 的第一支路可以表示为

$$Y_{\text{out}} = \boldsymbol{W}_1^{(2)\text{T}}(\text{conv}(\boldsymbol{X}, \boldsymbol{W}_1^{(1)}) + b_1^{(1)}) + b_1^{(2)} + \text{AWGN} \tag{8-24}$$

图 8-47（a）中的接收频谱和第一支路相比，TTHnet 的第一支路可以精确地模拟带内信号的频谱响应。然而，TTHnet 的第一支路没有能力模拟带外信道。因此，我们增加了一个基于 MLP 的支路作为第二支路，这可以使我们的网络具备模拟带外信道的能力。无空心层的 TTHnet 是可行的，可表示为

$$Y_{\text{out}} = \boldsymbol{W}^{(3)\text{T}} \begin{bmatrix} \boldsymbol{W}_1^{(2)\text{T}}(\text{conv}(\boldsymbol{X}, \boldsymbol{W}_1^{(1)}) + b_1^{(1)}) + b_1^{(2)} \\ \tanh(\boldsymbol{W}_2^{(2)\text{T}} \tanh(\boldsymbol{W}_2^{(1)\text{T}} \boldsymbol{X} + b_2^{(1)}) + b_2^{(2)}) \end{bmatrix} + b^{(3)} + \text{AWGN} \tag{8-25}$$

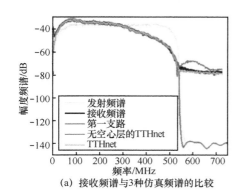

(a) 接收频谱与3种仿真频谱的比较

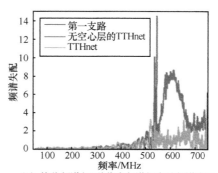

(b) 接收频谱与3种仿真频谱相应的频谱失配

图 8-47　接收频谱与仿真频谱的对比

由图 8-47（a）中的无空心层的 TTHnet 曲线可以看出，虽然无空心层的 TTHnet

可能可以模拟接收信号的带外噪声，但是模拟的频谱响应与真实信道的频谱响应有很大的不同。由于 TTHnet 的第一支路没有空心层，可以模拟信号的带内信道频谱响应，因此无空心层的 TTHnet 的第二支路可以同时模拟带内和带外信道的频谱响应，在估计带内信道的频谱响应时，这两条支路的作用是重叠的。TTHnet 不需要空心层来浪费资源（可训练的参数）就可以估计内部信道频谱响应而不是侧重于带外信道的估计。因此，我们在第二支路上增加了一层空心层。空心层保证了在正向传播过程中，第二支路忽略了中心信号（本例中的第 96 个特征），这将大大降低第二支路模拟 UVLC 信道带内信道频谱响应的能力。因此，第二支路将更加重视 UVLC 信道的频谱响应。

根据图 8-47（a）的实验结果，TTHnet 仿真信号的频谱响应更接近实际接收信号。从图 8-47(b)中频谱失配曲线可以看出，TTHnet 第一支路平均频谱失配为 25.03 dB，无空心层 TTHnet 平均频谱失配为 2.02 dB，TTHnet 平均频谱失配为 0.77 dB。空心层可以将无空心层的 TTHnet 信道仿真器的频谱失配降低 62%。至此，我们已经完成了 TTHnet 信道仿真器的设计和优化。

充分的训练使得基于神经网络的信道仿真器能够收敛，从而使神经网络模型获得最优稳定的性能。因此，有必要确定使 TTHnet 收敛所需的最小迭代次数。图 8-48 显示了 3 种基于神经网络的信道仿真器仿真信号的 BER 失配和频谱失配。BER 失配可以表示为

$$\text{BER}_{\text{MisMatch}} = \text{Abs}\left(\text{BER}(\hat{Y}) - \text{BER}(Y_{\text{out}})\right) \tag{8-26}$$

可以看出，在训练过程中，无论是 CAP 调制系统还是 DMT 调制系统，TTHnet 的收敛速度都比 MLP 和 CNN 慢。然而，TTHnet 在收敛后的性能要比 MLP 和 CNN 性能好得多。在 64-QAM CAP UVLC 系统中，基于 TTHnet 的信道仿真器的 BER 失配仅为 MLP 信道仿真器的 13% 和 CNN 信道仿真器的 17%。经过 30 个 epoch 的训练，MLP、CNN 和 TTHnet 的平均频谱失配分别为 2.35 dB、1.92 dB 和 0.85 dB。在 64-QAM DMT UVLC 系统中，基于 TTHnet 的信道仿真器的 BER 失配仅为 MLP 信道仿真器的 13% 和 CNN 信道仿真器的 1%。经过 30 个 epoch 的训练，MLP、CNN 和 TTHnet 的平均频谱失配分别为 4.48 dB、1.40 dB 和 0.74 dB。基于以上分析，无论是单载波调制还是多载波调制 UVLC 系统，基于 THHnet 的信道仿真器仿真的接收信号的 BER 和频谱都与实际接收信号最接近。

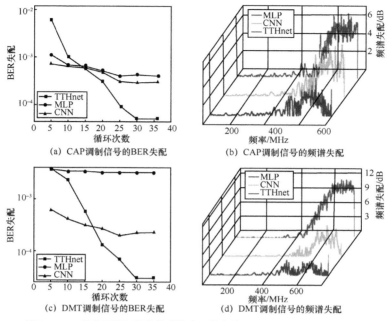

图 8-48　3 种基于神经网络信道仿真器仿真信号的 BER 失配和频谱失配

为了验证不同状态 UVLC 信道的 TTHnet 仿真器的通用性，我们在图 8-49（a）中比较了真实 UVLC 信道后的 64-QAM CAP 发射信号与 64-QAM DMT 发射信号在不同偏置电流下的 BER 性能。在图 8-45 中，偏置电流作为发射信号的载体并驱动 LED，这是导致发射端非线性失真的关键因素之一。在 64-QAM CAP 中，预测信号与真实接收信号的最大误码率差为 0.5 dB。当发射信号的调制方式为 64-QAM DMT 时，不同偏置电流下的最大误码率差为 0.35 dB。此外，当偏置电流变化时，仿真信号与实际接收信号的 BER 趋势相同。由于 TTHnet 信道仿真器仿真信号的 BER 与实际接收信号的 BER 相差不大，且与电流变化趋势相同，所以 TTHnet 信道仿真器普遍适用于偏置电流的变化。

引起 UVLC 信道非线性失真的另一个重要因素是 Vpp。在图 8-49（b）中，用各种 Vpp 代替各种偏置电流进行实验。在不同的 Vpp 下，64-QAM CAP 和 64-QAM DMT 调制信号的最大误码率差为验证集上的 0.29 dB 和 0.17 dB。因此，无论是偏置电流变化还是 Vpp 变化的 UVLC 信道，TTHnet 信道仿真器引起的信号失真与真实的 UVLC 信道相似。

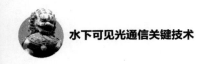

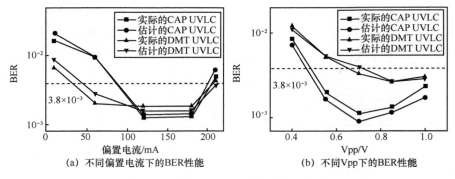

(a) 不同偏置电流下的BER性能   (b) 不同Vpp下的BER性能

图 8-49　BER 性能分析

一般情况下，随着数据速率的增加，UVLC 系统的 ISI 和非线性失真也会增加。为了验证不同数据速率下 UVLC 信道 TTHnet 信道仿真器的通用性，在图 8-50 中测量了误码率–数据速率曲线。在 CAP UVLC 系统中，使用 CAP 调制训练集训练的 TTHnet 信道仿真器可以准确地仿真接收到的 CAP 调制信号，这在 CAP UVLC 仿真曲线中有描述。

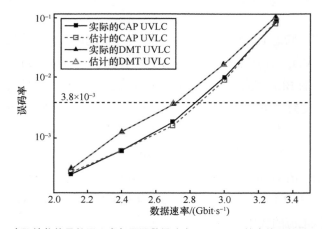

图 8-50　实际接收信号的误码率与不同数据速率下 TTHnet 仿真信号的误码率的比较

我们提出了一种用于 UVLC 信道估计的深度学习算法 TTHnet。与传统的基于神经网络的信道仿真器（如 MLP 和 CNN）相比，基于 TTHnet 的信道仿真器具有更低的复杂度和更好的性能。同时，我们证明了在信号输入到基于人工神经网络的信道仿真器之前，Max-Abs 是一种合适的信号归一化算法。与无空心层的 TTHnet

相比，提出的空心层可以将预测信号的频谱失配降低 62%。与基于 MLP 和 CNN 的信道仿真器相比，基于 TTHnet 的信道仿真器在误码率和频谱失配方面具有更好的性能。同时，基于 TTHnet 的可训练参数的信道仿真器只有 0.85 dB 的平均频谱失配，仅为基于 MLP 的 251 491 个参数的信道仿真器的 36% 和基于 CNN 的 194 945 个参数的信道仿真器的 44%。实验结果证明了基于 TTHnet 的 UVLC 信道仿真器在变偏置电流、变 Vpp、变数据速率条件下的通用性。最后，实验结果证明所提出的 TTHnet 是一种有潜力的 UVLC 信道仿真器。

8.3.4　高斯核深度神经网络在水下可见光通信系统中的应用

近年来，随着白色 LED 的快速发展，基于 LED 的可见光通信技术的研究越来越受到学者的关注。VLC 具有速度快、无电磁辐射、人眼安全、通信可靠等优点[13,40]。特别是现有的水下无线通信方式（水声通信、射频通信等）已经不能满足高速、长距离传输的需要[26-28]。在基于 LED 的 VLC 中，由于蓝绿光的波长位于水的传输窗口（吸收系数较小），因此蓝/绿光 LED 的 VLC 可以同时实现相对长距离和高速的水下通信。因此，基于 LED 的水下无线通信可能是未来高速水下通信网络的一个有前途的解决方案。

然而，复杂的水下环境包括湍流、散射和扩散，这导致了一个高度非线性的畸变信道。因此，现有的线性均衡技术，如递归最小二乘（RLS）、最小均方（LMS）、标量改进的级联多模算法（S-MCMMA）[22,26-27]等，都不能有效地恢复非线性失真信号。因此，一种有效的消除非线性劣化的方案对于实际的水下 VLC 系统至关重要。幸运的是，大量的机器学习算法已经被证明是处理非线性过程的智能工具[41-43]。作为机器学习的热点之一，DNN 已广泛应用于人脸识别、语音识别、图像识别等[44]。DNN 能够在任何闭合区间内对连续模型进行建模，并且应用了非线性激活函数（tanh、Sigmoid、ReLU 等）[45]，DNN 可以作为联合的解决方案应用高性能非线性信道均衡和解映射，即，DNN 可以通过训练过程自动找到输入特征与分类标签之间的关系。事实证明，人工神经网络均衡器能够恢复 VLC 系统中受到非线性影响而劣化的信号[46]。

众所周知，LED 的非线性传递函数、驱动电路和接收端的非线性放大使得基于 LED 的可见光通信出现非线性损伤。上文，我们介绍了 Volterra 级数可以成为一个有用的非线性补偿器[1]。但是由于计算复杂，通常 Volterra 级数的阶数限制在二阶，因此对于符号间干扰严重的高非线性情况，Volterra 均衡器无法补偿三阶非线性。采用神经网络是实现非线性信道均衡的有效方法，但相对较长的学习速度将限制其在实时通信系统中的实际应用。因此，在高速 VLC 系统中，寻找与 DNN 性能相当但训练速率较低的非线性缓解方案是一个巨大的挑战。本书提出了一个高斯核辅助 DNN 进行非线性缓解。应用高斯核函数对训练序列进行预处理，可以显著加快收敛速度，降低训练速度。实验结果表明，使用高斯核函数可以减少 47.06% 的训练迭代次数。最后，基于上述算法，我们在水下 1.2 m 的基于 LED VLC 系统中实现了 1.5 Gbit/s 信号的传输，验证了该方案是一种有希望的 VLC 非线性缓解方案。

首先，我们将分析水下 VLC 信道，同时阐述高斯核深度神经网络（Gaussian Kernel DNN，GK-DNN）作为均衡器应用于 PAM8 水下 VLC 系统的结构和工作原理。由于 DNN 模型将 PAM8 水下 VLC 系统中的均衡问题作为一个分类问题来处理，因此它同时具有均衡和解映射的优点。S-MCMMA 和 DNN 的组合可以同时进行线性均衡、非线性均衡和解映射。

2017 年，文献[47]提出了水下 VLC 信道的静态信道模型，表示为

$$C(\omega) \approx 10 \lg \left(\left(\frac{D_R}{\theta_{1/e} d} \right)^2 e^{(a+b)d \left(\frac{D_R}{\theta_{1c} d} \right)^s} \right) \qquad (8-27)$$

其中，a 是吸收系数，b 是散射系数。

然而，这种信道只考虑光通损耗。真正的水下 VLC 信道包括电子器件（信号放大器、预均衡器、LED 驱动器、LED 等）的频响和光信道。因此，我们系统中的信道模型为

$$H_0(\omega) = G_T(\omega) C(\omega) G_R(\omega) \qquad (8-28)$$

其中，$C(\omega)$ 是水下可见光信道中最优的传输特性，$G_R(\omega)$ 是接收机的电子转移方程，$G_T(\omega)$ 是发射机的电子转移方程[48]，其表达式可以为

$$G_T(\omega) = e^{-\omega/\omega_f} \qquad (8-29)$$

其中，ω_f 是一个合适的系数。

在无线通信中，发射信号可以表示为

$$s(t) = \sum_{n=-\infty}^{\infty} a_n g_T(t - nT_s) \qquad (8-30)$$

其中，$g_T(t)$ 是发射的基带信号。

如果 $r(t)$ 是在时间点 $t = KT + t_0, k = 0, 1, \cdots$，采样点的值可以表达为[49]

$$r(kT_s + t_0) = a_n g_R(t_0) + \sum_{n \neq k} a_n g_R(kT_s + t_0 - nT_s) + n_R(kT_s + t_0) \qquad (8\text{-}31)$$

其中，$\sum\limits_{n \neq k} a_n g_R(kT_s + t_0 - nT_s)$ 是 ISI 的表达式，并作用于所有的波形，$g_R(t_0)$ 是在时间点 t 的接收基带信号的采样波形。

非线性失真主要是由 LED 的非线性引起的。LED 的实测 *P-I* 曲线和 *I-V* 曲线将在之后给出。LED 的 *I-V* 曲线一般用式（8-32）表示[50]。

$$i_{\text{LED}} = \begin{cases} i_s(e^{qV/KT} - 1), V > V_F \\ 0, V \leqslant V_F \end{cases} \qquad (8\text{-}32)$$

由式（8-32）可以看出，电流和电压的关系并不是线性的。

以上的分析进一步证明了水下可见光通信系统中的非线性效应与码间串扰。

多层感知器由一个输入层、多个（L 个）隐藏层和一个输出层组成，每个层包含多个节点。此外，在高斯核函数层和输出层之间的每一层的节点只向前连接到后一层的节点，每个连接都与一个权重 $w_{i,j}^l$ 相关联。所有的权值都可以表示为以下矩阵。

$$w_{i,j}^l \in \boldsymbol{W}^l = \begin{pmatrix} w_{1,1}^l & \cdots & w_{1,n}^l \\ \vdots & & \vdots \\ w_{m,1}^l & \cdots & w_{m,n}^l \end{pmatrix}, l = 1, 2, \cdots, L, L+1 \qquad (8\text{-}33)$$

其中，i 和 j 分别表示当前层和后续层的第 i 和第 j 个节点。l 表示第 l 个隐藏层（$l = L+1$ 时，表示输出层）。当数据从一个节点传输到下一个节点时，需要乘以相应连接的权重。

图 8-51 显示了一个 GK-DNN 的结构。第一层为输入层，S-MCMMA 算法处理的信号作为输入层的特征向量进入神经网络，可以表示为 $\boldsymbol{x} = \left[I_1, I_2, \cdots, I_{n_f-1}, I_{n_f} \right]$。$n_f$ 是一个奇数，它是特征向量中元素的总数。出于 ISI 的考虑，中心信号（$I_{(n_f+1)/2}$）在水下 VLC 信道中传播时受到相邻信号的影响。

第二层是高斯核函数层。在这一层中，基于高斯分布可以近似 ISI 的假设，使用高斯核函数来加速神经网络的训练过程。高斯核函数可以表示为[51]

$$k(t, t')_i = e^{-\left(\frac{\pi(t - t')}{a}\right)^2} = e^{-\left(\frac{\pi((i) - (i+1)/2)}{a}\right)^2} = e^{-\left(\frac{\pi(i-1)}{2a}\right)^2}, i = 1, 2, \cdots, n_{f-1}, n_f \qquad (8\text{-}34)$$

$$a = \frac{1}{\beta} \sqrt{\frac{\ln 2}{2}} \qquad (8\text{-}35)$$

其中，a 控制高斯核函数的范围，这有关 –3 dB 带宽（$1/\beta$）。

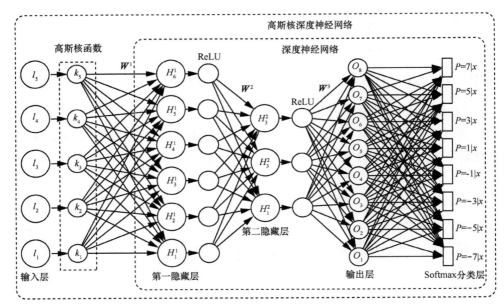

图 8-51　GK-DNN 的结构

幅度系数矢量 $\boldsymbol{k} = [k_1, k_2, \cdots, k_{n_f-1}, k_{n_f}]$ 和 β 的关系在图 8-52 中体现出来，当 β 降低，幅度系数 $\boldsymbol{k}$ 的方差也减少。相邻信号对中心信号的影响与幅度系数呈正相关，因为幅度系数越大，相邻信号的幅度越大，这样对中间信号的影响自然越大。换句话说，更高的信道非线性需要一个较小的 β。输入层的所有特征都应乘以相应的高斯核振幅系数，以近似相邻信号对中心信号的干扰强度。最后，高斯核函数层的输出可以表示为

$$\boldsymbol{g}(x) = x \cdot \boldsymbol{k} = \left[I_1 k_1, I_2 k_2, \cdots, x_{n_f-1} k_{n_f-1}, x_{n_f} k_{n_f} \right] \tag{8-36}$$

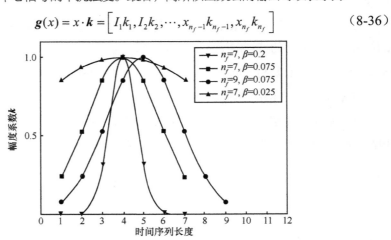

图 8-52　幅度系数 $\boldsymbol{k}$ 与时间序列长度的关系

隐藏层夹在高斯核函数层和输出层之间，隐藏层中的节点将对上一层的输入求和。然后，加上一个偏差 $\boldsymbol{b}^l = \left[b_1^l, b_2^l, \cdots, b_n^l \right]$ 有

$$H_j^1 = \sum_{i=1}^n w_{i,j}^l k_i + b_i^l \tag{8-37}$$

在我们的网络中使用的非线性主动函数是 ReLU 函数，它将线性神经网络转换成非线性神经网络。ReLU 函数可以简单地表示为 $f(x) = \max(0, x)$，其中 x 是与活动功能单元连接的节点的输出。考虑到活动函数，其他隐藏层节点表示为

$$H_j^l = \sum_{i=1}^n w_{i,j}^l f(H_j^{l-1}) + b_i^l, 1 < l < L+1 \tag{8-38}$$

在第一隐藏层中，所有高斯核函数修正的特征首次混合。换句话说，每个特征之间的干扰将在第一隐藏层中进行。为了确保所有的干扰条件都被考虑在内，在第一隐藏层 N_{h1} 中应该有足够数量的节点。事实上，可以把 DNN 看作一组描述特征和标签之间关系的模型。更多的节点创建具有更复杂结构和更大模型集的 DNN。模型集越大，越有可能包含特征和标签之间的真实关系。因此，第一层的节点数量应该足够大，以保证模型集中包含实际的映射模型。然而，DNN 需要较高的计算复杂度和较长的训练时间来确定最佳模型。通过实验找到了输入特征个数与第一隐藏层最优节点个数之间的表达式。

$$N_{h1} = \sum_{i=1}^{n_i} C_{n_i}^i \tag{8-39}$$

由于 ISI 的存在，必须考虑神经网络中所有输入信号之间的相互作用。因此，假设每个节点的输入信号都需要与神经网络第一隐藏层的其他输入信号进行交互。因此，第一隐藏层应该包含输入层中节点的各种排列，即，直接连接来自输入层的节点、在输入层的两个节点的组合、在输入层的 3 个节点的组合等。因此，第一隐藏层的数目可以由式（8-39）中表示的排列可能性决定。这样，在 PAM8 水下 VLC 系统中，DNN 可以在有限的系统资源和训练数据集的情况下获得最佳性能。在数据到达输出层之前，需要通过第二隐藏层来提高 DNN 的建模能力。

输出层节点 N_0 的数量与传输信号的层数相同。对于 PAM8 来说，N_0 等于 8。然后，Softmax 层对输出进行分类。Softmax 层输出是当前特征映射到每个级别的概率，可以表示为[51]

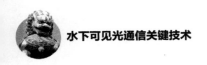

$$p(y = L_j \mid x)_j = \mathrm{e}^{O_j} / \sum_{i=1}^{n} \mathrm{e}^{O_i}, L_j = -7, -5, -3, -1, 1, 3, 5, 7 \qquad (8\text{-}40)$$

其中，O_i 是每个输出层每个节点的输出值，可以通过式（8-41）给出。

$$O_i = \sum_{i=1}^{n} w_{i,j}^{L+1} f(H_j^{L+1}) + b_i^{L+1} \qquad (8\text{-}41)$$

在训练模型的基础上，将输入特征向量 x 分类为具有最大概率的标量预测水平 Lp。需要注意的是，GK-DNN 使用 Softmax 分类器作为输出层。因此，输出层应与调制星座的数目相匹配。因为 PAM8 有 8 个电压等级，所以输出层的节点数和 Softmax 分类器的数量应该设置为 8。对于采用不同调制方式的传输场景来说，需要对 GK-DNN 的输出层进行相应修改。

在训练过程中，根据传输数据 $q(x)$ 与预测数据 $p(x)$ 的概率分布交叉熵的负对数似然，将包含特征和标签的训练数据集输入代价函数中。成本函数为

$$C(q, p) = -\sum_x q(x) \log p(x) \qquad (8\text{-}42)$$

最后，基于梯度下降反向传播算法对所有参数（W^l 和 b^l）的值进行优化，降低了代价函数。

图 8-53 展示了利用 GK-DNN 均衡的 PAM8 水下 VLC 系统框图和实验设置。在本实验中，将原始的位序列映射成真实的符号，形成 PAM8 信号。采用 PS-曼彻斯特编码来降低共模噪声，提高系统性能，然后是上采样和奈奎斯特滤波。然后，将 PAM8 数据输入 AWG（型号：Tektronix AWG710B）的信道中，产生电信号。生成的 PAM8 信号经过自行设计的基于桥接的预均衡器，补偿高频分量[52]处的衰减。通过 25 dB 增益的小型电路 EA 放大后，通过偏置器将电信号和直流偏置电压相结合，应用于 RGBYC 硅衬底 LED 灯（由南昌大学研究）[53]的蓝（457 nm）晶片上。硅衬底 LED 的测量特性如图 8-54 所示。

值得注意的是，在实验中，我们只是简单地模拟了盐水。水箱中水的盐度约为 3.5%，约为海水的平均盐度。作为初步实验，由于实验条件的限制，水是静态的，实验结果可以揭示严格静水条件下的传输性能。为了实现更真实的海洋信道模型，必须考虑湍流、散射和扩散，这些因素的影响应在今后的实验中加以研究。

在经过 1.2 m 的水下和自由空间传输后，PAM8 信号通过商用 PIN 光电二极管在接收机上接收。接收到的信号经 EA 放大，并由数字存储示波器（型号：Agilent DSO54855A）记录，以便进一步脱机处理信号。在脱机处理中，依次执行信号同步、

功率归一化和下采样，以获得标准化的 PAM8 信号。微分解码用于减轻共模噪声的影响。

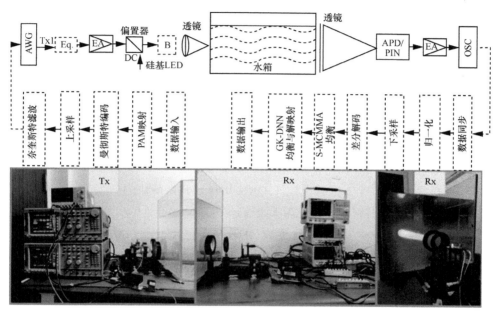

图 8-53　利用 GK-DNN 均衡的 PAM8 水下 VLC 系统框图和实验装置

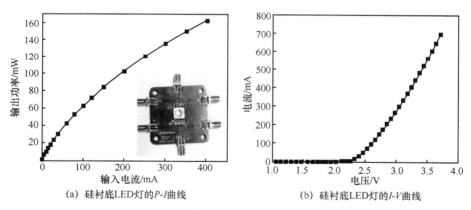

(a) 硅衬底LED灯的*P-I*曲线　　　　(b) 硅衬底LED灯的*I-V*曲线

图 8-54　硅衬底 LED 灯的测量特性

接下来，传递 PAM8 信号通过一种基于 S-MCMMA 的自适应后均衡器消除符号间干扰。然后，利用我们提出的 DNN 均衡和解映射来获得原始符号。由于输入特征是时间序列中的接收信号，因此 GK-DNN 均衡器是基于时域均衡的。由于输出层使用 Softmax 分类器，所以 8 个输出节点代表 8 个不同的 3 位二进制序列。GK-DNN 不仅起均衡器的作用，而且起信号判决和信号需求的作用。最后，对 PAM8 信号进行解调，得到原始的比特序列，并计算系统的误码率。

本节将分析 GK-DNN 均衡器在 PAM8 水下 VLC 系统中的实验结果。

图 8-55（a）显示了具有不同特征数的 DNN 均衡器训练过程。需要注意的是，所选的特征数限制了 DNN 均衡器能够模拟的信号间干扰的数量。例如，DNN 均衡器具有 3 个特点，只能模拟和均衡 3 个相邻信号之间的干扰。然而，在一个高度非线性的系统中，仅仅计算 3 个信号之间的 ISI 是不够的。根据图中的黑色加粗曲线，系统不能训练到硬判决前向纠错（HD-FEC）限制。在一个高度非线性的 PAM8 水下 VLC 系统中，有 7 个特性允许 DNN 均衡器获得最快的训练速度。在完全训练的情况下，9 个特征允许 DNN 均衡器获得最佳均衡性能，如图 8-55（b）所示。特征的数量超过 9 个时，VLC 系统的误码率开始增加，因为更多的输入特性导致一个复杂结构，这需要一个更大的训练数据集与有限的训练数据，过于复杂的网络不能有效地训练来实现最优条件。因此，在输入特性的数量和训练数据的数量之间存在权衡。在我们的实验中，输入特征的数量设置为 7 个。根据上一段的结论，我们设计了一个由 127 个节点的第一隐藏层和 7 个节点的第二隐藏层组成的神经网络。

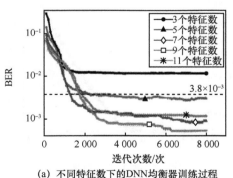
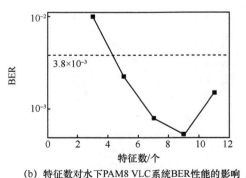

(a) 不同特征数下的DNN均衡器训练过程　　(b) 特征数对水下PAM8 VLC系统BER性能的影响

图 8-55　训练参数与 BER 的关系

为了评价这一假设，进行了实验研究。当输入层有 5 个节点时，BER 为第一层节点数的函数，如图 8-56 中的 3 个特征数曲线所示。当增加第一层的节点数时，

BER 明显降低。当第一隐藏层节点数达到 25 个时，即为式（8-39）所得到的排列数，此时性能最佳。进一步增加节点的数量，超过 25 个时不会显著提高误码率。因此，实验结果与式（8-38）完全一致。这样就可以确定神经网络第一隐藏层的最小节点数，从而达到优化的性能。我们已经探索了所有隐藏层的节点数与 BER 性能之间的关系，如图 8-56 所示。可以发现，第 3 层的存在对系统误码率的影响非常有限，因此本实验只使用了两个隐藏层。双隐藏层神经网络结构可以最大限度地提高 DNN 均衡器的均衡性能。从图 8-56 可以看出，当第二隐藏层的节点数达到 5 个时，继续增加节点数并不能有效降低误码率；因此，第二隐藏层的节点数应该设置为 5 个，与输入特征的节点数相同。综上所述，根据式（8-38）设计第一隐藏层的节点数，第二隐藏层的节点数可以与输入特征向量的元素数（输入层的节点数）相同。

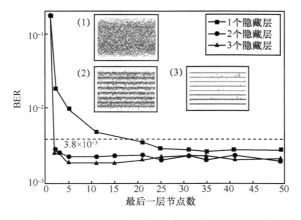

注：　(1) 不均衡的星座；　(2) S-MCMMA 均衡的星座；　(3) S-MCMMA 与 DNN 均衡的星座。

图 8-56　基于 DNN 均衡器的 PAM8 水下 VLC 系统不同隐藏层网络结构与 BER 性能的关系

通过控制 AWG 产生的信号 Vpp，得到了两组不同非线性程度的数据。在相同的偏置电压下，Vpp 越大，LED 的非线性度越高，信道的非线性度越高。本实验将图 8-57（a）中的 Vpp 设置为 0.6 V，将图 8-57（b）中的 Vpp 设置为 0.4 V。因此，图 8-57（a）为高非线性信道结果，图 8-57（b）为低非线性信道结果。从图 8-57（a）可以看出，高斯核函数可以显著加快训练速度，减少训练迭代次数，这与计算资源和训练时间呈正相关。在不应用高斯核函数的情况下，DNN 均衡器需要 1 700 次迭代才能达到 HD-FEC 阈值为 3.8×10^{-3} 的误码门限，当应用高斯内核

（β= 0.075）时，只需要 800 次迭代训练即可达到 HD-FEC 阈值，复杂度仅为不应用高斯内核时的 47.06%。当 β = 0.075 时，2 000 次迭代后的最终数量是 0.001 97，也就是只有 75%的均衡器 DNN 没有高斯内核（$\beta \to 0$）。然后，通过控制 AWG 产生的信号的符号速率，得到两组不同非线性程度的数据。对比高非线性信道和低非线性信道的训练过程，如图 8-57（a）和图 8-57（b）所示（S-MCMMA 均衡后对应的星座图如图 8-57（a）和图 8-57（b）中的插图所示），可以得出以下结论，β 较小有助于提高误码性能但会降低训练速度；β 较大有助于提高训练速度但是 BER 性能会下降。然而，一个完全训练的 GK-DNN 均衡器消耗了太多的计算资源。因此，在最佳 BER 性能和训练速率之间存在权衡。考虑到有限的计算资源，β 较小的 GK-DNN 均衡器适用于高非线性信道，β 较大的 GK-DNN 均衡器适用于低非线性信道。

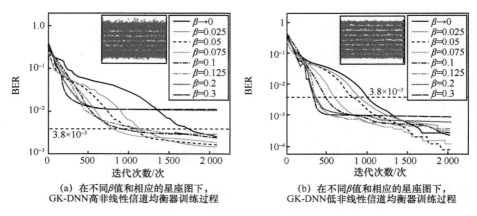

(a) 在不同β值和相应的星座图下，
GK-DNN高非线性信道均衡器训练过程

(b) 在不同β值和相应的星座图下，
GK-DNN低非线性信道均衡器训练过程

图 8-57　迭代次数与误码率关系

图 8-58（a）描述了 GK-DNN 均衡器达到误码门限时所需要的迭代次数和 β 之间的关系。计算资源的对应效率如图 8-58（b）所示。非线性强的情况下，β 是一个凹函数的迭代次数。换句话说，有一个优化的 β=0.075，可以最大程度地减少 GK-DNN 均衡器所需的训练迭代次数（47.06%）。当非线性弱的情况下，随着 β 增加，训练速度变得更快，这表明预测的信号中心与信号的特征向量强烈相关。以上实验分析表明，使用高斯核函数可以显著提高基于 DNN 均衡器的水下 VLC 系统的误码率性能，提高基于 DNN 均衡器的训练速度。

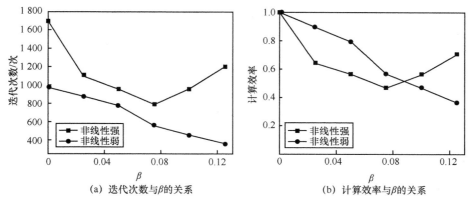

（a）迭代次数与β的关系　　　　　（b）计算效率与β的关系

图 8-58　训练参数研究

在上述分析的基础上，我们在 PAM8 水下 VLC 系统中应用了一个由 7 个输入特征的双隐藏层结构组成的 DNN 均衡器。第一和第二隐藏层的节点数分别为 127 个和 7 个。实验研究了基于 GK-DNN 的 PAM8 水下 VLC 系统在 80 mA 和 150 mA 直流偏置下的误码率与 Vpp 的关系。图 8-59（a）的结果表明，当偏置电流为 80 mA、Vpp 为 0.4 V 时，S-MCMMA 与 GK-DNN 联合使用，与 S-MCMMA 单独使用相比，可使误码率降低 0.99 dB。当偏置电流为 150 mA、Vpp 为 0.5 V 时，单与 S-MCMMA 相比，误码率降低了 1.78 dB。同时，GK-DNN 允许系统的误码率在更大的 Vpp 范围内保持在 HD-FEC 阈值以下，从而提高了系统的稳定性。以 150 mA 偏置电流系统为例，应用 GK-DNN、Vpp 低于 HD-FEC 阈值的范围从 0.2 V 增加到 0.35 V。

为了与其他方案进行比较，我们测量了纯 DNN 均衡器和 Volterra 均衡器的性能。结果如图 8-59（b）所示。GK-DNN（特别是在较高的系统数据速率下）在误码率和可达信息率方面优于其他两种方案。可见，Volterra 均衡器的性能优于经过 2 000 次迭代训练的 DNN 均衡器，而不如 GK-DNN 均衡器。由于没有对恒压均衡器的抽头数目做任何限制，恒压均衡器可以很好地补偿二阶非线性。而且，DNN 均衡器没有得到足够的训练，所以 DNN 均衡器的性能比 Volterra 均衡器差。但是，对于高数据速率来说，非常窄的信号脉冲会导致更严重的符号间干扰。只有二阶补偿的 Volterra 均衡器对于非线性缓解是不够好的。因此，GK-DNN 均衡器作为任意波形均衡器的性能最佳。具体来说，当误码率低于 HD-FEC 规定的 3.8×10^{-3} 时，使用纯 S-MCMMA 均衡器后，PAM8 水下 VLC 系统可达数据速率为 1.38 Gbit/s。对应的波特率为 4.6 MBd。采用级联 S-MCMMA 和 GK-DNN 均衡器，最高波特率可达 500 MBd，最高数据速率可达 1.5 Gbit/s。

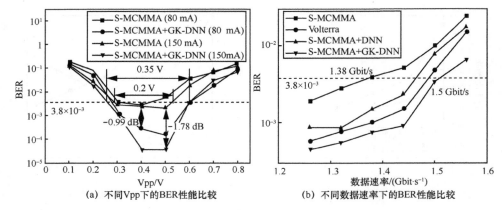

图 8-59　不同条件下 BER 性能比较

　　最后,通过使用 GK-DNN 均衡器,PAM8 水下 VLC 系统的传输数据速率从 1.38 Gbit/s 提高到了 1.5 Gbit/s。这些结果表明,GK-DNN 均衡器可以减轻残余的非线性损伤。需要注意的是,在机器学习中有很多种核函数,如线性核函数、多项式核函数等,这些核函数对 DNN 的作用还有待在今后的实验中进一步探索。

　　本节从 3 个方面出发,讨论了神经网络在水下可见光通信系统中作为均衡器、信道仿真器的应用,并且,通过函数连接、GK-DNN 以及 TTHnet 等方式的改进,可以进一步提升神经网络的性能,这对于未来水下可见光通信的研究与应用具有指导性作用。

| 8.4　本章小结 |

　　本章围绕可见光通信系统机器学习算法进行了阐述,介绍了无监督的聚类算法与有监督的聚类算法。无监督的聚类算法包括 K-Means、DBSCAN 和 GMM 算法,有监督的聚类算法主要是 SVM 算法。另外,本章还介绍了基于神经网络的机器学习算法,用于信道仿真与后均衡。

| 参考文献 |

[1]　WANG Y, TAO L, HUANG X, et al. Enhanced performance of a high-speed WDM 64-QAM CAP VLC system employing Volterra series-based nonlinear equalizer[J]. IEEE Photonics

Journal, 2015, 7(3): 1-7.

[2] THOMAS C, WEIDNER M, DURRANI S H. Digital amplitude-phase keying with M-ary alphabets[J]. IEEE Transactions on Communications, 1974, 22(2): 168-180.

[3] ESTER M, KRIEGEL H P, SANDER J, et al. Adensity-based algorithm for discovering clusters in large spatial databases with noise[C]//The Second International Conference on Knowledge Discovery and Data Mining. Palo Alto: AAAI Press, 1996: 226-231.

[4] 李航. 统计学习方法[M]. 北京: 清华大学出版社, 2012.

[5] DEMPSTER A P. Maximum likelihood from incomplete data via the EM algorithm[J]. Journal of Royal Statistical Society, 1977: 39.

[6] 周志华. 机器学习[M]. 北京: 清华大学出版社, 2016.

[7] KUSHAR Y, DEBASHI S. The EM algorithm and extensions[J]. Technometrics, 1998, 40(3): 260.

[8] GONZALEZ N, ZIBAR D, CABALLERO A, et al. Experimental 2.5 Gbit/s QPSK WDM phase-modulated radio-over-fiber link with digital demodulation by a K-Means algorithm[J]. IEEE Photonics Technology Letters, 2010, 22(5): 335-337.

[9] GONZALEZ N, ZIBAR D, YU X, et al. Optical phase-modulated radio-over-fiber links with K-Means algorithm for digital demodulation of 8PSK subcarrier multiplexed signals[C]// Optical Fiber Communication. Piscataway: IEEE Press, 2010: 1-3.

[10] LU F, PENG P C, LIU S, et al. Integration of multivariate Gaussian mixture model for enhanced PAM-4 decoding employing basis expansion[C]// Optical Fiber Communication Conference. Piscataway: IEEE Press, 2018.

[11] WILLIAM H. The art of scientific computing[M]. 3rd ed. Cambridge: Cambridge University Press, 2011.

[12] CORTES C, VAPNIK V. Support-vector networks[J]. Machine Learning, 1995, 20(3): 273-297.

[13] CHI N, HAAS H, KAVEHRAD M, et al. Visible light communications: demand factors, benefits and opportunities[J]. IEEE Wireless Communications, 2015, 22(2): 5-7.

[14] LUO P, GHASSEMLOOY Z, MINH H L, et al. Fundamental analysis of a car to car visible light communication system[C]//International Symposium on Communication Systems. Piscataway: IEEE Press, 2014.

[15] DU P, TAN K, XING X. A novel binary tree support vector machine for hyperspectral remote sensing image classification[J]. Optics Communications, 2012, 285(13): 3054-3060.

[16] MIAN A. Illumination invariant recognition and 3D reconstruction of faces using desktop optics[J]. Optics Express, 2011, 19(8): 7491-7506.

[17] WATANABE T, KESSLER D, SCOTT C, et al. Disease prediction based on functional connectomes using a scalable and spatially-informed support vector machine[EB]. arXiv: 1310.5415, 2013.

[18] ZHANG J, YU J, LI F, et al. 11 510 Gbit/s WDM-CAP-PON based on optical single-side band multi-level multi-band carrier-less amplitude and phase modulation with direct detection[J]. Optics Express, 2013, 21(16): 18842-18848.

[19] NAN C, ZHOU Y, LIANG S, et al. Enabling technologies for high speed visible light communication employing CAP modulation[J]. Journal of Lightwave Technology, 2018, 99: 1.

[20] NIU W Q, HA Y, CHI N. Machine learning scheme for geometrically-shaped constellation classification utilizing support vector machine in multi-access Internet of vehicle lighting[C]//The 17th International Conference on Optical Communications and Networks. Bellingham: SPIE, 2018.

[21] YANG F, WANG S, LI J, et al. An overview of internet of vehicles[J]. China Communications, 2014, 11(10): 1-15.

[22] WANG Y T, LI T, HUANG X X, et al. 8 Gbit/s RGBY LED-based WDM VLC system employing high-order CAP modulation and hybrid post equalizer[J]. IEEE Photonics Journal, 2015, 7(6): 1.

[23] MIRAMIRKHANI F, UYSAL M. Visible light communication channel modeling for underwater environments with blocking and shadowing[J]. IEEE Access, 2017: 1082-1090.

[24] MA X, YANG F, LIU S, et al. Channel estimation for wideband underwater visible light communication: a compressive sensing perspective[J]. Optics Express, 2018, 26(1): 311-321.

[25] WANG F, LIU Y, JIANG F, et al. High speed underwater visible light communication system based on LED employing maximum ratio combination with multi-PIN reception[J]. Optics Communications, 2018, 425: 106-112.

[26] CHI N, ZHANG M, ZHOU Y, et al. 3.375 Gbit/s RGB-LED based WDM visible light communication system employing PAM-8 modulation with phase shifted Manchester coding[J]. Optics Express, 2016, 24(19): 21663-21673.

[27] WANG Y, HUANG X, TAO L, et al. 4.5 Gbit/s RGB-LED based WDM visible light communication system employing CAP modulation and RLS based adaptive equalization[J]. Optics Express, 2015, 23(10): 13626-13633.

[28] SHEN C, GUO Y, OUBEI H M, et al. 20-meter underwater wireless optical communication link with 1.5 Gbit/s data rate[J]. Optics Express, 2016, 24(22): 25502-25509.

[29] WANG H, HUANG Y, WANG W, et al. Seawater communication with blue laser carried 16-QAM OFDM at 3.7 GBaud[C]//Optical Fiber Communication Conference, Optical Society of America. Piscataway: IEEE Press, 2018.

[30] JARUWATANADILOK S. Channel modeling and performance evaluation using vector radiative transfer theory[J]. IEEE Journal Selected Areas in Communications, 2008, 26(9): 1620-1627.

[31] GABRIEL C, KHALIGHI M, BOURENNANE S, et al. Channel modeling for underwater optical communication[C]//Globecom Workshops. Piscataway: IEEE Press, 2011: 833-837.

[32] OUBEI H M, ZEDINI E, ELAFANDY R T, et al. Simple statistical channel model for weak temperature-induced turbulence in underwater wireless optical communication systems[J]. Optics Letters, 2017, 42(13): 2455-2458.

[33] HUANG A, TAO L, WANG C, et al. Error performance of underwater wireless optical communications with spatial diversity under turbulence channels[J]. Applied Optics, 2018, 57(26): 7600-7608.

[34] YE H, LI G Y, JUANG B H. Power of deep learning for channel estimation and signal detection in OFDM systems[J]. IEEE Wireless Communications Letters, 2018, 7(1): 114-117.

[35] HE H, WEN C, JIN S, et al. Deep learning-based channel estimation for beamspace mmWave massive MIMO systems[J]. IEEE Wireless Communications Letters, 2018, 7(5): 852-855.

[36] SOLTANI M, POURAHMADI V, MIRZAEI A, et al. Deep learning-based channel estimation[J]. IEEE Communications Letters, 2019, 23(4): 652-655.

[37] KALMAN B L, KWASNY S C. Why tanh: choosing a sigmoidal function[C]// International Joint Conference on Neural Networks. Piscataway: IEEE Press, 1992: 578-581.

[38] JAIN Y K, BHANDARE S K. Min max normalization based data perturbation method for privacy protection[J]. IJCCT, 2011, 2(8): 45-50.

[39] JAIN A, NANDAKUMAR K, ROSS A. Score normalization in multimodal biometric systems[J]. Pattern Recognition, 2005, 38(12): 2270-2285.

[40] SENDRA S, LLORET J, JIMENEZ J M, et al. Underwater communications for video surveillance systems at 2.4 GHz[J]. Sensors, 2016, 16(10).

[41] HO C L C. A 10 m/10 Gbit/s underwater wireless laser transmission system[C]// IEEE Optical Fiber Communications Conference and Exhibition. Piscataway: IEEE Press, 2017.

[42] ZIBAR D, WINTHER O, FRANCESCHI N, et al. Nonlinear impairment compensation using expectation maximization for dispersion managed and unmanaged PDM 16-QAM transmission[J]. Optics Express, 2012, 20(26): B181-B196.

[43] SHEN T, LAU A. Fiber nonlinearity compensation using extreme learning machine for DSP-based coherent communication systems[C]//16th Opto-Electronics and Communications Conference. Piscataway: IEEE Press, 2011: 816-817.

[44] BURSE K, YADAV R N, SHRIVASTAVA S C. Channel equalization using neural networks: a review[J]. IEEE Transactions on Systems, Man, and Cybernetics, 2010, 40(3): 352-357.

[45] HINTON G E. Connectionist learning procedures[J]. Artificial Intelligence, 1989, 40(1-3): 185-234.

[46] HAIGH P A, GHASSEMLOOY Z, RAJBHANDARI S, et al. Visible light communications: 170 Mbit/s using an artificial neural network equalizer in a low bandwidth white light configuration[J]. Journal of Lightwave Technology, 2014, 32: 1-7.

[47] MIRAMIRKHANI F, UYSAL M. Channel modeling and characterization for visible light

communications channel modeling and characterization for visible light communications[J]. IEEE Photonics Journal, 2017, 7(6): 1-4.

[48] MINH H L, O'BRIEN D, FAULKNER G, et al. 100 Mbit/s NRZ visible light communications using a postequalized white LED[J]. IEEE Photonics Technology Letters, 2009, 21(15): 1063-1065.

[49] PROAKIS J G. Digital communication[M]. 5th ed. Boston: McGraw-Hill Higher Education, 2008.

[50] BERGH A A, DEAN P Journal Light-emitting diodes[J]. Proceedings of IEEE, 1972, 60(2): 156-223.

[51] KRISHNAPURA N, PAVAN S, MATHIAZHAGAN C.A baseband pulse shaping filter for Gaussian minimum shift keying[C]//IEEE International Symposium on Circuits and Systems. Piscataway: IEEE Press, 1998: 249-252.

[52] HUANG X, SHI J, LI J, et al. 750 Mbit/s visible light communications employing 64-QAM-OFDM based on amplitude equalization circuit[C]//Optical Fiber Communications Conference and Exhibition. Piscataway: IEEE Press, 2015: 1-3.

[53] ZHU X, WANG F, SHI M, et al. 10.72 Gbit/s visible light communication system based on single packaged RGBYC LED utilizing QAM-DMT modulation with hardware pre-equalization[C]//Optical Fiber Communication Conference. Piscataway: IEEE Press, 2018.

中英文对照表

缩略语	英文释义	中文全称
APD	Avalanche Photodiode	雪崩光电二极管
AWG	Arbitrary Waveform Generator	任意波形发生器
AWGN	Additional White Gaussian Noise	加性高斯白噪声
BER	Bit Error Rate	误码率
BICM	Bit Interleaved Co-Coded Modulation	比特交织共编码调制
BMD	Bit Metric Decoding	比特度量解码
CAPM	Carrierless Amplitude and Phase Modulation	无载波幅度相位调制
CCDF	Complementary Cumulative Distribution Function	互补累积分布函数
CCDM	Constant Composition Distribution Matcher	恒定组成分布匹配器
CMA	Constant Mode Algorithm	恒模算法
CMMA	Cascaded Multi-Mode Algorithm	级联多模算法
CNN	Convolutional Neural Network	卷积神经网络
CP	Cyclic Prefix	循环前缀
CPC	Compound Parabolic Concentrator	复合抛物面聚光器
DBSCAN	Density-Based Spatial Clustering of Applications with Noise	具有噪声的基于密度的聚类
DFE	Decision Feedback Equalization	判决反馈均衡
DFT-S OFDM	Discrete Fourier Transform-Spread OFDM	离散傅里叶变换扩频的正交频分复用
DM	Distribution Matcher	分布匹配器
DMT	Discrete Multi-Tone	离散多音频
DNN	Deep Neural Network	深度神经网络
DP	Digital Polynomial	数字多项式
DSP	Digital Signal Processing	数字信号处理
EGC	Equal Gain Combination	等增益合并

（续表）

缩略语	英文释义	中文全称
FEC	Forward Error Correction	前向纠错
FLANN	Function Link Artificial Neural Network	函数连接人工神经网络
FWHM	Full-Width at Half-Maximum	半峰全宽
GK-DNN	Gaussian Kernel DNN	高斯核深度神经网络
GMM	Gaussian Mixture Model	高斯混合模型
GS	Geometric Shaping	几何整形
HD-FEC	Hard Decision FEC	硬判决前向纠错
IM-DD	Intensity Modulation with Direct Detection	强度调制直接探测
IoT	Internet of Things	物联网
IoV	Internet of Vehicles	车联网
LD	Laser Diode	激光二极管
LED	Light Emitting Diode	发光二极管
LLD	Lower Level Discrimination Level	低脉冲高度基准
LMS	Least Mean Square	最小均方
LUT	Look-Up Table	查找表
MBD	Maxwell Boltzmann Distribution	麦克斯韦-玻尔兹曼分布
MCM	Multi-Carrier Modulation	多载波调制
MCMMA	Modified Cascaded Multi-Mode Algorithm	改进的级联多模算法
MLP	Multi-Layer Perceptron	多层感知机
MPPC	Multi-Pixel Photon Counter	多像素光子计数器
MPS	Memoryless Power Series	无记忆幂级数
MRC	Maximum Ratio Combination	最大比合并
NGMI	Normalized Generalized Mutual Information	归一化广义互信息
NRZ	Non Return to Zero Code	单极性非归零码
NSC	Nyquist Single Carrier	奈奎斯特单载波
OFDM	Orthogonal Frequency Division Multiplexing	正交频分复用
OOK	On-Off Keying	通断键控
OSC	Oscilloscope	示波器
PAM	Pulse Amplitude Modulation	脉冲幅度调制
PAPR	Peak to Average Power Ratio	峰均功率比
PAS	Probabilistic Amplitude Shaping	概率振幅整形

（续表）

缩略语	英文释义	中文全称
PDE	Partial Differential Equation	偏微分方程
PHD	Pulse Height Distribution	脉冲高度分布
P-LED	Phosphor LED	荧光粉发光二极管
PMT	Photomultiplier Tube	光电倍增管
PS	Probabilistic Shaping	概率整形
QAM	Quadrature Amplitude Modulation	正交调幅
ReLU	Rectified Linear Unit	纠正线性单元
RLS	Recursive Least Square	递归最小二乘
SE	Spectrum Efficiency	频谱效率
SGD	Stochastic Gradient Descent	随机梯度下降
SGS	Square Geometric Shaping	方形几何整形
SiPM	Silicon Photomultiplier	硅光电倍增管
SMS	Simultaneous Multiple Surface	多重表面同步
SPAD	Single-Photon Avalanche Photodiode	单光子雪崩光电二极管
SSB	Single Side Band	单边带
SSMF	Standard Single Mode Fiber	标准单模光纤
STBC	Space Time Block Coding	空时分组编码
SVM	Support Vector Machine	支持向量机
ULD	Upper Level Discrimination Level	高脉冲高度基准
UOWC	Underwater Optical Wireless Communication	水下无线光通信
UVLC	Underwater Visible Light Communication	水下可见光通信
VANET	Vehicle Auto-Organized Network	车辆自组织网络
WDM	Wavelength Division Multiplexing	波分复用
ZF	Zero Forcing Post-Equalization	迫零均衡

名词索引

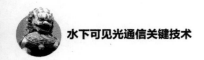